高等学校计算机科学与技术**项目驱动案例实践**规划教材

JavaWeb 应用开发案例教程

——基于MVC模式的JSP+Servlet+JDBC和AJAX

赵俊峰 姜宁 焦学理 编著

梁立新 主审

清华大学出版社

北京

内容简介

本书通过一个完整的系统项目案例来贯穿Java Web应用开发各个模块的理论讲解，引领读者学习Java Web应用完整的开发体系，以及Java Web的各类技术在项目开发中的实际应用。

全书共包括6部分：概述、Web基础、JDBC、Servlet、JSP以及AJAX技术，涵盖了Java Web应用开发的所有相关技术。理论讲解部分重点突出、由浅入深。每章理论部分之后均配合项目案例，体现技术在实际项目开发中的具体应用，明确了相关技术学习的必要性。通过完整的项目案例，贯穿了所讲的各类技术，体现了实际应用开发中相关技术的综合运用。最后，读者可以参考书中提供的项目案例开发所需的应用系统。

本书适合作为大专院校Java Web开发课程的教材，也适合作为Java Web开发人员的参考书。

图书在版编目（CIP）数据

Java Web应用开发案例教程：基于MVC模式的JSP＋Servlet＋JDBC和AJAX / 赵俊峰，姜宁，焦学理编著．—北京：清华大学出版社，2012.1（2023.1重印）
（高等学校计算机科学与技术项目驱动案例实践规划教材）
ISBN 978-7-302-27225-0

Ⅰ．①J…　Ⅱ．①赵…　②姜…　③焦…　Ⅲ．①JAVA语言－程序设计－高等学校－教材
Ⅳ．①TP312

中国版本图书馆CIP数据核字(2011)第225578号

责任编辑：张瑞庆　赵晓宁
责任校对：李建庄
责任印制：曹婉颖

出版发行：清华大学出版社
　　网　　址：http://www.tup.com.cn，http://www.wqbook.com
　　地　　址：北京清华大学学研大厦A座　　**邮　　编**：100084
　　社 总 机：010-83470000　　**邮　　购**：010-62786544
　　投稿与读者服务：010-62776969，c-service@tup.tsinghua.edu.cn
　　质 量 反 馈：010-62772015，zhiliang@tup.tsinghua.edu.cn
印 装 者：三河市龙大印装有限公司
经　　销：全国新华书店
开　　本：185mm×260mm　　**印　张**：21.75　　**字　　数**：541千字
版　　次：2012年1月第1版　　**印　　次**：2023年1月第10次印刷
定　　价：49.00元

产品编号：043318-03

编写指导委员会

FOREWORD

序言

作为我们高等学校计算机科学与技术教学指导委员会的工作内容之一，自从2003年参与清华大学出版社的“21世纪大学本科计算机专业系列教材”的组织工作以来，陆续参加或见证了多个出版社的多套教材的出版，但是现在读者看到的这一套“高等学校计算机科学与技术项目驱动案例实践规划教材”有着特殊的意义。

这个特殊性在于其内容。这是第一套我所涉及的以项目驱动教学为特色，实践性极强的规划教材。如何培养符合国家信息产业发展要求的计算机专业人才，一直是这些年人们十分关心的问题。加强学生的实践能力的培养，是人们达成的重要共识之一。为此，高等学校计算机科学与技术教学指导委员会专门编写了《高等学校计算机科学与技术专业实践教学体系与规范》(清华大学出版社出版)。但是，如何加强学生的实践能力培养，在现实中依然遇到种种困难。困难之一，就是合适教材的缺乏。以往的系列教材，大都比较“传统”，没有跳出固有的框框。而这一套教材，在设计上采用软件行业中卓有成效的项目驱动教学思想，突出“做中学”的理念，突出案例(而不是“练习作业”)的作用，为高校计算机专业教材的繁荣带来了一股新风。

这个特殊性在于其作者。本套教材目前规划了10余本，其主要编写人不是我们常见的知名大学教授，而是知名软件人才培训机构或者企业的骨干人员，以及在该机构或者企业得到过培训的并且在高校教学一线有多年教学经验的大学教师。我以为这样一种作者组合很有意义，他们既对发展中的软件行业有具体的认识，对实践中的软件技术有深刻的理解，对大型软件系统的开发有丰富的经验，也有在大学教书的经历和体会，他们能在一起合作编写教材本身就是一件了不起的事情，没有这样的作者组合是难以想象这种教材的规划编写的。我一直感到中国的大学计算机教材尽管繁荣，但也比较“单一”，作者群的同质化是这种风格单一的主要原因。对比国外英文教材，除了Addison Wesley和Morgan Kaufmann等出版的经典教材长盛不衰外，我们也看到O'Reilly“动物教材”等的异军突起——这些教材的作者，大都是实战经验丰富的资深专业人士。

这个特殊性还在于其产生的背景。也许是由于我自己在计算机技术方面的动手能力相对比较弱，其实也不太懂如何教学生提高动手能力，因此一直希望有一个机会实际地了解所谓“实训”到底是怎么回事，也希望能有一种安排让现在教学岗位的一些青年教师得到相关的培训和体会。于是作为 2006—2010 年教育部高等学校计算机科学与技术教学指导委员会的一项工作，我们和教育部软件工程专业大学生实习实训基地（亚思晟）合作，举办了 6 期“高等学校青年教师软件工程设计开发高级研修班”，每期时间虽然只是短短的 1～2 周，但是对于大多数参加研修的青年教师来说都是很有收获的一段时光，在对他们的结业问卷中充分反映了这一点。从这种研修班得到的认识之一，就是目前市场上缺乏相应的教材。于是，这套“高等学校计算机科学与技术项目驱动案例实践规划教材”应运而生。

当然，这样一套教材，由于“新”，难免有风险。从内容程度的把握、知识点的提炼与铺陈，到与其他教学内容的结合，都需要在实践中逐步磨合。同时，这样一套教材对我们的高校教师也是一种挑战，只能按传统方式讲软件课程的人可能会觉得有些障碍。相信清华大学出版社今后将和作者以及高等学校计算机科学与技术教学指导委员会一起，举办一些相应的培训活动。总之，我认为编写这样的教材本身就是一种很有意义的实践，祝愿成功。也希望看到更多业界资深技术人员加入到大学教材编写的行列中来，和高校一线教师密切合作，将学科、行业的新知识、新技术、新成果写入教材，开发适用性和实践性强的优秀教材，共同为提高高等教育教学质量和人才培养质量做出贡献。

李晓明

教育部高等学校计算机科学与技术教学指导委员会副主任

2011 年 8 月 于 北京大学

前　言

21 世纪,什么技术将影响人类的生活？什么产业将决定国家的发展？信息技术与信息产业是首选的答案。大专院校学生是企业和政府的后备军,国家教育部门计划在大专院校中普及政府和企业信息技术与软件工程教育。经过多所院校的实践,信息技术与软件工程教育受到同学们的普遍欢迎,取得了很好的教学效果。然而也存在一些不容忽视的共性问题,其中突出的是教材问题。

从近两年信息技术与软件工程教育研究来看,许多任课教师都提出目前教材不合适。具体体现在:第一,来自信息技术与软件工程专业的术语很多,没有这些知识背景的同学学习起来具有一定难度;第二,书中案例比较匮乏,与企业的实际情况相差太远,致使案例可参考性差;第三,缺乏具体的课程实践指导和真实项目。因此,针对大专院校信息技术与软件工程课程教学特点与需求,编写适用的规范化教材已刻不容缓。

本书就是针对以上问题编写的,作者希望推广一种最有效的学习与培训的捷径,这就是 Project-Driven Training,也就是用项目实践来带动理论的学习(或者叫做“做中学”)。基于此,作者围绕一个艾斯医药商务系统项目案例来贯穿 Java Web 应用开发各个模块的理论讲解,包括:Java Web 应用开发概述,Web 基础(HTML 和 JavaScript),XML 技术,JDBC 核心技术,JDBC 高级技术,Servlet 核心技术,Session 持久化技术,Filter 和 Listener 技术,JSP 技术,JSP 与 MVC 模式,JSP 自定义标签和 AJAX 技术等。通过项目实践,可以更明确技术应用的目的性(为什么学),更好地了解技术原理(学什么),也可以更好地检验学习效果(学的怎样)。

本书特色:

1. 重项目实践

作者多年项目开发经验的体会是“IT 是做出来的,不是想出来的”,理论虽然重要,但一定要为实践服务！以项目为主线,带动理论的学习是最好、最快、最有效的方法！本书的特色是提供了一个完整的医药商务系统项目。通过此书,作者希望读者对 Java Web 开发技术和流程有个整体了解,减少对项目的迷茫感和神秘感,能够根据本书的体系循序渐进地动手做出自己的真实项目来！

2. 重理论要点

本书是以项目实践为主线的,着重介绍 Java Web 开发理论中最重要、最精华的部分,以及它们之间的联系;而不是面面俱到,没有重点和特色。读者首先

通过项目把握整体概貌，再深入局部细节，系统学习理论；然后不断优化和扩展细节，完善整体框架和改进项目。既有整体框架，又有重点理论和技术。一书在手，思路清晰，项目无忧！

为了便于教学，本教材配有教学课件，读者可从清华大学出版社的网站下载。

鉴于编者的水平有限，书中不足之处，敬请广大读者批评指正。

编　者

2011 年 12 月

C O N T E N T S

目　录

第一部分　概述

CONTENTS

CONTENTS

CONTENTS

C O N T E N T S

C O N T E N T S

C O N T E N T S

第一部分

概述

第1章 Java Web应用开发概述

学习目的与要求

本章简要介绍了Java Web应用开发涉及的相关技术。通过本章的学习能够了解Java Web应用的整体技术组成以及各部分技术在Web开发中的相关应用；对Java Web应用开发形成整体认识，以利于后续相关内容的开展。这部分是对Java Web应用开发的概要介绍，应该有概括性了解。

本章主要内容

- Web基础；
- Java技术；
- 面向对象分析设计思想；
- 设计模式和框架结构。

目前，国内外信息化建设已经进入以Web应用为核心的时代。Java语言是Web应用最热门的编程语言，有着广阔的应用前景。应用Java技术开发Web应用系统需要掌握一系列相关技术。概括起来，实施Java Web项目重点需要掌握如下内容：

- HTML；
- JavaScript；
- XML；
- Java技术；
- 面向对象分析设计思想；
- 设计模式和框架结构；
- 数据库；
- 应用服务器。

1.1 Web基础

1.1.1 HTML

HTML指的是超文本标记语言(Hyper Text Markup Language),它不是编程语言,而是一种标记语言。标记语言是一套标记标签,HTML使用标记标签来描述网页,用以定义如何在页面上展示信息。

1. HTML标签

HTML标签是HTML语言中最基本的单位,是HTML语言最重要的组成部分。HTML标签通常要用两个尖括号括起来。HTML标签都是闭合的,但不一定是成对出现的,例如<body>和</body>是一对标签,而
就是单独的。标签是大小写无关的,<body>跟<BODY>表示的意思是一样的,标准推荐使用小写。

2. HTML标签的属性

HTML标签可以拥有属性,属性可以扩展HTML标签的能力。例如可以使用一个bgcolor属性,使得页面的背景色成为红色,表示为<body bgcolor="red">。属性值一般用双引号标记起来。属性通常是附加给HTML的Opening Tag,而不是Closing Tag。

1.1.2 JavaScript

为了提高Web项目的整体性能,提供人机交互的友好界面,在开发中使用网页脚本语言。网页脚本语言的使用可以有效提高程序的性能和可用性。网页脚本语言在客户端执行,速度快,并且大多数的操作与服务器没有交互,所以在一些应用中非常重要。在设计Web项目时,网页脚本语言起着不可忽视的作用,所以需要对JavaScript有一定的了解。

JavaScript是一种由浏览器解释的脚本语言。对于传统的网页交互,客户端的一举一动都必须经过服务器端的响应才能反馈回来,而JavaScript能够在客户端代替服务器端做某些事情,从而提升用户体验。它具有以下几个基本特点:

1. 它是一种脚本语言

JavaScript是一种脚本语言,它采用小程序段的方式实现编程。与其他脚本语言一样,JavaScript同样也是一种解释性语言。它的基本结构形式与C、C++、Visual Basic十分类似。但与这些语言不同的是,它无需编译,而是在程序运行过程中被逐行地解释执行。

2. 基于对象的语言

JavaScript语言是基于对象的(Object Based),而不是面向对象的(Object Oriented)。之所以说它是一门基于对象的语言,主要是因为它没有提供抽象、继承、重载等有关面向对象语言的特性,而是把其他语言所创建的复杂对象统一起来,形成一个非常强大的对象系统。虽然JavaScript语言是基于对象的,但它还是具有一些面向对象的基本特征。它可以根据需要创建自己的对象,从而进一步扩大JavaScript的应用范围,增强编写功能强大Web应用的能力。

3. 简单性

JavaScript 的简单性主要体现在：首先，它是一种基于 Java 基本语句和控制流之上的简单而紧凑的设计。其次，它的变量类型采用弱类型，并未使用严格的数据类型。

4. 安全性

JavaScript 是一种安全性语言，它不允许访问本地的硬盘，并不能将数据存入到服务器上，不允许对网络文档进行修改和删除，只能通过浏览器实现信息浏览或动态交互，从而有效地防止数据的丢失。

5. 动态性

JavaScript 是动态的，它可以直接对用户或客户输入做出响应，无须经过 Web 服务程序。它对用户的响应，是采用以事件驱动的方式进行的。所谓事件驱动，就是指在页面中执行了某种操作所产生的动作。比如按下鼠标、移动窗口、选择菜单等都可以视为事件。当事件发生后，可能会引起相应的事件响应。

1.1.3 XML

在 Java Web 应用开发中要用到 XML 描述配置信息，而且在高级应用设计时也会定义自定义标签，需要用 XML 进行标签库描述，所以开发人员要掌握一定的 XML 知识。

当前，Java 平台企业版(Java EE)架构在厂商市场和开发者社区中备受推崇。作为一种工具，可扩展标记语言(XML)简化了数据交换、进程间消息交换这类事情，因而对开发者逐渐变得有吸引力，并开始流行起来。另外，在 J2EE 架构中访问或集成 XML 解决方案也极具优势，因为这将是强大系统架构同高度灵活的数据管理方案的结合。

XML 的应用似乎无穷无尽，但它们大致上可以分为三大类：

(1) 简单数据的表示和交换(针对 XML 的简单 API(SAX)和文档对象模型(DOM)语法解析，不同的文档类型定义(DTDs)和概要(schemas))。

(2) 用户界面相关的上下文(可扩展样式表语言(XSL)，可扩展样式表语言转换(XSLT))。

(3) 面向消息的计算(XML-RPC(远程过程调用)，基于 SOAP 协议的 Web 服务(Web Services)，电子化业务 XML(ebXML))。

1.2 Java 技术

Java 技术体系比较庞大，包括多项技术规范。对于 Web 项目开发而言，包含 JDBC、Servlet、JSP、JavaBean(Application)4 个基本技术。

1.2.1 JDBC 技术

在 Java Web 应用开发中，数据库系统的使用不可或缺。JDBC(Java Database Connectivity)是为在 Java 应用中访问数据库而设计的一组 Java API，开发人员通过标准 API 实现对不同数据库的访问，是 Java 数据库应用开发的一项核心技术。

简单来讲，JDBC 可做三件事：

- 与数据库建立连接；
- 发送 SQL 语句；
- 处理结果。

1.2.2 Servlet 技术

Servlet 是运行在服务器端的程序。Servlet 由 Web 服务器(如 Tomcat)加载和执行，Web 服务器将客户端的请求传递给 Servlet，Servlet 执行相应方法，由服务器将响应结果返回给客户端。

Servlet 的主要优点包括如下：

(1) Servlet 是持久的。Servlet 只需被 Web 服务器加载一次，而且可以在不同请求之间保持服务(例如数据库连接)。

(2) Servlet 是与平台无关的。Servlet 是用 Java 编写的，它继承了 Java 的平台无关性。

(3) Servlet 是可扩展的。Servlet 是用 Java 编写的，它具备了 Java 所能带来的所有优点。Java 是健壮的、面向对象的编程语言，容易扩展以适应新的需求，Servlet 自然也具备了这些特征。

(4) Servlet 是安全的。从外界调用一个 Servlet 的唯一方法就是通过 Web 服务器，这提供了高水平的安全性保障，尤其是在 Web 服务器有防火墙保护的时候。

1.2.3 JSP 技术

JSP(Java Server Pages)是从 Servlet 上分离出来的一部分，简化了开发，加强了界面设计。JSP 定位于交互网页的开发，但功能较 Servlet 弱了很多，并且高级开发中只充当用户界面部分。JSP 容器收到客户端发出的请求时，首先执行其中的程序片段，然后将执行结果以 HTML 格式响应给客户端。其中程序片段可以是操作数据库、重新定向网页以及发送 E-mail 等，这些都是建立动态网站所需要的功能。所有操作都在服务器端执行，网络上传送给客户端的仅是得到的结果，客户端的浏览器将结果展现出来。因此，JSP 称为服务器端语言(Server-Side Language)。

JavaServer Pages 的主要优点包括如下：

(1) 一次编写，到处执行(Write Once, Run Anywhere)特性。作为 Java 平台的一部分，JavaServer Pages 技术拥有 Java 语言“一次编写，到处执行”的特点。随着越来越多的开发商将 JavaServer Pages 技术添加到他们的产品中，用户可以针对自己公司的需求，做出审慎评估后，选择符合公司成本及规模的服务器。假若未来的需求有所变更时，更换服务器平台并不影响之前所投下的成本、人力所开发的应用程序。

(2) 搭配可重复使用的组件。JavaServer Pages 技术可依赖于重复使用跨平台的组件(如 JavaBean 或 Enterprise JavaBean 组件)来执行更复杂的运算、数据处理。开发人员能够共享开发完成的组件，或者能够加强这些组件的功能，让更多用户或是客户团体使用。基于组件的开发方式，可以加快整体开发过程，也大大降低公司的开发成本和人力。

(3) 采用标签化页面开发。Web 网页开发人员不一定都是熟悉 Java 语言的程序员。

因此,JSP技术能够将许多功能封装起来,成为一个自定义的标签,这些功能是完全根据XML的标准来制订的,即JSP技术中的标签库(Tag Library)。因此,Web页面开发人员可以运用自定义好的标签来达成工作需求,而无须再写复杂的Java语法,让Web页面开发人员亦能快速开发出动态内容网页。今后,第三方开发人员和其他人员可以为常用功能建立自己的标签库,让Web网页开发人员能够使用熟悉的开发工具,采用如同HTML一样的标签语法来实现特定功能。

(4) N-tier企业应用架构的支持。鉴于网络的发展,为适应未来服务越来越繁杂的要求,且不再受地域的限制,必须放弃以往Client-Server的Two-tier架构,进而转向更具弹性的分布式对象系统。JavaServer Page技术是Java Enterprise Edition(Java EE)中的一部分,它主要是负责前端显示经过复杂运算后的结果内容,而分布式的对象系统则主要依赖EJB(Enterprise JavaBean)和JNDI(Java Naming and Directory Interface)构建而成。

1.2.4 JavaBean应用组件技术

JavaBean组件是一些可移植、可重用,并可以组装到应用程序中的Java类。JavaBean被称为是Java组件技术的核心,其结构必须满足一定的命名约定。JavaBean能提供常用功能并且可以重复使用,这使得开发人员可以把某些关键功能和核心算法提取出来封装成为一个组件对象,这样就增加了代码的重用率和系统的安全性。

高级Web项目的开发会应用到以上所有技术,对这些技术的联合使用会充分提高开发效率和系统性能。

1.3 面向对象分析设计思想

Java语言是完全面向对象的语言,所以在使用Java技术开发项目时会体现出面向对象技术的优势。在对项目进行分析设计时,要采用面向对象分析设计方法。面向对象分析设计方法要求在设计中映射现实世界中指定问题域中的对象和实体,这就需要设计尽可能地接近现实世界,即以最自然的方式表述实体。面向对象技术的优点即为能够构建与现实世界相对应的问题模型,并保持它们的结构、关系和行为模式。

在分析项目业务关系的时候,应用UML(unified modeling language)建模,常用的模型包括用例图(use case diagram)、类图(class diagram)、时序图(sequence diagram)和状态图(state diagram)等。UML模型对项目分析设计提供很大帮助,开发人员通过模型能尽快发现业务系统主要面对的对象,然后对每个对象进行属性与行为的定义,最后实现对象之间的集成和通信。

本书将通过艾斯医药商务系统项目来介绍面向对象分析设计思想。

1.4 设计模式和框架结构

在实际项目开发中,除了掌握开发语言,还要熟悉常用的设计模式和框架。设计模式和框架在软件工程中是两个不同的研究领域。设计模式研究的是一个设计问题的解决方法,一个模式可应用于不同的框架和被不同的语言所实现;而框架则是一个应用的体系结构,是一种或多种设计模式和代码的混合体。虽然它们有所不同,但却共同致力于使人们的设计可以被重用,在思想上存在着统一性的特点,因而设计模式的思想可以在框架设计中进行应用。

基于 J2EE 的 Web 应用系统,多数都利用 MVC 模式来实现其体系结构。MVC(Model-View-Controller)是 20 世纪 80 年代为编程语言 Smalltalk-80 发明的一种软件设计模式。MVC 模式将交互式应用分成模型(Model)、视图(View)和控制器(Controller)三部分。模型是指从现实世界中挖掘出来的对象模型,是应用逻辑的反映。模型封装了数据和对数据的操作,是实际进行数据处理和计算的地方。视图是应用和用户之间的接口,它负责将应用显现给用户和显示模型的状态。控制器负责视图和模型之间的交互,控制对用户输入的响应方式和流程,它主要负责两方面的动作:把用户的请求分发到相应的模型,将模型的改变及时反应到视图上。MVC 将这些对象分离以提高灵活性和复用性。

1.5 开发工具

1.5.1 数据库

在实际的 Web 应用中,数据库的应用必不可少,所以需要对数据库技术有所了解。不能只了解一种数据库,因为在很多实际开发中会提出很多数据库解决方案,所以只有在了解多种数据库的情况下才能有一个比较好的方案。对于数据库应该了解它的性能和基本应用,以及该数据库的特点。我们会重点介绍 MySQL 数据库的使用。

而针对于 Java Web 项目的数据库开发则主要是对 JDBC API 的应用,还有数据库事务处理和连接池等高级概念的应用。

1.5.2 Web 服务器

同数据库一样,应该了解各种服务器的性能、特点和基本应用。在应用方面,Web 服务器主要是针对于应用的配置和部署,对配置文件属性的修改,对访问权限和并发性的控制等。本书会重点介绍 Tomcat 服务器的使用。

1.5.3 集成开发环境

"工欲善其事,必先利其器"。对于 Web 应用开发人员来讲,好的集成开发环境(integrated development enviroment,IDE)是非常重要的。目前在市场上占主导位置的一个集成开发工具就是 Eclipse 及 MyEclipse 插件。本书将介绍如何配置和使用 MyEclipse 来开发 Java Web 应用。

本书将通过一个完整的医药商务项目,详细展开这些重要技术。第 2 章将介绍一下"艾斯医药系统"项目的背景知识。

1.6 本章总结

本章概括介绍了 Java Web 应用开发的相关技术,包括 Web 基础、Java 技术、面向对象分析设计思想、设计模式和框架结构以及开发工具。通过本章的学习,读者将对 Java Web 应用开发的相关技术有整体的了解。

1.7 习题

(1) 什么是Java Web应用?
(2) 如何理解面向对象分析设计?
(3) 常用的Web服务器有哪些?
(4) 常用的集成开发环境有哪些?

第2章 艾斯医药商务系统概述

学习目的与要求

在学习软件技术的过程中一种最有效的学习与培训的捷径是项目驱动教学，也就是通过项目实践来带动理论的学习。这里先简单介绍一下"艾斯医药系统"项目的背景知识，这个项目的开发过程将会贯穿在之后的各个章节中，并结合相关知识点详细讲解和实现。

本章主要内容

- 项目需求分析；
- 项目系统分析和设计；
- 项目实现；
- 项目运行指南。

本书采用先进的"项目驱动式"教学法，通过一个完整的"艾斯医药系统"项目，来贯穿Java Web应用开发的理论学习过程。这个项目的开发过程将会贯穿在之后的各个章节中，并结合相关知识点详细讲解和实现。这里先简单介绍一下"艾斯医药系统"项目的背景知识，为后面的学习做好铺垫。

2.1 项目需求分析

艾斯医药商务系统功能包括用户登录、商品浏览、商品查询、购物管理和后台管理等模块。其中用户登录管理负责用户注册及用户登录信息的维护。登录成功的用户可以浏览商品，查询特定商品的信息，对于选中的商品进行购买，包括加入购物车和生成订单。后台管理处理从购物网站转过来的订单，包括发送邮件、商品管理和用户管理。医药商务系统模块结构图如图 2-1 所示。

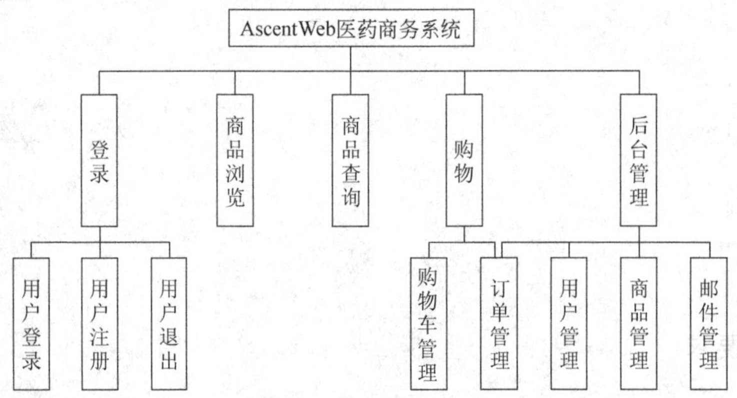

图 2-1 项目需求模块

1. 用户管理

用户管理主要包括以下功能模块：

(1) 注册用户信息。对于新用户，单击“注册”按钮，进入用户注册页面，填写相关注册信息，有标记“＊”的为必填项；填写完成后单击“确定”按钮，弹出“注册成功”对话框，即成功注册。

(2) 用户登录验证。对于已注册的用户，进入用户登录页面（如图 2-2 所示）。

图 2-2 用户登录页面

填写用户名和密码，单击 login 按钮，若用户名和密码正确，则登录成功，进入电子商务网站之后可以看到用户登录成功页面，如图 2-3 所示。

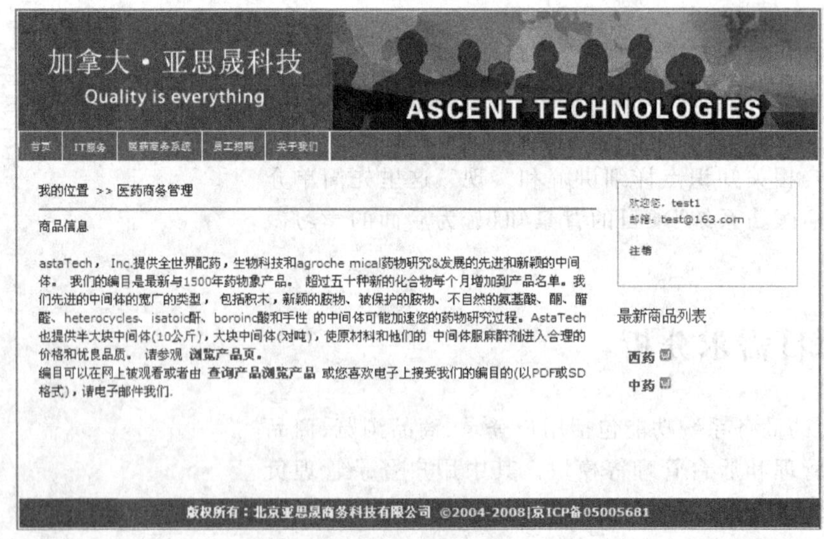

图 2-3 用户登录成功页面

2. 浏览商品(开发用例为药品)

网站的商品列表列出当前网站所有的商品名称。当用户单击某一商品名称时，要列出该商品的详细信息(包括商品名称、商品编号、图片等)，如图 2-4 所示。

图 2-4 浏览商品页面

3. 查询商品

用户可以在网站的商品查询页面(如图 2-5 所示)选择查询条件，输入查询关键字，单击“查询”按钮可以查看网站是否有此商品，系统将查找结果(如果有此商品，返回商品的详细信息，如果没有，返回当前没有此商品的信息)返回给用户，如图 2-6 所示。

图 2-5 商品查询页面

4. 购物管理

1) 查看购物车

用户可以随时查看自己的购物车，可以添加或删除购物车中的商品，可以修改商品购

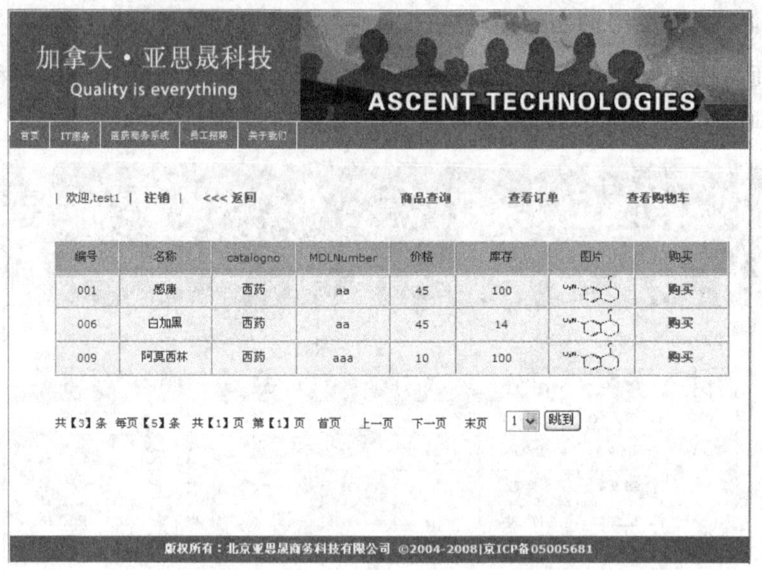

图 2-6　商品查询结果页面

买量，如图 2-7～图 2-9 所示。

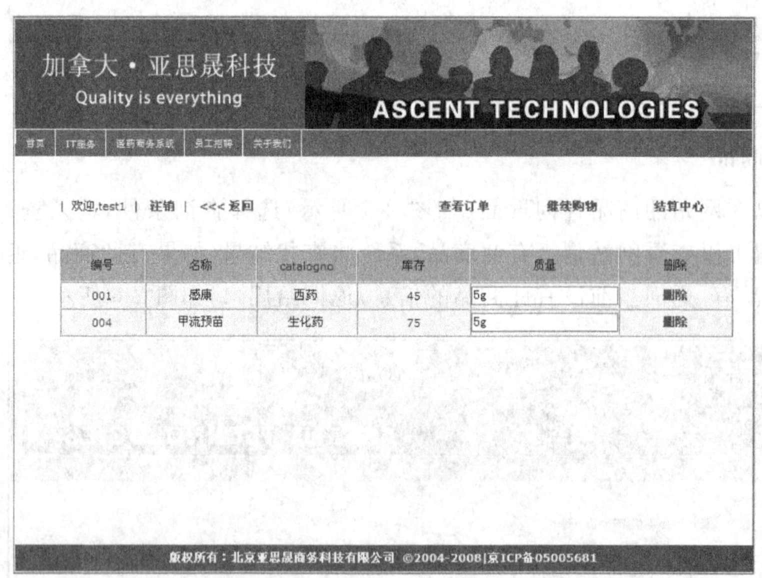

图 2-7　购物车管理页面

2）生成订单

在浏览商品时，用户可以在查看商品的列表或详细信息时将此商品添加到购物车，添加完毕可以选择继续购物或是结算，如果选择结算，要填写一个购物登记表，该表内容包括：购物人姓名、地址、E-mail、所购商品的列表等，如图 2-10 所示。

购物提交结束后，可看到提示信息页面如图 2-11 所示。

图 2-8　继续增加商品购物车页面

图 2-9　购物车减少商品及修改质量页面

图 2-10　购物结算页面

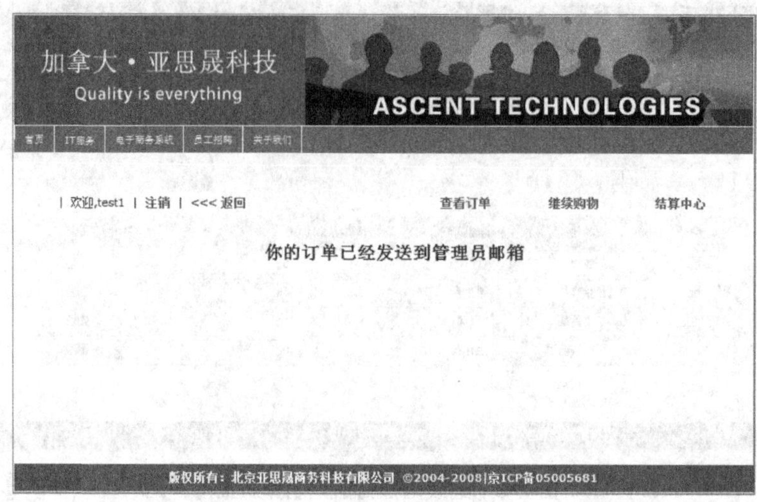

图 2-11 结算成功提示页

5. 后台管理

后台管理主要包括以下功能模块：

1）订单邮件管理

设置管理员邮箱地址，包括转发邮件及管理员接收邮件地址，如图 2-12 所示。

图 2-12 邮件管理页面

2）商品管理

（1）商品添加：添加商品，包括各项信息和图片的上传等。

（2）商品修改：修改商品的信息。

（3）商品删除：管理员对商品进行删除操作。

商品管理页面如图 2-13 所示。

图 2-13 商品管理页面

3）用户管理

（1）用户修改：用户各项信息的修改。

（2）用户权限管理：管理员对用户进行权限的授权。

（3）用户删除：管理员对用户进行删除操作，该删除为“软删除”，还可以恢复操作。

用户管理页面如图 2-14 所示。

图 2-14 用户管理页面

2.2 项目系统分析和设计

系统是由 Web 服务器、数据服务器和浏览器客户端组成的多层 Web 计算机服务系统。采用 Servlet-JSP-JavaBean 架构，具有灵活性、可扩展性等特点。

2.2.1 面向对象分析设计

1. 系统分析

下面通过 UML 语言里的用例图(use case diagram)、类图(class diagram)以及序列图(sequence diagram)来分析艾斯医药商务系统项目。

1) 用例图

用例图显示了系统和系统外实体之间的交互。项目用例图如图 2-15 所示。

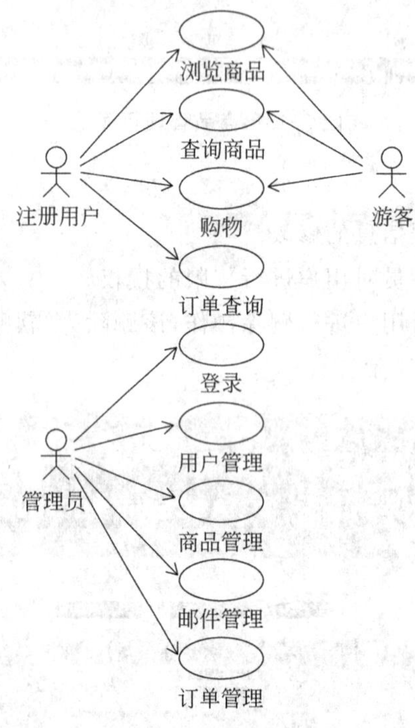

图 2-15 项目用例图

2) 类图

类图显示了模型的静态结构，特别是模型中存在的类。类的内部结构以及类与类之间的关系。系统类图如图 2-16 所示。

3) 序列图

序列图的主要用途之一，是把用例表达的需求转化为进一步、更加正式层次的精细表达，用例常常被细化为一个或者更多的序列图。项目用例细化后对应序列图如图 2-17～图 2-36 所示。

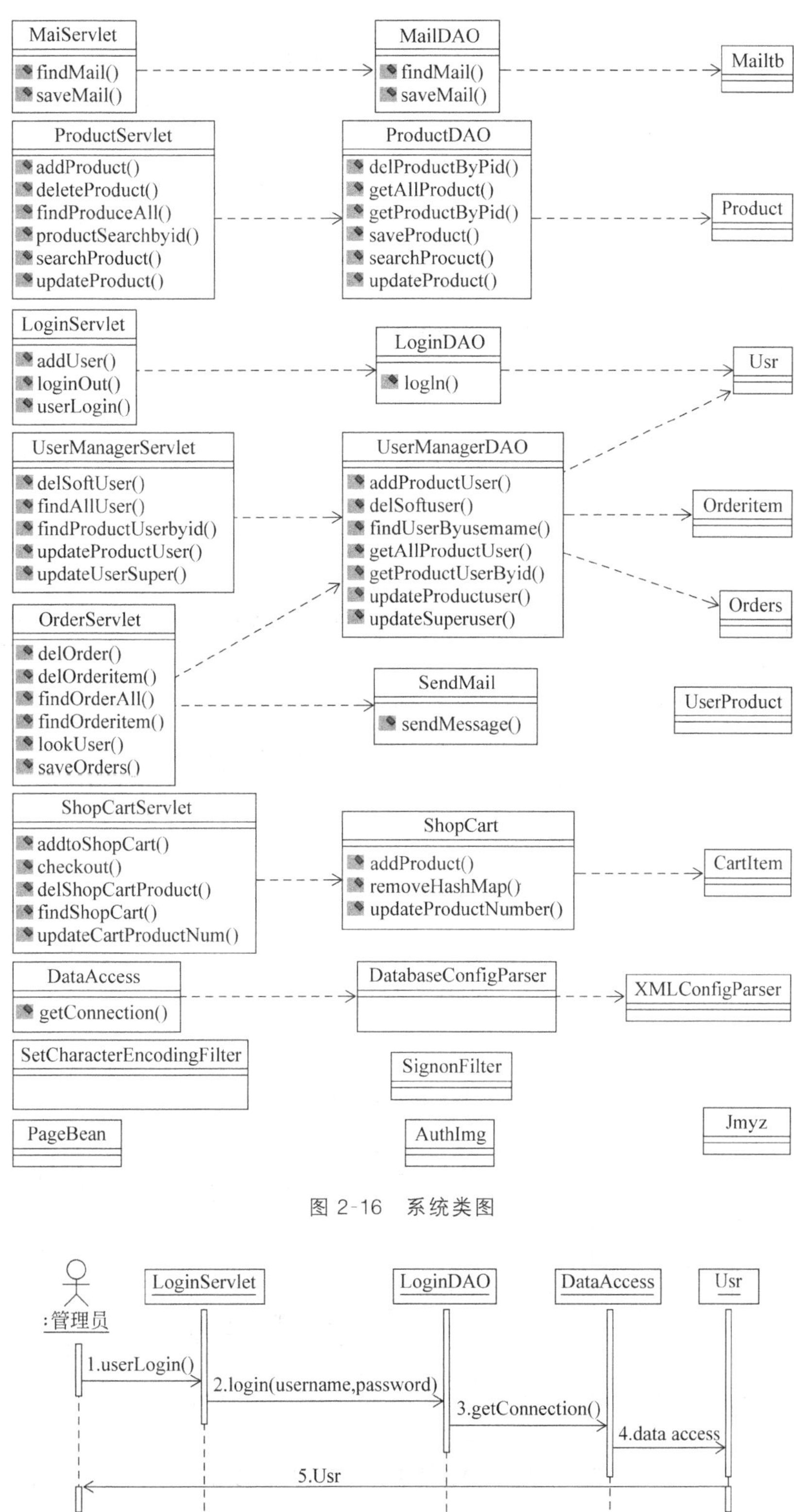

图 2-16 系统类图

图 2-17 管理员登录序列图

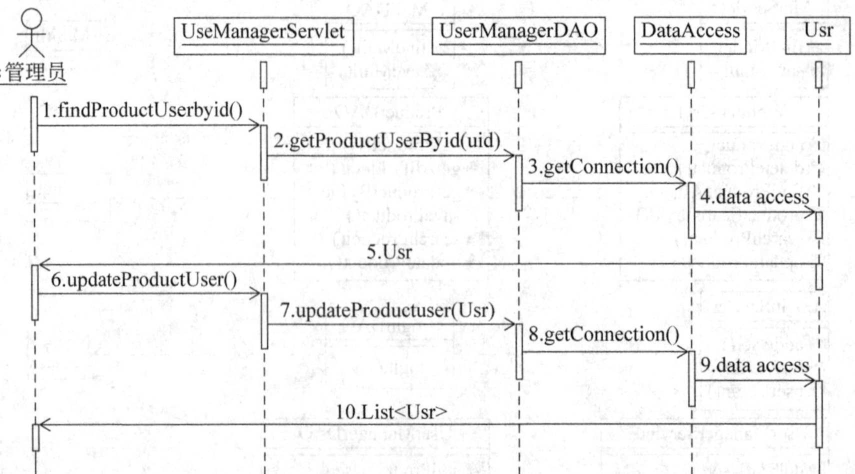

图 2-18 用户管理模块修改用户信息序列图

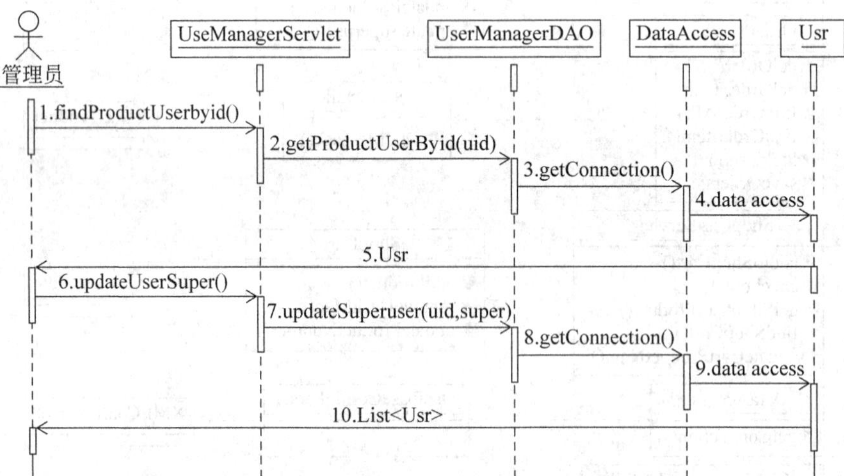

图 2-19 用户管理模块修改用户角色序列图

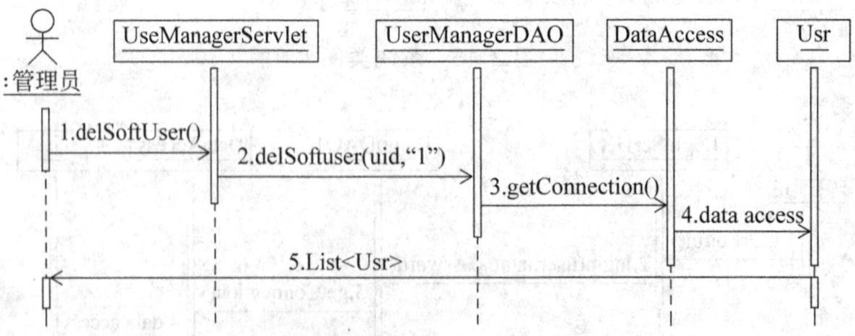

图 2-20 用户管理模块屏蔽用户序列图

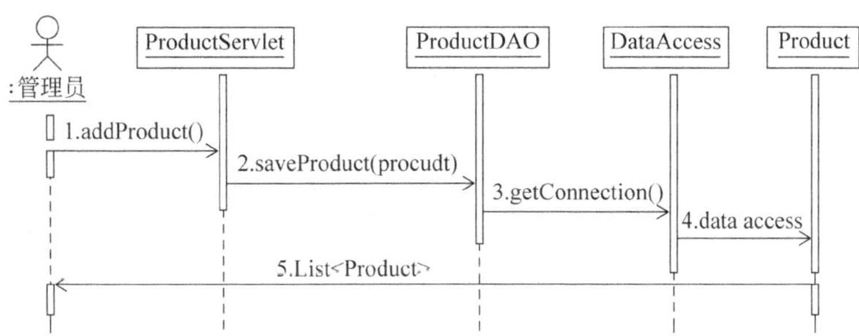

图 2-21 商品管理模块增加商品序列图

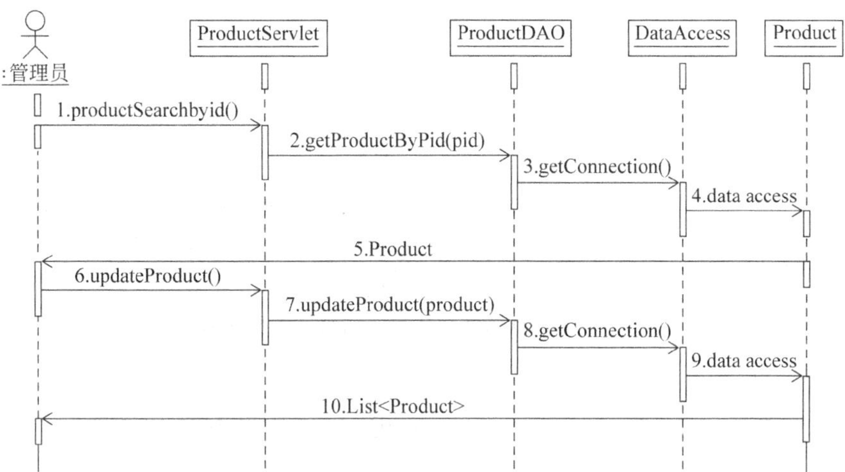

图 2-22 商品管理模块修改商品序列图

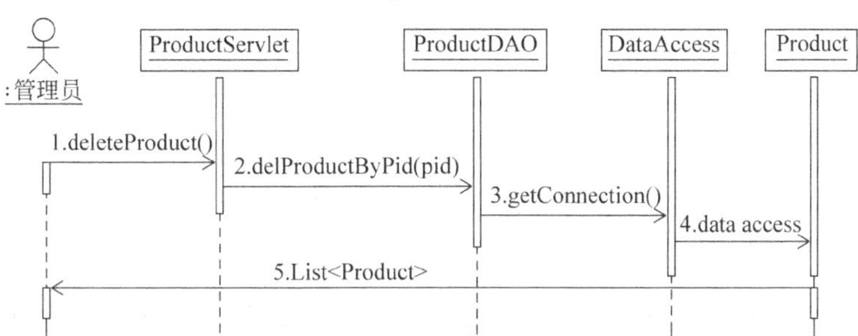

图 2-23 商品管理模块屏蔽商品序列图

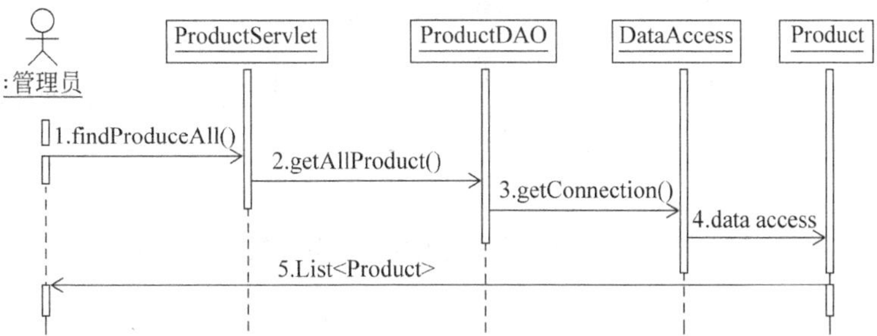

图 2-24 商品管理模块查询所有商品序列图

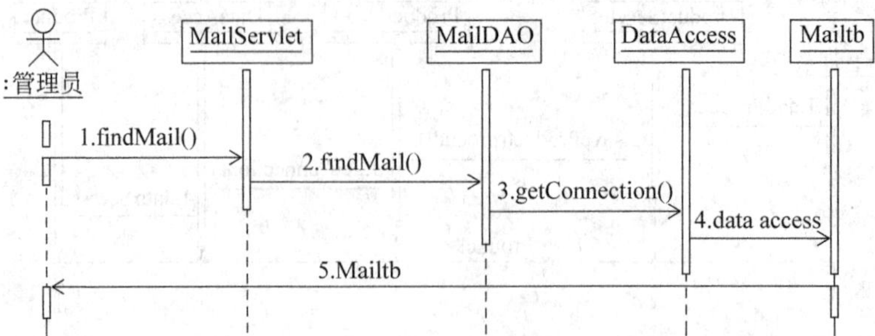

图 2-25　邮件管理模块查看邮箱设置序列图

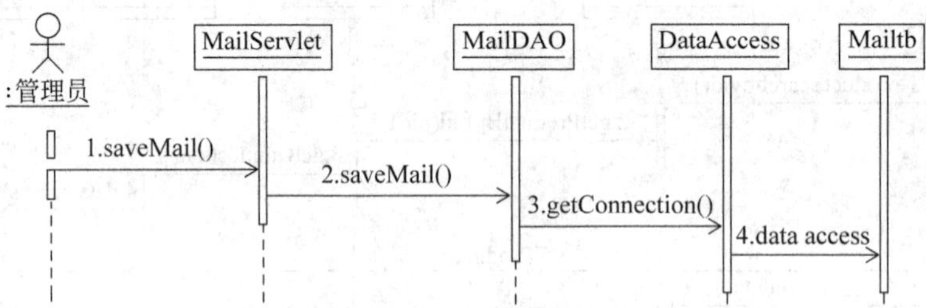

图 2-26　邮件管理模块修改邮箱设置序列图

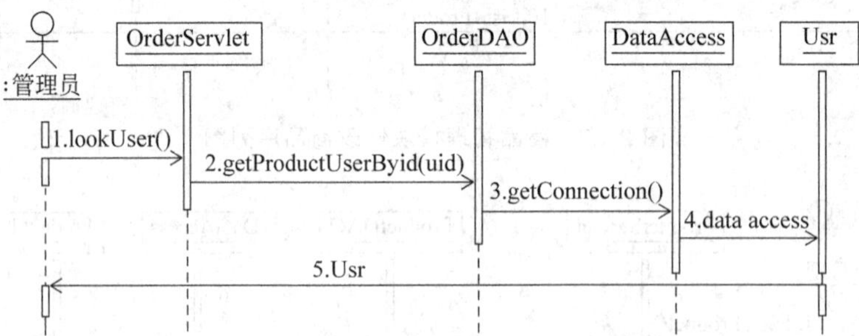

图 2-27　订单管理模块查看订单用户信息序列图

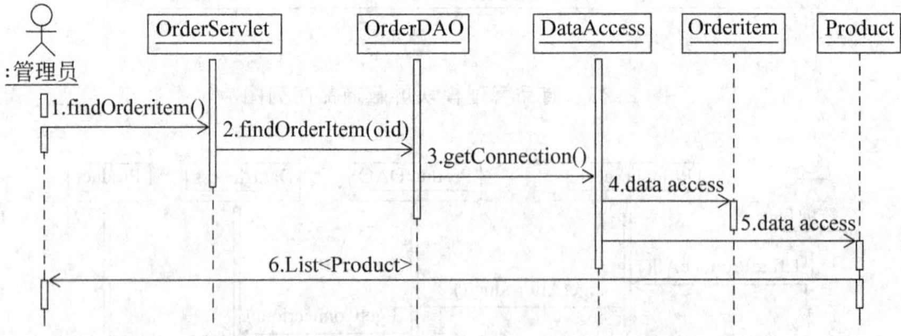

图 2-28　订单管理模块查看用户订单项信息序列图

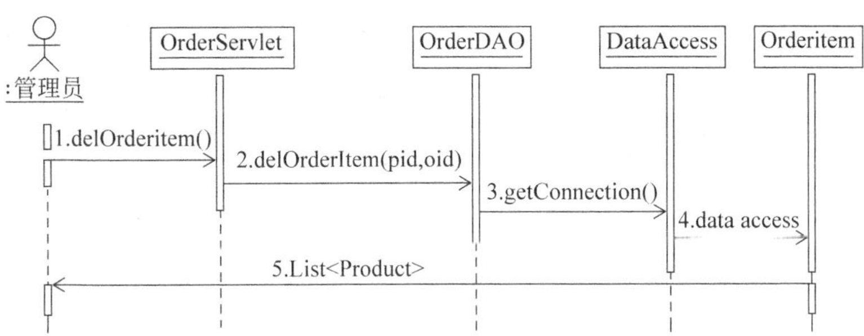

图 2-29 订单管理删除订单下的订单项信息序列图

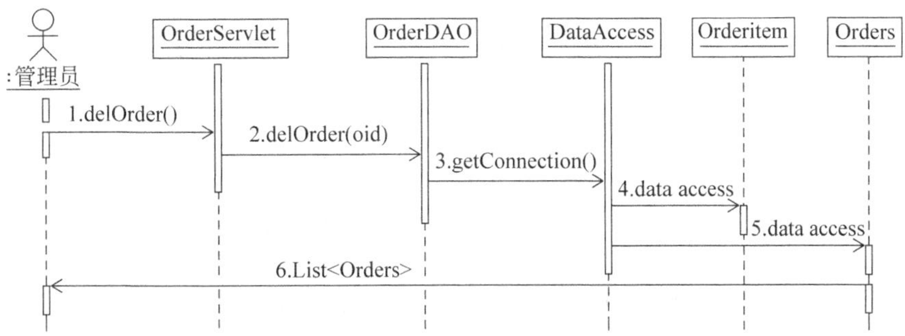

图 2-30 订单管理删除订单信息序列图

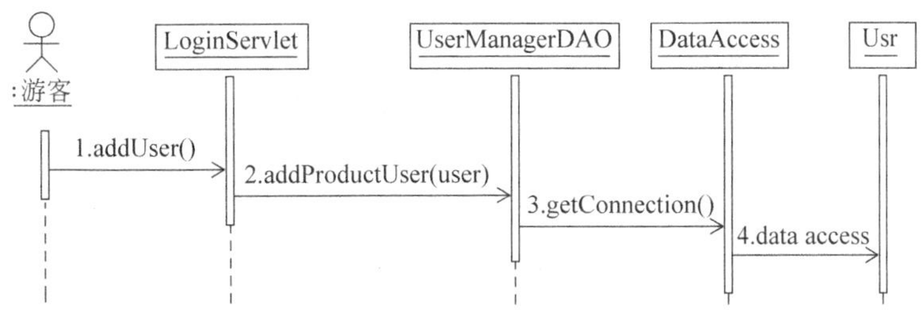

图 2-31 注册用户信息序列图

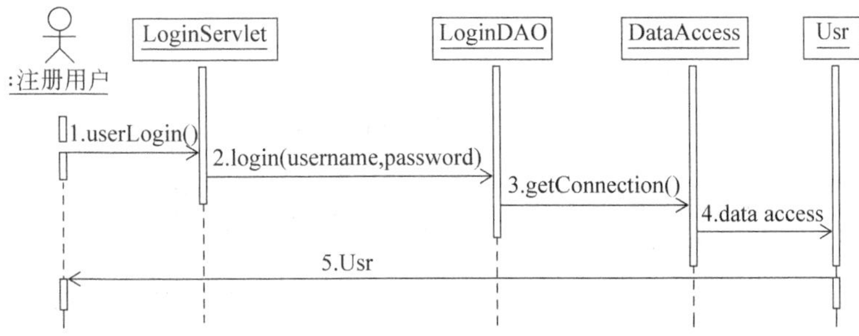

图 2-32 普通用户登录序列图

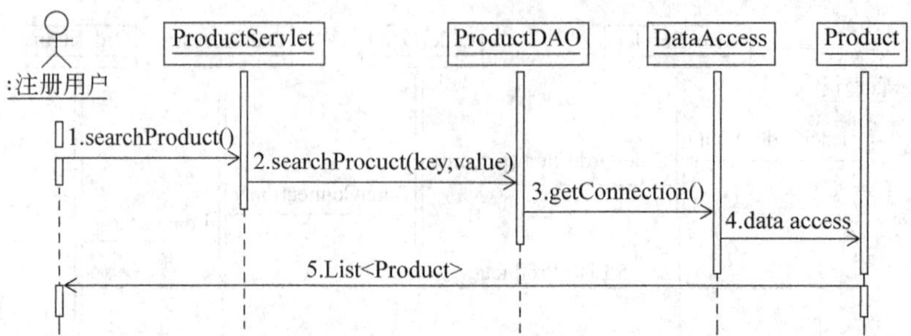

图 2-33 商品查询模块序列图

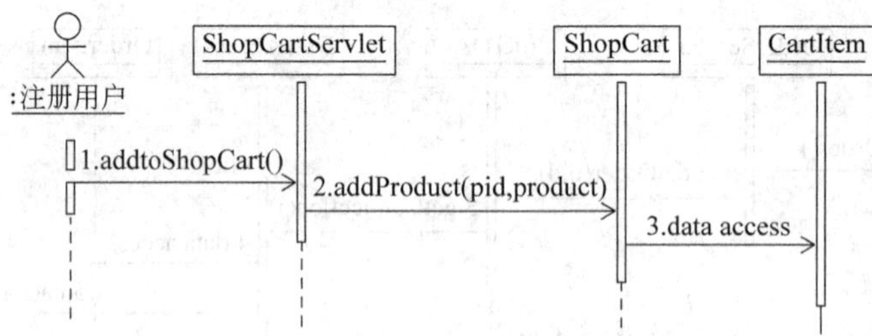

图 2-34 购物模块添加商品到购物车中序列图

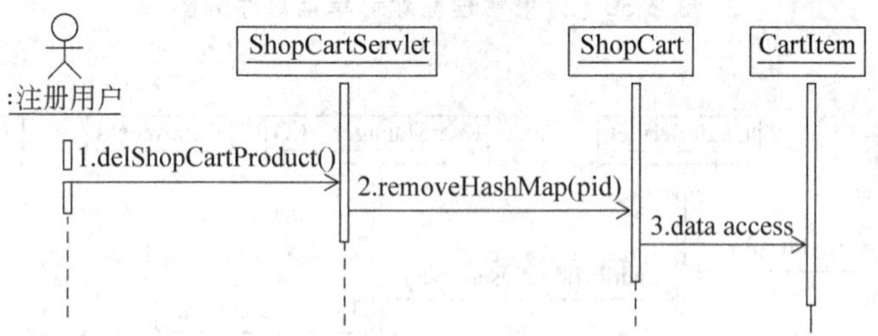

图 2-35 购物模块从购物车中移除商品序列图

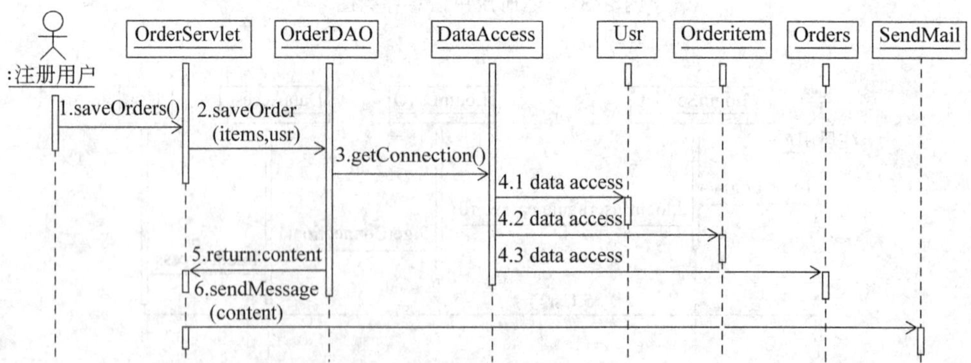

图 2-36 购物模块用户提交订单模块序列图

2. 系统设计

系统的整体逻辑结构如图 2-37 所示。

本项目中使用了 Servlet＋JSP＋JavaBean 技术建立艾斯医药商务系统网站。在这套技术中，JSP 用于前端展现，作为视图层。Servlet 用于控制用户请求以及调用相应的业务组件，作为控制器层。JSP 将数据传递给 Servlet，Servlet 去调用具体的 JavaBean 用于处理前端页面 JSP 发来的请求，完成具体的业务逻辑过程，请求参数通过 Servlet 技术获取并传递给 JavaBean，最后将处理结果传递给相应的 JSP 进行展现。

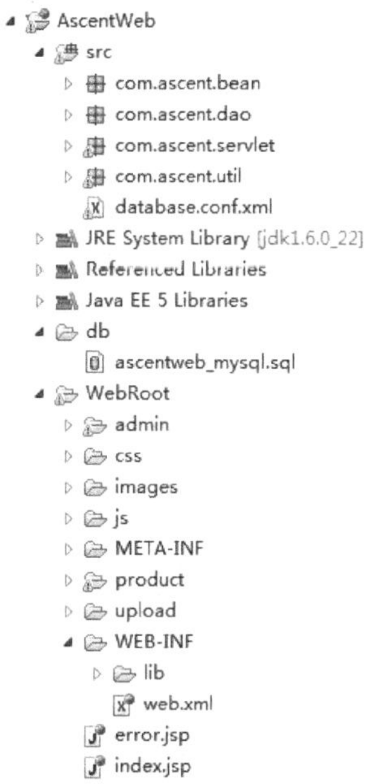

AscentWeb
src
com.ascent.bean
com.ascent.dao
com.ascent.servlet
com.ascent.util
database.conf.xml
JRE System Library [jdk1.6.0_22]
Referenced Libraries
Java EE 5 Libraries
db
ascentweb_mysql.sql
WebRoot
admin
css
images
js
META-INF
product
upload
WEB-INF
lib
web.xml
error.jsp
index.jsp

图 2-37 项目整体逻辑结构图

Web 应用程序的组织结构可以分为 5 个部分。

- Web应用根目录下放置用于前端展现的 JSP 文件。
- com. ascent. bean 放置处理的 javabean。
- com. ascent. servlet 放置处理请求相应的类。
- com. ascent. dao 放置处理数据持久化类
- com. ascent. util 放置帮助类和一些其他类。

此外，在 src 下放置了数据库配置文件 datebase. conf. xml。

下面针对项目组织结构中的 5 个部分分别进行详细介绍：

(1) JSP 文件，表 2-1 所示为每个 JSP 文件实现的功能。

表 2-1 JSP 列表

文件名称	功能
index. jsp	首页
error. jsp	错误页面
admin 文件夹下：	
add_products_admin. jsp	添加商品页面
admin_ordershow. jsp	管理员订单页面
admin_orderuser. jsp	查看订单用户页面
admin_products_show. jsp	管理员管理商品页面
changesuperuser. jsp	修改用户角色页面
mailmamager. jsp	邮件管理页面
orderitem_show. jsp	订单项查询页面
ordershow. jsp	订单查看页面
products_show. jsp	商品查看

续表

文件名称	功　能
products_showusers. jsp	注册用户管理页面
update_products_admin. jsp	修改商品信息页面
updateproductuser. jsp	修改用户信息页面
product 文件夹下：	
carthow. jsp	购物车管理页面
checkout. jsp	结算页面
checkoutsucc. jsp	结算成功页面
ContactUs. jsp	联系我们页面
employee. jsp	招聘信息页面
itservice. jsp	公司介绍页面
Product_Search. jsp	商品搜索页面
products_search_show. jsp	商品搜索结果页面
products_show. jsp	商品信息列表页面
products. jsp	公司产品介绍
regist_succ. jsp	注册成功页面
register. jsp	注册页面

(2) Servlet 中包括的控制器，如表 2-2 所示。

表 2-2　Servlet 列表

文件名称	功　能	文件名称	功　能
LoginServlet. java	用户登录控制器	ProductServlet. java	商品管理控制器
MailServlet. java	邮件管理控制器	ShopCartServlet. java	购物管理控制器
OrderServlet. java	订单管理控制器	UserManagerServlet. java	用户管理控制器

(3) VO 值对象包括 4 个逻辑类，如表 2-3 所示。

表 2-3　JavaBean 列表

文件名称	功　能	文件名称	功　能
Mailtb. java	邮件类	Product. java	商品类
Orderitem. java	订单项类	Usr. java	用户类
Orders. java	用订单类	UserProduct. java	用户和商品类

(4) DAO 数据层方法类如表 2-4 所示。

表 2-4 dao 列表

文件名称	功能
LoginDAO. java	处理登录和退出系统的类
MailDAO. java	处理邮件管理相关功能的类
OrderDAO. java	处理订单管理相关的类(删除、修改和查询等)
ProductDAO. java	处理商品管理相关功能的类
UserManagerDAO. java	处理用户管理相关功能的类

(5) Util 工具类,如表 2-5 所示。

表 2-5 Util 列表

文件名称	功能
AuthImg. java	验证码生成类
CartItem	封装商品及购买数量的类
DataAccess. java	数据库连接类
DatabaseConfigParser. java	解析数据库配置文件类
Jmyz. java	发送邮件时进行权限控制的辅助类
PageBean. java	分页封装类
SendMail. java	发送邮件类
SetCharacterEncodingFilter. java	将提交过来的信息里的特殊字符进行处理
ShopCart. java	购物车类
SignonFliter	是否具有登录权限的过滤器
XMLConfigParser. java	解析 XML 类

2.2.2 数据库设计

实体关系(entity-relationship)如图 2-38 和图 2-39 所示。

建立表,数据库脚本如下:

```
DROP DATABASE IF EXISTS ascentweb;
CREATE DATABASE ascentweb DEFAULT CHARSET=gbk;

use ascentweb ;

set names gbk ;

DROP TABLE IF EXISTS mailtb;
CREATE TABLE mailtb (
```

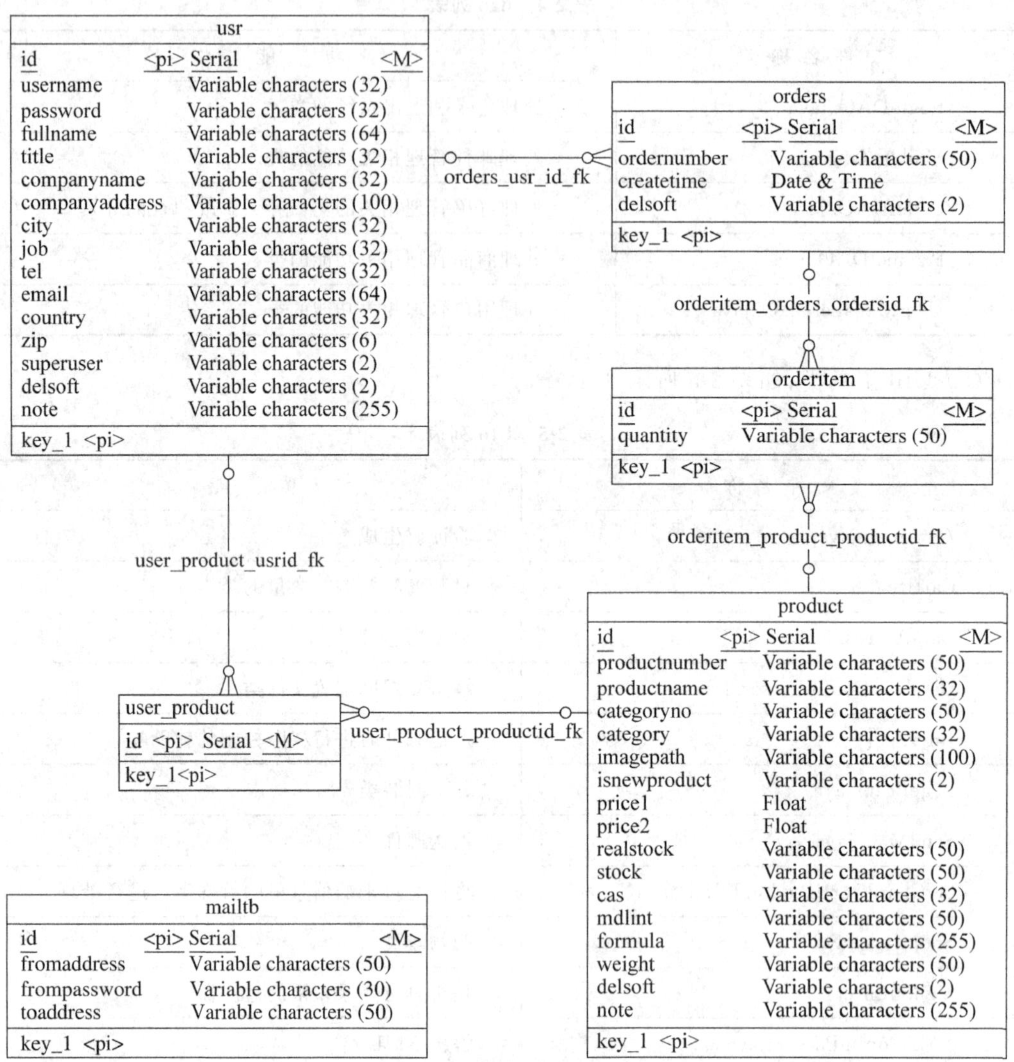

图 2-38 数据库概念图（1）

```
  id int NOT NULL auto_increment COMMENT '电子邮件表 ID',
  fromaddress varchar(50) default NULL COMMENT '发送者邮件地址',
  frompassword varchar(30) default NULL COMMENT '发送者邮件密码',
  toaddress varchar(50) default NULL COMMENT '接收者邮件地址',
  PRIMARY KEY(id)
)ENGINE=InnoDB DEFAULT CHARSET=gbk COMMENT='电子邮件表';

INSERT INTO mailtb VALUES(1,'admin@163.com','C2008119521','guest@163.com');

DROP TABLE IF EXISTS orders;
CREATE TABLE orders (
  id int NOT NULL auto_increment COMMENT '订单 ID',
```

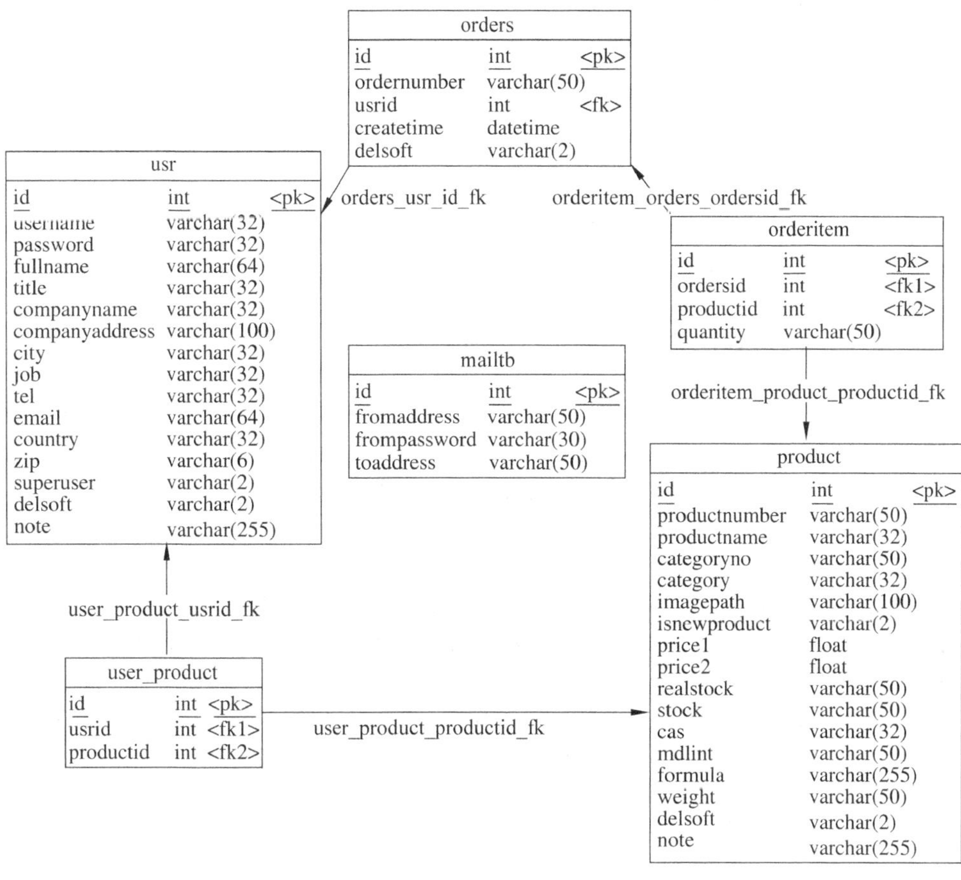

图 2-39　数据库物理图（2）

```
  ordernumber varchar(50) default NULL COMMENT '订单编号',
  usrid int default NULL COMMENT '用户 ID',
  createtime datetime default NULL COMMENT '订单创建时间',
  delsoft varchar(2) default NULL COMMENT '软删除标志',
  PRIMARY KEY(id)
)ENGINE=InnoDB DEFAULT CHARSET=gbk COMMENT='订单表';

DROP TABLE IF EXISTS product;
CREATE TABLE product (
  id int NOT NULL auto_increment COMMENT '商品 ID',
  productnumber varchar(50) default NULL COMMENT '商品编号',
  productname varchar(32) default NULL COMMENT '商品名称',
  categoryno varchar(50) default NULL COMMENT '商品分类编号',
  category varchar(32) default NULL COMMENT '商品分类名称',
  imagepath varchar(100) default NULL COMMENT '商品图片名称',
  isnewproduct varchar(2) default NULL COMMENT '是否新商品 1-true,0-false',
  price1 float default NULL COMMENT '价格',
  price2 float default NULL COMMENT '会员价格',
```

```
  realstock varchar(50) default NULL COMMENT '库存量',
  stock varchar(50) default NULL COMMENT '剩余量',
  cas varchar(32) default NULL COMMENT '药品摘要',
  mdlint varchar(50) default NULL COMMENT 'mdl编号',
  formula varchar(255) default NULL COMMENT '化学方程式',
  weight varchar(50) default NULL COMMENT '重量',
  delsoft varchar(2) default NULL COMMENT '软删除标志',
  note varchar(255) default NULL COMMENT '备注',
  PRIMARY KEY(id)
)ENGINE=InnoDB DEFAULT CHARSET=gbk COMMENT='商品表';

INSERT INTO product VALUES (1,'101','白加黑','10','感冒药','ss.jpg','1',12.5,10.5,
'123','100','177900-48-1','C12H22N2O1','C2H5OH','30g','0','good');
INSERT INTO product VALUES (2,'102','速效感冒胶囊','10','感冒药','ss.jpg','1',12.
5,10.5,'123','100','177900-48-2','C12H22N2O2','NaOH Ca(OH)2 Ba(OH)2 ','30g','0','
good');
INSERT INTO product VALUES (3,'111','二甲双胍片','11','西药','ss.jpg','1',12.5,10.
5,'123','100','177900-48-3','C12H22N2O3','CH4 C2H2 CH3OH C2H5OH CH3COOH ','30g','
0','good');
INSERT INTO product VALUES (4,'112','达美康','11','西药','ss.jpg','1',12.5,10.5,'
123','100','177900-48-4','C12H22N2O4','CH4','30g','0','good');
INSERT INTO product VALUES (5,'113','迪沙片','11','西药','ss.jpg','1',12.5,10.5,'
123','40','177900-48-5','C12H22N2O5','CH3OH','30g','0','good');
INSERT INTO product VALUES (6,'114','美吡哒','11','西药','ss.jpg','1',12.5,10.5,'
423','300','177900-48-6','C12H22N2O6','CH3OH','30g','1','good');
INSERT INTO product VALUES (7,'121','白芍','14','中药','ss.jpg','1',12.5,10.5,'
123','100','177900-48-7','C12H22N2O7','CH3OH','30g','0','good');
INSERT INTO product VALUES (8,'122','何首乌','14','中药','ss.jpg','1',12.5,10.5,'
123','100','177900-48-8','C12H22N2O8','CH3OH','30g','0','good');
INSERT INTO product VALUES (9,'123','枸杞','14','中药','ss.jpg','1',12.5,10.5,'
123','100','177900-48-9','C12H22N2O9','CH3OH','30g','0','good');

DROP TABLE IF EXISTS orderitem;
CREATE TABLE orderitem (
  id int NOT NULL auto_increment COMMENT '主键编号',
  ordersid int default NULL COMMENT '外键引用订单 ID',
  productid int default NULL COMMENT '外键引用商品 ID',
  quantity varchar(50) default NULL COMMENT '每个商品所购买数量',
  PRIMARY KEY(id)
)ENGINE=InnoDB DEFAULT CHARSET=gbk COMMENT='订单与商品中间表';

DROP TABLE IF EXISTS usr;
CREATE TABLE usr (
```

```
  id int NOT NULL auto_increment COMMENT '用户 ID',
  username varchar(32) default NULL COMMENT '用户名',
  password varchar(32) default NULL COMMENT '密码',
  fullname varchar(64) default NULL COMMENT '用户全称',
  title varchar(32) default NULL COMMENT '职称级别',
  companyname varchar(32) default NULL COMMENT '公司名称',
  companyaddress varchar(100) default NULL COMMENT '公司地址',
  city varchar(32) default NULL COMMENT '城市',
  job varchar(32) default NULL COMMENT '工作职位',
  tel varchar(32) default NULL COMMENT '联系电话',
  email varchar(64) default NULL COMMENT '电子邮件',
  country varchar(32) default NULL COMMENT '国家',
  zip varchar(6) default NULL COMMENT '邮政编号',
  superuser varchar(2) default NULL COMMENT '用户角色权限 3 超级用户,2 管理员,1 普通用户',
  delsoft varchar(2) default NULL COMMENT '软删除标志 1 软删除,0 正常',
  note varchar(255) default NULL COMMENT '备注',
  PRIMARY KEY(id)
) ENGINE=InnoDB DEFAULT CHARSET=gbk COMMENT='用户表';

INSERT INTO usr VALUES (1,'admin','123456','administrator','manager','ascent','
501B','beijing','admin','13315266854','admin@163.com','china','100085','3','0',
'good');
INSERT INTO usr VALUES (2,'lixin','lixin','lianglixin','leader','ascent','501B',
'beijing','manager','13315266853','lixin@163.com','china','100085','2','1','
good');
INSERT INTO usr VALUES (3,'ascent','ascent','test','test','ascent','501B','beijing',
'test','13315266852','ascent@163.com','china','100085','1','0','good');
INSERT INTO usr VALUES (4,'shang','shang','shangshang','test','ascent','501B','
beijing','test','13315266851','test@163.com','china','100085','1','0','good');

DROP TABLE IF EXISTS user_product;
CREATE TABLE user_product (
  id int NOT NULL auto_increment COMMENT '主键编号',
  usrid int default NULL COMMENT '外键,引用用户 id',
  productid int default NULL COMMENT '外键,引用商品 id',
  PRIMARY KEY(id)
)ENGINE=InnoDB DEFAULT CHARSET=gbk COMMENT='用户与商品中间表';

commit ;
```

执行数据库脚本后,数据库建立。表结构如表 2-6～表 2-10 所示。

表 2-6　mailtb(邮件表)表结构

列　　名	类　　型	描　　述
id	int	表示邮件 ID,是自动递增的主键
fromaddress	varchar (50)	表示发邮件地址
frompassword	varchar (30)	表示发邮件密码
toaddress	varchar (50)	表示收邮件地址

表 2-7　orderitem(订单项表)表结构

列　　名	类　　型	描　　述
id	int	表示订单项 ID,是自动递增的主键
ordersid	int	表示订单 ID,是外键,引用 orders 表主键
productid	int	表示商品 ID,是外键,引用 product 表主键
quantity	varchar(50)	表示商品购买数量

表 2-8　orders(订单)表结构

列　　名	类　　型	描　　述
id	int	表示订单 ID,是自动递增的主键
usrid	int	表示客户 ID,是外键,引用 usr 表主键
ordernumber	varchar (50)	表示订单编号
createtime	datetime	表示订单创建时间
delsoft	varchar (2)	软删除标志,1 表示删除,0 表示正常

表 2-9　product(商品)表结构

列　　名	类　　型	描　　述
id	nt	表示商品 ID,是自动递增的主键
productnumber	varchar(50)	表示商品编号
categoryno	varchar(50)	表示分类编号
cas	varchar(32)	表示商品摘要信息
productname	varchar(32)	表示商品名称
imagepath	varchar(100)	表示图片名称
mdlint	varchar(50)	表示 MDL 编号
formula	varchar(255)	表示药品化学方程式
weight	varchar(50)	表示重量

续表

列　　名	类　　型	描　　述
price1	varchar(32)	表示价格
price2	varchar(32)	表示会员价格
stock	varchar(50)	表示剩余量
realstock	varchar(50)	表示库存量
isnewproduct	varchar(2)	表示是否新产品;1是新产品,0不是新产品
category	varchar(32)	表示分类名称
note	varchar(32)	表示备注
delsoft	varchar(2)	表示软删除标志位;1为软删除,0为正常

表 2-10　usr(用户)表结构

列　　名	类　　型	描　　述
id	int	表示用户 ID 标识号,是自动递增的主键
username	varchar(32)	表示用户名称
password	varchar(32)	表示用户密码
companyname	varchar(32)	表示用户公司名称
city	varchar(32)	表示用户生活城市
job	varchar(32)	表示用户工作
tel	varchar(32)	表示用户电话
email	varchar(64)	表示用户 E-mail
country	varchar(32)	表示用户国家
zip	varchar(6)	表示 ZIP
companyaddress	varchar(100)	表示用户公司地址
superuser	varchar(2)	表示用户权限标志;1.普通注册用户,2.管理员,3.高级管理员
note	varchar(255)	表示备注
fullname	varchar(64)	表示全名,真实姓名
title	varchar(32)	表示职称级别
delsoft	varchar(2)	表示软删除标志位;1为软删除,0为正常

2.3 项目实现

根据项目开发流程，下一步进入项目具体实现阶段，也就是使用Servlet、JSP、JavaBean技术开发和编码，本书后面章节将详细讲解这些技术。下面先了解一下开发工具与环境。

2.3.1 开发工具与环境

1. 开发工具——MyEclipse 7.5

2001年11月IBM宣布捐出了价值4千万美金的开发软件给开放源码的Eclipse项目，Eclipse是替代IBM Visual Age for Java的下一代IDE开发环境。(注：Eclipse是"蚀"的意思，SUN微系统公司推出了Java，eclipse of the sun就是"日蚀"，以此与SUN公司竞争。)Eclipse的官方网站是http://www.eclipse.org，读者可以在Downloads栏目中下载其最新Release版本；当然也可以下载它的官方中文语言包，这样，不仅程序界面甚至帮助文档都是简体中文的了。根据Eclipse的体系结构，通过开发插件，它能扩展到任何功能和任何语言的开发。这也正是Eclipse的潜力所在。

MyEclipse是Eclipse开发插件，提供JavaEE的开发环境，所以选择MyEclipse7.5作为开发工具。

2. 服务器——Tomcat 6.0

Tomcat是一个免费的开源的Servlet容器，它是Apache基金会的Jakarta项目中的一个核心项目，由Apache、Sun和其他一些公司及个人共同开发而成。由于有了Sun的参与和支持，最新的Servlet和JSP规范总能在Tomcat中得到体现。

我们使用的是Tomcat 6.0。Tomcat提供了各种平台的版本供下载，可以从http://jakarta.apache.org上下载其源代码版或者二进制版。由于Java的跨平台特性，基于Java的Tomcat也具有跨平台性。

3. 数据库——MySQL 5.0

MySQL是一个多用户、多线程的SQL数据库，是一个客户机/服务器结构的应用，它由一个服务器守护程序mysqld和很多不同的客户程序和库组成。它是目前市场上运行最快的SQL(Structured Query Language，结构化查询语言)数据库之一，读者可以从http://www.mysql.com上下载，它提供了其他数据库少有的编程工具，而且MySQL对于商业和个人用户是免费的。这里是使用相对稳定的5.0.45版本。

MySQL的功能特点有：可以同时处理几乎不限数量的用户；处理多达50 000 000以上的记录；命令执行速度快(也许是现今最快的)；简单有效的用户特权系统。

在本书附带的光盘中提供了这些工具的安装程序。

以下几章具体展开Servlet+JSP+JavaBean的要点。

2.3.2 工具集成步骤

1. Eclipse连Tomcat

(1) 首先确定自己的计算机安装了Tomcat6.0，并且在环境变量中配置了JAVA_

HOME 变量。

（2）打开 Eclipse，在应用中要使用 MyEclipse7.5，该版本直接和 Eclipse 集成在一起。连接 Tomcat 需要进行下面步骤：选择 Window→Preferences 命令进入如图 2-40 所示界面。

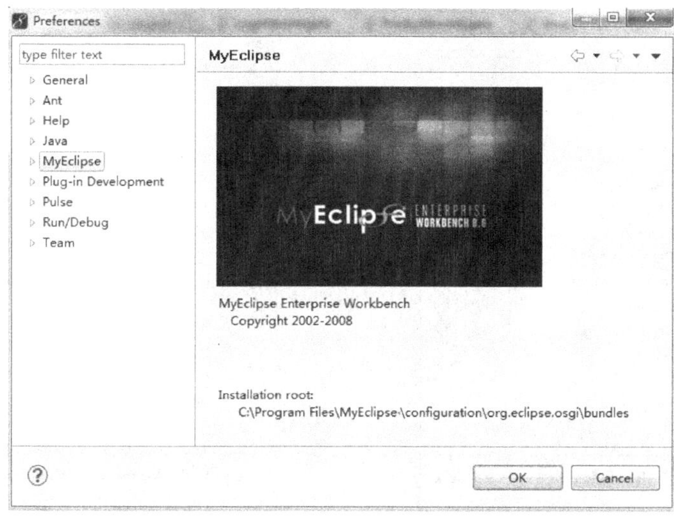

图 2-40　MyEclipse 连接 Tomcat 页面 1 图

（3）选择 MyEclipse→Application Server→Tomcat→Tomcat 6.x 命令，如图 2-41 所示。

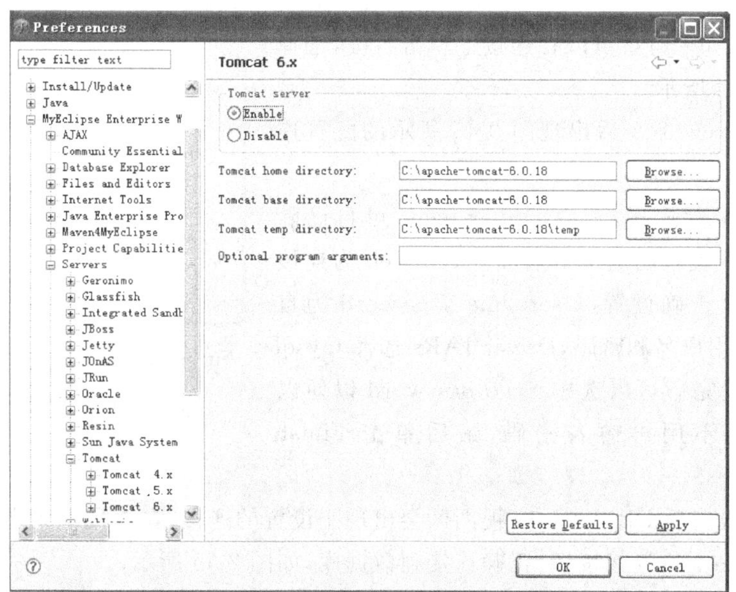

图 2-41　MyEclipse 连接 Tomcat 页面 2 图

首先选中 Enable，然后设置 Tomcat home directory 为 Tomcat6.0 根目录，单击 Apply 和 OK 按钮即可。

2. Eclipse 连 MySQL 数据库

(1) 选择 Window→Show View→Other 命令打开如图 2-42 所示对话框。

(2) 选择 MyEclipse Enterprise Workbench→DB Browser 命令，单击 OK 按钮，如图 2-43 所示。

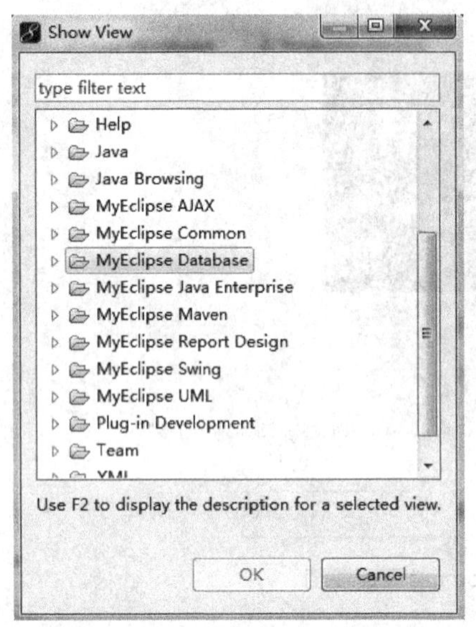
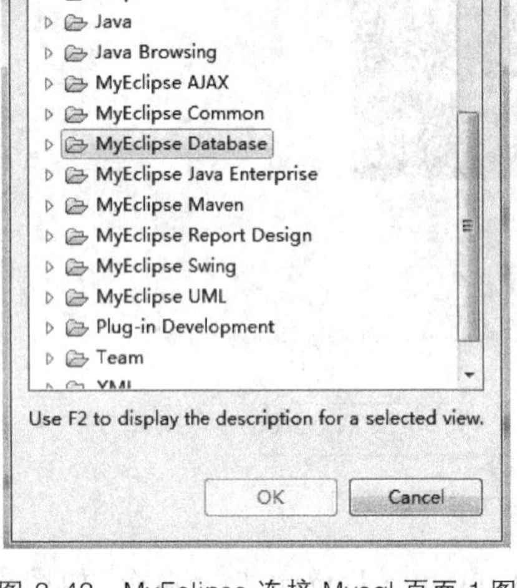
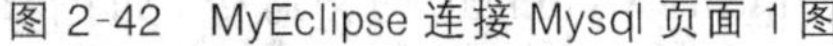

图 2-42　MyEclipse 连接 Mysql 页面 1 图

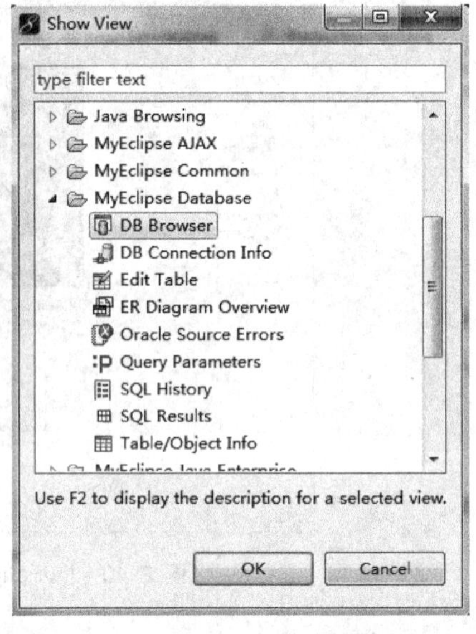

图 2-43　MyEclipse 连接 Mysql 页面 2 图

(3) 上面操作打开了 DB Browser 视图，在该视图空白区中单击右键，选择 New 命令进行新建连接(如果有也可以在连接上单击右键，选择 Edit)，如图 2-44 所示。

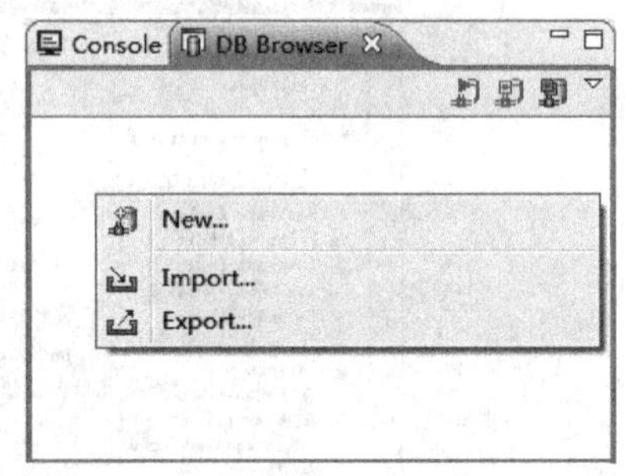

图 2-44　MyEclipse 连接 Mysql 页面 3 图

(4) 选择 New 命令后出现图 2-45 所示的配置连接页面。

安装上面配置连接，其中 Driver name 可自己随意取名，URL 配置自己的 url，后面 ascentweb 为连接的库名，请自己正确设置，Username、Password 为自己安装 Mysql 用户名和密码，Driver JARs 选择 mysql 驱动，正确设置完后可以选中 Save password 以便以后每次连接的不用再输入密码，最后单击 Finish 按钮。

(5) 成功设置后 DB Browser 视图区会出现刚设置的连接，在连接上单击鼠标右键，选择连接命令或右上方连接按钮，正确连接到数据库，如图 2-46 所示。

(6) 完成上述操作后已经正确设置了 mysql 连接，在进行 VO 以及 DAO 的开发时，可以直接使用设置好的连接。

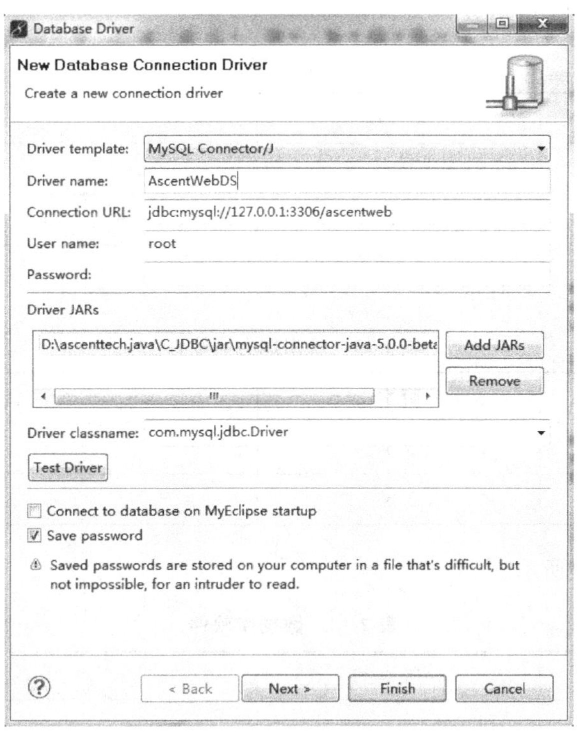

图 2-45　MyEclipse 连接 Mysql 页面 4 图

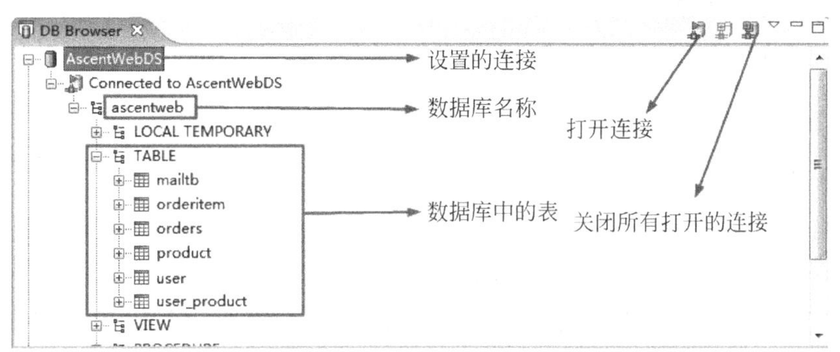

图 2-46　MyEclipse 连接 Mysql 页面 5 图

2.4　项目运行指南

本节主要描述了艾斯医药商务系统运行所依赖的环境，分别列出服务器和客户端依赖的软件环境清单，以及本项目基于 Windows 平台的部署、运行过程。

2.4.1　服务器依赖的环境

从操作系统、应用服务器、数据库三方面列出这些软件清单。软件要求见表 2-11 至表 2-13 所示。

操作系统如表 2-11 所示。

表 2-11 操作系统软件

名　称	版　本	备注
windows	XP、Win7	
Linux	Redhat9	

应用服务器如表 2-12 所示。

表 2-12 应用服务器软件

名　称	版本	备注
Tomcat	6. x	
JBoss	4. x	

数据库如表 2-13 所示。

表 2-13 数据库软件

名称	版本	备注
MySQL	5. x	

2.4.2 客户端依赖的环境

1. 硬件环境

CPU：1GHz 以上；内存：≥256MB；显示器分辨率：1024×768。

2. 软件环境

客户端软件环境要求见表 2-14 所示。

表 2-14 客户端软件

名　　称	版　本	备注
Windows 操作系统	XP、Win7	
IE 浏览器	≥6.0	

2.4.3 部署环境搭建

确定数据库的应用服务器软件后，进行软件安装。服务器软件安装成功后部署应用系统，然后就可以通过客户端 IE 访问应用。

(1) 安装 MySQL5.0 数据库服务器，安装及启动过程参照 6.2 节。

首先把 2.2.2 节中的数据库脚本复制存放到名称为 AscentWeb. sql 的文件中，把该文件放置在 D:/目录下。

通过命令行窗口创建数据库。具体如下：

```
>mysql -h localhost -u root -p(注:回车后输入密码,如无密码则再次回车)
>source D:/AscentWeb.sql(注:回车即可创建数据库)
```

(2) 安装 Tomcat6 Web 服务器,从 http://jakarta. apache. org 下载该软件,把 Tomcat 安装到 C:/目录下(注:本文基于 Tomcat6. 0. 16 版本)。然后通过 Eclipse 工具或手工将 Web 应用部署到 C:\apache-tomcat-6. 0. 16\webapps 目录下,通过 C:\apache-tomcat-6. 0. 16\bin\目录下的 startup. bat 启动 Tomcat 服务器。

(3) 打开 IE 浏览器,在地址栏中输入: http://localhost:8080/AscentWeb/。通过管理员账号(admin /123456)及普通账号(ascent/ascent)登录测试。

2.5 本章总结

本章通过艾斯医药商务系统案例阐述了 Java Web 应用开发的完整过程,展示了分析设计的结果以及开发环境的需求与配置。

2.6 习题

(1) 什么是 UML?
(2) 用例图的作用是什么?
(3) 顺序图描述了什么?
(4) 面向对象分析设计与数据库设计有什么关系?

第二部分

Web 基础

第3章 HTML

学习目的与要求

本章对HTML进行了简要介绍，包括HTML网页文档的整体结构、常用的HTML标签和超链接，同时简单介绍了CSS。通过本章的学习，理解HTML页面和CSS基本原理，能够开发静态Web页面。

本章主要内容

- HTML网页文档结构；
- 常用HTML标签；
- 超链接；
- CSS。

HTML(Hyper Text Markup Language，超文本标记语言)是Web应用中用于编写网页的语言。HTML中每个用来作为标记的符号都可以看做是一条命令，它告诉浏览器应该如何显示文件的内容。

3.1 HTML网页文档结构

一个完整的HTML文件由标题、段落、表格和文本等各种嵌入的对象组成，这些对象统称为元素，HTML使用标记来分隔并描述这些元素。实际上整个HTML文件就是由元素与标记组成的。

下面是一个HTML文件的基本结构。

```
<html>文件开始标记
<head>文件头开始的标记
……文件头的内容
</head>文件头结束的标记
```

```
<body>文件主体开始的标记
……文件主体的内容
</body>文件主体结束的标记
</html>文件结束标记
```

从上面的代码可以看出，HTML 文件包含文档头和文档体两部分，其中各标记含义如下：

<html>…</html>：<html>在最外层，表示这对标记间的内容是 HMTL 文档，其中包括<head>和<body>标记。HTML 文档中所有的内容都应该在这两个标记之间，一个 HTML 文档总是以<html>开始，以</html>结束。

<head>…</head>：HTML 文件的头部标记，通常将这两个标签之间的内容统称为 HTML 的头部。文档的头部描述了文档的各种属性和信息，包括文档的标题、在 Web 中的位置以及和其他文档的关系等。绝大多数文档头部包含的数据都不会作为内容显示给读者。

<body>…</body>：用来指明文档的主体区域，网页所要显示的内容都放在这个标记内，其结束标记</body>指明主体区域的结束。

3.2 常用 HTML 标签

HTML 标签可以划分为如下 4 种格式：

(1)〈标记名称〉：单一型，无设置值。

例如：〈br〉

(2)〈标记名称 属性="属性值"〉：单一型，有设置值。

例如：〈hr width="80%"〉

(3)〈标记名称〉---〈/标记名称〉：对称型，无设置值。

例如：〈title〉---〈/title〉

(4)〈标记名称 属性="属性值"〉---〈/标记名称〉：对称型，有设置值。

例如：〈body bgcolor="red"〉---〈/body〉

下面介绍常用的 HTML 标签。

1. HTML 标题

HTML 标题(Heading)是通过<h1>～<h6>等标签进行定义的，<h1>定义最大是标题，<h6>定义最小是标题。

实例：

```
<h1>最大字号标题</h1>
<h2>中字号标题</h2>
<h6>最小字号标题</h6>
```

注释：浏览器会自动地在标题的前后添加空行。默认情况下，HTML 会自动地在块级元素前后添加一个额外的空行，比如段落、标题元素前后。

2. HTML段落

HTML段落是通过＜p＞标签进行定义的。

实例：

```
<p>HTML的英文全称是 Hyper Text Markup Language,它是超文本标记语言的缩写,是Internet上用于编写网页的主要语言。</p>
<p>HTML中每个用来作为标记的符号都可以看做是一条命令,它告诉浏览器应该如何显示文件的内容。</p>
```

注释：浏览器会自动地在段落的前后添加空行。（＜p＞是块级元素）

3. HTML链接

HTML链接是通过＜a＞标签进行定义的，详细介绍见3-3。

实例：

```
<a href="http://www.imu.edu.cn">内蒙古大学</a>
```

注释：在href属性中指定链接的地址。

4. HTML图像

HTML图像是通过＜img＞标签进行定义的。

实例：

```
<img src="image01.jpg" width="100" height="150" />
```

注释：图像的名称和宽高是以属性的形式提供的。

5. 表格

表格由＜table＞标签来定义。每个表格均有若干行（由＜tr＞标签定义），每行被分割为若干单元格（由＜td＞标签定义）。数据单元格可以包含文本、图片、列表、段落、表单、水平线、表格等。

实例：

```
<table border="1">
<tr>
<td>row 1, column 1</td>
<td>row 1, column 2</td>
</tr>
<tr>
<td>row 2, column 1</td>
<td>row 2, column 2</td>
</tr>
</table>
```

在浏览器显示如图3-1所示。

Row 1, column 1	row 1, column 2
Row 2, column 1	row 2, column 2

图3-1　表格示例

表单是一个包含表单元素的区域。表单元素允许用户在表单中（如文本域、下拉列表、单选框、复选框等）输入信息，然后服务器端可以获得用户输入的数据。

表单使用表单标签(＜form＞)定义。

```
<form>
…
  input 元素
…
</form>
```

多数情况下被用到的表单标签是输入标签(＜input＞)。输入类型是由类型属性(type)定义的。大多数经常被用到的输入类型如下：

(1) 文本域。当用户要在表单中输入字母、数字等内容时，就会用到文本域。

```
<form>
姓名：
<input type="text" name="name" />
<br />
年龄：
<input type="text" name="age" />
</form>
```

浏览器显示如图 3-2 所示。

注意：表单本身并不可见。同时，在大多数浏览器中，文本域的默认宽度是 20 个字符。

(2) 单选按钮。当用户从若干给定的选择中选取其一时，就会用到单选按钮。

```
<form>
<input type="radio" name="sex" value="male" />男
<br />
<input type="radio" name="sex" value="female" />女
</form>
```

浏览器显示如图 3-3 所示。

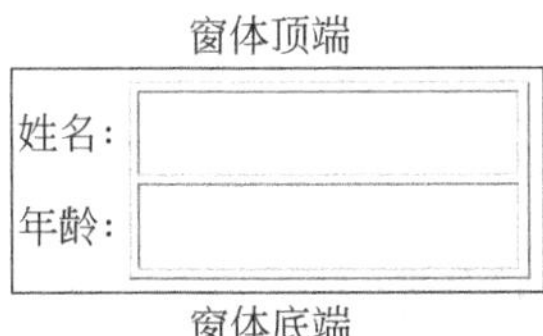

图 3-2 文本域

窗体顶端

○ 男

○ 女

窗体底端

图 3-3 单选按钮

注意：只能从中选取其一。

(3) 复选框。当用户需要从若干给定的选择中选取一个或若干选项时，就会用到复选框。

```
<form>
<input type="checkbox" name="apple" />
我喜欢苹果
```

```
<br />
<input type="checkbox" name="banana" />
我喜欢香蕉
</form>
```

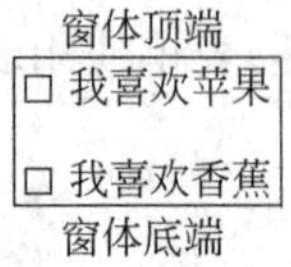

窗体顶端
□ 我喜欢苹果
□ 我喜欢香蕉
窗体底端

图 3-4　复选框

浏览器显示如图 3-4 所示。

(4) 表单的动作属性(Action)和确认按钮。当用户单击确认按钮时，表单的内容会被传送到另一个文件。表单的动作属性定义了目的文件的文件名。由动作属性定义的这个文件通常会对接收到的输入数据进行相关的处理。

```
<form name="input" action="login.jsp" method="get">
```

用户名：

```
<input type="text" name="user" />
```

密码：

```
<input type="password" name="password">
<input type="submit" value="提交" />
</form>
```

浏览器显示如图 3-5 所示。

用户名：[　　　] 密码：[　　　]

图 3-5　表单

在上面的文本框内输入用户名和密码，然后单击确认按钮，那么输入数据会传送到 login.jsp 的页面。该页面将验证用户是否为合法用户。

3.3　超链接

Web 上的网页都是互相连接的，通过超链接可以链接到其他页面，这里的超链接就是具有链接能力的文字或者图片。可以链接文本、媒体等，让我们了解更多内容的接口。

1. 建立超链接标签＜A＞

建立超链接的标签为＜A＞，基本格式为：

```
<A href="链接地址" target="超链接窗口打开方式">超链接名称</A>
```

例如：

```
<a href="http://www.ascenttech.com.cn/ruanjianjishufuwu.htm" target="_blank">
软件技术服务</a>
```

属性 href 指定了链接到的目标地址，该地址可以是文件所在位置也可以是一个 URL，只有正确指定目标地址，才能正确访问需要的资源。

属性 target 用于指定打开链接的目标窗口，其默认方式是原窗口。其他的取值如表 3-1 所示。

表 3-1 超链接标签<A>的属性

属 性 值	描 述
parent	在上一级窗口打开，一般在分帧的框架页面中使用
blank	在新窗口打开
self	在同一个帧或窗口中打开，和默认值相同
top	在浏览器的整个窗口中打开，忽略任何框架

其中的超链接名称可以是文字也可以是图像或其他网页元素。文本会带有下划线并且与其他文字颜色有区别，图形通常带有边框显示。当单击该元素时，就会跳转到链接地址所指定的位置。

2. 链接的路径

在超链接中，文件的存放位置和路径以及 URL 必须指定清楚才可以正确链接，这种链接路径分为两种，即绝对路径和相对路径。

绝对路径就是主页上的文件或目录在硬盘上的真正路径，使用绝对路径作为链接路径比较清晰，但是也存在一定的缺陷，比如把文件夹改名或者移动以后，那么所有的链接都要失败，这样就必须对所有的 html 文件的链接重新编写，会很麻烦。比如有个页面 index. htm，该页面的绝对路径为 d:\AcesysHtml\index. htm，页面中有一个图片位置为 d:\AcesysHtml\img\buy. jpg，如果在这台机器上可以很顺利地通过页面访问这个图片，但是如果将这些文件移动到其他位置进行发布，没有放到 d 盘中，那么就会因为这个路径的指定而找不到该图片。典型的绝对路径格式为：通信协议：//服务器地址：通信端口/文件位置……/文件名。

为了解决绝对路径不能够随便移动或修改文件的问题，可以使用相对路径来指定链接的位置。相对路径是以当前文件所在的路径为基准，进行相对文件的查找。一个相对的 URL 不包括协议和主机信息，表示它的路径与当前文档的访问协议和主机名相通，相对路径的好处是只要相关的文件相对位置没有发生改变那么就可以访问到，比如前面提到的图片和页面之间的相对路径就是 img\buy. jpg，也就是可以忽略与到当前页面路径中的共同部分，而只写相对的部分，这样即使移动位置，只要它们是同时移动，相对位置没有改变，就不会出现访问出错的情况。

在描述相对路径中，在路径前加../表示上一级目录中的文件，如果上两级则表示为../../。几个相对路径的写法如下：

- product. htm，表示跟本文档在同一目录下。
- ../product. htm，表示是上一级目录下的文件。
- Product/product. htm，表示当前目录下的文件夹 product 下的文件。

3. 超链接的应用

假设有 3 个文件，分别为 index. html、itservice. html 和 products. html。其中 index. htm 是

起始页面，itservice.htm 和 products 在 product 文件夹下，product 文件夹与 index.htm 是在同一级别。在 index.html 中可以链接到后面两个页面上，index.html 的代码如下：

```
<html>
<head>
<title>AscentWeb 电子商务</title>
</head>

<body>
<div>
  <h1>加拿大·亚思晟科技</h1>
  <h2>Quality is everything!</h2>
</div>

<div>
  <ul>
    <li><a href="index.html">首页</a></li>
    <li><a href="product/itservice.html">IT 服务</a></li>
    <li><a href="product/products.html">电子商务系统</a></li>
  </ul>
</div>
</body>
</html>
```

在这里，由于 itservice.html、products.html 和 index.html 的相对路径为 product/，在 itservice.html 中需要跳转到 index.html 和 products.html 两个页面上。下面是 itservice.html 的代码：

```
<html>
<head>
<title>AscentWeb 电子商务</title>
</head>
<body>
<div>
  <ul>
    <li class="selected"></li>
    <li><a href="../index.html">首页</a></li>
    <li><a href="itservice.html">IT 服务</a></li>
    <li><a href="products.html">电子商务系统</a></li>
  </ul>
</div>
</body>
</html>
```

由于初始页面 index.html 位于当前页面的上一级，所以从当前页面到初始页面的链接写为../index.html。而 products.html 与当前文件在同一级别目录下，所以可以省略路径名。

3.4 CSS

层叠样式表，简写为 CSS，是英语 Cascading Style Sheet 的缩写。它是 W3C 定义和维护的标准，一种用来为结构化文档（如 HTML 文档或 XML 应用）添加样式（字体、间距和颜色等）的计算机语言。

3.4.1 CSS 基础

在我们日常编写文档时，通常会希望具有一定的格式，比如章节标题的字体、大小、颜色等要一致；图片和表格的安排要按照某种规则等，如果对每个元素分别去设定其格式，对于篇幅较长的文档工作量会相当大，并且当修改某个规则时，所有元素都要重新编排，很多文本编辑器为了缩小这个工作量就采用了类似模板的功能，事先将各个元素的属性设定好，这样只要是同样类型的元素就会自动具有相同的格式。

同样在网页设计中也存在同样的问题，HTML 文件也是由内容和格式组成的，那么就需要一种能够设定统一规则的样式表，CSS 就是来完成这个功能的。CSS 的中文含义为层叠样式表，这里所说的样式指的就是格式，是各种网页元素所呈现的形态，比如网页中字体的大小、颜色、图片的安排等。层叠的意思就是 CSS 通常被译作层叠样式表单，是用于增强控制网页样式并允许将信息与网页内容分离的一种标记性语言。CSS 提供比 HTML 标签属性更多的特性让用户设置，应用起来也相对灵活。有了 CSS 样式表后，许多 HTML 无法实现的功能均可以实现了，并且会变得简洁，文件容量缩小。

CSS 在几乎所有的浏览器上都可以使用。在以前一些必须要通过图片转换来实现的功能现在只要用 CSS 便可以轻松实现，从而能更快地下载页面。使用 CSS 不仅能使页面的字体变得更漂亮、更容易编排而且还能使设计者轻松地控制页面的布局。如果想将许多网页的风格格式同时更新就不用再一页页地更新了，可以将站点上的网页风格设置用一个 CSS 文件控制，只要修改这个控制文件中的相应部分就可以改变所有页面的风格。

CSS 的主要特点有：控制着页面中的每一个元素，能精确定位；能对 HTML 语言处理样式做最好的补充；能把内容和格式处理相分离，大大减少了工作量。

3.4.2 创建样式表

CSS 的编写很容易，不需要用复杂的工具来创建，可以使用文本编辑器、样式表编辑器或者 Web 开发工具来创建。无论用哪种方式，都是要创建一个以.css 为扩展名的文件，该文件中包含了要设定的规则。通常把它保存在一个特定的目录下。

样式表的基础就是组成它的 CSS 规则，每一条规则都是单独的语句。CSS 规则由两部分组成，即选择符（selector）和声明。声明由属性（property）和属性的值组成。语法格式为：

```
选择符{属性:值;}
```

CSS会自动忽略掉附加的空白,所以只要方便阅读,可以添加一些空格。

1. 选择符

选择符用来指定针对哪一个HTML标签应用样式表的部分,任何HTML元素都可以是一个CSS的选择符。例如:

```
P { color: red }
```

当中的选择符是P,规则就会选择所有<p>标签的样式,该规则表示在段落标签里的内容为红色。

2. 声明

声明是包含在大括号中的内容,首先给出属性名,可以包括颜色、边界和字体等,然后是属性值,应给一个属性能够接受的值,加上分号之后可以指定多个样式。例如:

```
H1{ font-size: 24pt; color: green }
```

上述语句表示标题中的字体大小为24pt,颜色为绿色。

3. 组合规则

用户在大括号内列出声明,有时对于同一个选择符列出了几个规则,可以将这些规则合并起来写;而有很多不同的选择符却具有重复的样式表声明,为了减少样式表的重复声明,组合的选择符声明是允许的。例如:

```
H1, H2, H3, H4, H5, H6 {
    color: red;
    font-family: sans-serif }
```

该规则标明H1、H2、H3、H4、H5、H6的颜色都为红色,并且字体为sans-serif。

4. 继承

实际上,所有在选择符中嵌套的选择符都会继承外层选择符指定的属性值,除非另外更改。例如,一个BODY定义了的颜色值也会应用到段落的文本中。

有些情况是内部选择符不继承周围的选择符的值,但理论上这些都是特殊的。例如,上边界属性是不会继承的;直觉上,一个段落不会有同文档BODY一样的上边界值。

5. 注释

注释是用户嵌入CSS代码中的专用位,浏览器会忽略掉注释。样式表里面的注解使用C语言编程中一样的约定方法指定。CSS的注释以字符/*开始以*/结束,两者之间的内容浏览器都会忽略掉。注释的格式如下:

```
/*这是注释内容 */
```

注释可以出现在CSS文档中的任何位置。

下面创建一个简单的样式表:

```
/****************Body and tag styles*****************/

body{
```

```
font:76%Verdana,Tahoma,Arial,sans-serif;
line-height:1.4em;
text-align:center;
color:#303030;
background:#e8eaec;
}

a{
color:#467aa7;
font-weight:bold;
text-decoration:none;
background-color:inherit;
}

p{padding:0 0 1.6em 0;}
p form{margin-top:0; margin-bottom:20px;}
```

3.4.3 添加样式表的方法

为了使 CSS 所设置的样式能够在网页中产生作用，必须通过一些方法将 CSS 和 HTML 挂接在一起，才可以正常工作。

在 HTML 中，添加样式表的方式有 4 种：链接式、嵌入式、行内式和导入式。

1. 行内样式表

行内样式表是最简单的一种使用方式，由标签 style 属性支持，CSS 规则直接写在标签内，例如：

```
<p style="font-size:10px; bgcolor:#fff000; ">
```

这种方法的不便之处在于必须在每行中都加入样式表规则，否则到下一行时浏览器将转回到文件的默认设置。虽然加入行内的样式表相比较来说不如嵌入式、链接及输入样式表的功能强大，但是有时候它非常有用。

2. 嵌入样式表

嵌入式样式表(Embeded Styles)是一个样式集，它是网页代码的一部分，在带有<style>标签的 HTML 文件内直接嵌入 CSS，它与行间样式表有相似的地方，但是又不同，行间样式表的作用域只有一行，而嵌入式样式表可以作用在整个文档中。

对于嵌入式样式表，使用<style>标签，它也只能在<head>内使用，语法格式为：

```
<style type="text/css" media="media-type">
```

其他 CSS 规则

```
</style>
```

示例代码如下：

```
<HTML>
<STYLE TYPE="text/css">
<!--
H1{color:green;font-family:impact}
P{background:yellow;font-family:counter}
-->
</STYLE>
<HEAD>
<TITLE>My First Stylesheet</TITLE>
</HEAD>
<BODY>
...
```

嵌入样式表规则后，浏览器在整个 HTML 页面中都执行该规则。这里的<style>标签是 HTML，它就是告诉网页浏览器：包含在标签内的是 CSS 代码。

使用嵌入式样式表的好处是在初始时编辑容易，并给 HTML 提供一个即时的视觉提升，而且当不需要规则应用到所有网页，而只在特定页面应用时比较方便，但是嵌入式样式表维护和更新网站比较困难，当需要设计包含多页面的网站时，需要复制和粘贴样式表到每个页面，而且当进行修改的时候必须编辑每一张网页，这时候用外部样式表是最适合的。

3. 链接样式表

链接样式表(Linked Style)也是外部样式表，它首先定义一个扩展名为.css 的文件，该文件包含所有需要用到的 CSS 规则，不包含任何 HTML 代码，比如 blue.css。创建样式表文件后，需要将其与要进行格式设置的 HTML 文件进行关联，这种添加样式表的方式是通过 HTML 中<link>标签来实现的，Link 标签只在 HTML 页面的<head>部分出现。链接样式表的方法就是在 HTML 文件的<head>部分添加如下代码：

```
<head>
<title>line</title>
<link rel="stylesheet"  href="./css/andreas08(blue).css" type="text/css" media
=" screen, projection " />
</head>
```

由于 link 标签只有一个开始标签，没有相匹配的关闭标签，所以在结尾处添加一个斜杠来结束标签，Link 有很多属性，但是这里最重要的就是上面例子中的几个属性。

rel 属性表示链接类型，定义连接的文件和 HTML 文档之间的关系就设为 stylesheet。

href 属性指出了样式表的位置，它只是个普通的 URL 地址，可以是相对地址，也可以是绝对地址。

Type 属性指明了链接样式表的样式语言，对于级联样式表，它的取值为 text/css。

Media 属性用于指定样式表被接受的介质或媒体，允许的值有：

screen(默认值)：提交到计算机屏幕；

print：输出到打印机；

projection：提交到投影机；

aural：扬声器；

braille：提交到凸字触觉感知设备；
tty：电传打字机(使用固定的字体)；
tv：电视机；
all：所有输出设备。
如果有多样的媒体可通过逗号隔开的列表或 all 指定。

4. 输入样式表(Imported Styles)

输入外部样式表方法同链接的方法类似，不同之处在于链接法不能同其他方法结合使用，但输入法则可以。注意，使用@import 导入外部的样式表文件时，需要在<style>标签内，例如：

```
<html>
<style type="text/css">
<!--
@import url(company.css);
H1{color:orange;font-family:impact}
-->
</style>
<head>
<title> My First Stylesheet
</title>
</head>
<body>
<h1>Stylesheet:The Tool of the Web Design Gods
</h1>
<p>Amaze your friends!Squash your enemies!
</p>
</body>
</html>
```

其中输入的 company.css 文件内容如下：

```
H1{color:green;font-family:times}
P{background:yellow;font-family:counier}
```

3.5 项目案例

3.5.1 学习目标

(1) 掌握静态页面的开发、运行原理。
(2) 掌握 HTML 一般标签的使用。
(3) 掌握页面的设计技巧，力求美观、大方。

3.5.2 案例描述

每个系统都拥有一个漂亮美观的主页面，艾斯医药系统的主页面非常的简洁，给人赏心悦目的感觉，当然这离不开 CSS 的支持，以及精美的图片设计，由于本书篇幅有限，不能将所有技术一一介绍，请读者参照相关资料去学习。

3.5.3 案例要点

掌握标签的使用，CSS 脚本的编写，图片的设计，确保它们存放的路径能够被正确的引用。

3.5.4 案例实施

案例的实施步骤如下：

(1) 设计图 3-6 所示的图片，并存放到./images 文件夹下。

图 3-6 素材图片

(2) 创建 andreas08(blue).css 文件，并存放到./css 文件夹下(可选)。

(3) 创建 index.html 文件，存放到./路径下。

index.html 文件源代码如下：

```
<!DOCTYPE html PUBLIC "-//W3C//DTD XHTML 1.1//EN"
"http://www.w3.org/TR/xhtml11/DTD/xhtml11.dtd">
<html xmlns="http://www.w3.org/1999/xhtml" xml:lang="en">
<head>
<title>AscentSys 医药商务系统</title>
<meta http-equiv="content-type" content="text/html; charset=GB2312"/>
<meta name="description" content="Your website description goes here" />
<meta name="keywords" content="your,keywords,goes,here" />
<link rel="stylesheet"  id="styles" href="./css/andreas08(blue).css" type="
text/css"
media="screen,projection"/>
</head>

<body>
<div id="container">
<div id="header";>
<h1>加拿大·亚思晟科技</h1>
<h2>Quality is everything!</h2>
</div>
<div id="navigation">
<ul>
<li class="selected"></li>
<li><a href="index.html">首页</a></li>
<li><a href="product/itservice.html">IT 服务</a></li>
```

```
<li><a href="product/products.html">医药商务系统</a></li>
<li><a href="product/employee.html">员工招聘</a></li>
<li><a href="product/ContactUs.html">关于我们</a></li>
<li></li>
</ul>
</div>
<div id="content">
<h2>Welcome To Ascent Technologies</h2>
<div class="splitcontentleft">
  <div class="box">
<h3><img src="images/lxrycyy.gif" alt="" width="184" height="124" /></h3>
</div>
</div>
<div class="splitcontentright">
  <p>亚思晟商务科技有限公司(简称 &quot;亚思晟科技 &quot;),是由海外归国 IT 专业技术人
士在中关村海淀留学生创业园创办成立。公司总部位于北京,在加拿大,美国,日本及国内的石家
庄,长春,秦皇岛,吉林,廊坊等地设有分部。凭借着卓越的技术水平、经验丰富的管理团队,强大的
资源整合能力和"诚信、开放、创新、卓越"的经营理念,亚思晟科技奠定了公司在本地和海外 IT 服
务市场的优势地位,获得了客户的一致认可和好评,并与客户建立了长期的战略合作伙伴关系。公
司立足于中国 IT 的现实和特点,利用国际先进成熟的技术和经验,提供高端优质的 IT 服务,包括
软件高端培训、软件开发及维护、软件外包、软件产品研发和本地化等。公司具有突出的技术优势,
包括:具备北美电子应用平台技术;通过北京中关村科技园高科技产品认证,公司还具有突出的人才
优势,拥有美国 MBA,纽约华尔街及加拿大证券交易中心认证管理专家;以及其他加拿大 IT 技术移
民和海外留学人员。</p>
  <p><strong>Good luck with your new design!</strong></p>
</div>
</div>
<div id="subcontent">
<form name="form" method="post" action="">
  <div class="small box">
    <table width="150" border="0" cellspacing="0" cellpadding="0">
      <tr>
        <td width="30%" valign="middle"><img src="images\username.jpg" width=
        "61" height="17" align="bottom" />
            <input name="username" id="username" type="text" size="7"/>
        </td>
      </tr>
      <tr>
        <td valign="middle"><img src="images\password.jpg" width="61" height="17" />
            <input name="password" id="password" type="password" size="6" /></td>
      </tr>
      <tr>
          <td height="30" valign="bottom"><input name="image" type="image"
          onclick="return checkLoginIndex(form);" src="images\login_1_7.jpg" alt
          ="登录" width="44" height="17" border="0"/>
             
           <select name="sel" onchange="changeStyle(this)">
```

```
                <option value="andreas08(blue).css" selected="selected">默认风格
                </option>
                <option value="andreas08(orange).css">桔色</option>
                <option value="andreas08(green).css">绿色</option>
              </select></td>
          </tr>
        </table>
      </div>
      </form>
      <h2>最新商品列表</h2>
      <ul class="menublock"><li><a href="#">西药</a><a href="#"><img src="
images/buy.gif" width="20" height="16" border="0"/></a></li>
      <li><a href="#">生化药</a><a href="#"><img src="images/buy.gif" width="20"
height="16" border="0"/></a></li>
      </ul>
        <h2>友情链接</h2>
        <ul class="menublock">
      <li><a href="http://www.ascenttech.cn" target="_blank">亚思晟视频在线</a></li>
      <li><a href="http://www.ascenttech.com.cn/" target="_blank">亚思晟公司主页</a></li>
      </ul>
    </div>
    <div id="footer">
    <p><a href="http://www.ascenttech.com.cn/" target="_blank">版权所有:北京亚思晟
    商务科技有限公司 &copy;2004-2008|京 ICP 备 05005681</a></p>
    </div>
    </div>
    </body>
    </html>
```

（4）页面效果如图 3-7 所示。

图 3-7　亚思晟公司主页效果图

3.5.5 特别提示

关于 andreas08(blue).css 文件内容在这里并没有给出，请读者参照项目的源代码。

3.5.6 拓展与提高

请熟悉常用的 HTML 开发工具——DreamWeaver 的使用。

3.6 本章总结

本章简要介绍了 HTML 网页文档结构以及常用的 HTML 标签，更多内容请参考其他 HTML 相关教材或访问 http://www.w3school.com.cn。

3.7 习题

请用 HTML 编写个人简历页面。页面内容以表格形式体现，信息内容包括个人基础信息、近期照片、学习经历以及兴趣爱好特长等。

第4章 JavaScript

学习目的与要求

本章对JavaScript进行了简要介绍，包括JavaScript语法基础和JavaScript对象。通过本章的学习，掌握JavaScript的基本使用，能够编写页面中的脚本代码。

本章主要内容

- JavaScript语法基础；
- JavaScript对象。

由于HTML和CSS都没有运算功能，当网页中需要利用程序实现一些处理任务时，可以在网页中嵌入脚本语言编写的程序。JavaScript就是一种可直接嵌入网页文档中的脚本语言，被设计用来向HTML页面添加交互行为，读写HTML元素，验证数据，对事件作出响应。示例代码如下：

```
<html>
<head>
<script type="text/javascript">
function disp_alert()
{
alert("警告窗口!")
}
</script>
</head>
<body>
<input type="button" onclick="disp_alert()" value
="显示警告窗口" />
</body>
</html>
```

以上 JavaScript 函数对按钮的单击事件做出响应，弹出警告窗口。

JavaScript 语言有以下特点：

(1) JavaScript 语言的语法类似于 C 语言和 Java 语言。

(2) JavaScript 程序由客户端的浏览器解释执行。

(3) JavaScript 中，字母区分大小写。

由于 JavaScript 是解释执行的，所以它的语法远不如 C 语言等严格，如果程序中有错误，浏览器会忽略错误的部分，而不是停止执行。JavaScript 程序是在客户端执行的，它不能操纵服务器中的数据库，所以包含了 JavaScript 的网页仍是静态网页。

4.1 JavaScript 语法基础

JavaScript 脚本语言同其他语言一样，有它自身的基本数据类型、表达式和算术运算符以及程序的基本框架结构。JavaScript 提供了 4 种基本的数据类型用来处理数字和文字，而变量提供存放信息的地方，表达式则可以完成较复杂的信息处理。

4.1.1 常量

JavaScript 的常量通常又称为字面常量，它是不能改变的数据，与基本的数据类型相对应。一般有以下几种常量。

1. 整型常量

整型常量可以使用十六进制、八进制和十进制表示。十六进制以 0x 或者 0X 开头，如 0x8a。八进制必须以 0 开头，如 0168。十进制的第一位不能是 0(数字 0 除外)，如 235。

2. 实型常量

实型常量是由整数部分加小数部分表示的，如 11.376 和 689.78，实型常量也可以使用科学计数法来表示，如 8E7，7e6 等。

3. 布尔值

布尔常量只有两种状态，即 True 或 False。它主要用来说明或代表一种状态或标志，以说明操作流程。它与 C++ 是不一样的，C++ 可以用 1 或 0 示其状态，而 JavaScript 只能用 True 或 False 表示其状态。

4. 字符串型常量

JavaScript 中没有单独的字符常量，而只有由若干字符所组成的字符串型常量。字符串型常量使用单引号(‘’)或双引号(“”)引起来的若干字符，如“ab”、“a book”等。一个字符串中不包含任何字符也是可以的，其形式为“”，表示一个空字符串。

5. null 常量

JavaScript 中有一个 null 常量，表示一个变量所指向的对象为空值。如试图引用没有定义的变量，则返回一个 null 值。

6. undefined 常量

undefined 常量用于表示变量还没有被赋值的状态或对象的某个属性不存在。声明了变量但未对其进行初始化时赋予该值。

4.1.2 类型

JavaScript 能够处理多种类型的数据，这些数据类型可分为两大类，即基本数据类型和引用数据类型。JavaScript 的基本数据类型包括常用的数值型、字符串型和布尔型，以及两个特殊的数据类型：空值和未定义。另外，它还支持复合数据类型，包括数组和对象。由于 JavaScript 采用弱类型的形式，因而数据在使用前不必先作声明，而是在使用或赋值时才确定其数据类型。

1. 数值类型

数值型(number)是最基本的数据类型，可以用于完成数学运算。JavaScript 和其他程序设计语言的不同之处在于它并不区别整型数值和浮点型数值。在 JavaScript 中，所有数字都是由浮点型表示的。目前，JavaScript 采用 IEEE 754 标准定义的 64 位浮点数值格式来表示数据，所以 JavaScript 能表示的最大的值是$\pm 1.7976931348623157\times 10^{308}$，最小值是$\pm 5\times 10^{-324}$。

2. 字符串类型

字符串(string)是由 Unicode 字符(JavaScript 1.3 之前的版本只支持 ASCII 码字符)、数字、标点符号等组成的序列，是 JavaScript 中用来表示文本的数据类型。JavaScript 和 C、Java 不同，它没有 char 这样的字符数据类型。要表示单个字符，必须使用长度为 1 的字符串。

3. 布尔类型

数值型数据和字符串类型的数据的值都有无穷多，但是布尔型数据的值只有两个，由布尔型直接用 true 和 false 来表示，分别代表真和假。它主要用来说明或代表一种状态或标志，通常是在程序中比较所得的结果。例如，x==100 这行代码测试了变量 x 的值是否和数值 100 相等。如果相等，比较的结果就是布尔值 true，否则结果就是 false。也可以用于在条件语句中测试条件是否成立。例如：

```
if (finished==false)
{ document.write("请继续运行程序！");}
```

其中 finished 用来代表填写是否完成的布尔型变量。如果 finished 的值为假表示还没有完成，因而输出“请继续运行程序！”

4. 空值类型

JavaScript 中还有一个特殊的空值型数据，用关键字 null 来表示，它表示“无值”，并不表示“null”这 4 个字母，也不是 0 和空字符串，而是 JavaScript 的一种对象类型。null 常被看作对象类型的一个特殊值，即代表“无对象”的值。如果一个变量的值为 null，那么就表示它的值不是有效的对象、数字、字符串和布尔值。null 可用于初始化变量，以避免产生错误，也可用于清除变量的内容，从而释放与变量相关联的内存空间。当把 null 赋值给某个变量后，这个变量中就不再保存任何有效的数据了。

5. 未定义值

在 JavaScript 中还有一个特殊的未定义值，用 undefined 来表示。声明了变量但未对其进行初始化时赋予该值。

4.1.3 变量

变量是指程序中一个已经命名的存储单元，它的主要作用就是为数据操作提供存放信息的容器。在使用变量前，必须明确变量的命名规则、变量的声明方法及变量的作用域。

1. 变量的命名规则

JavaScript 变量的命名规则如下：

(1) 必须以字母或下划线开头，中间可以是数字、字母或下划线。

(2) 变量名不能包含空格或加号、减号等符号。

(3) JavaScript 的变量名是严格区分大小写的。例如，User 与 user 代表两个不同的变量。

(4) 不能使用 JavaScript 中的关键字。JavaScript 的关键字如表 4-1 所示。

表 4-1 JavaScript 的关键字

abstract	continue	finally	instanceof	private	this
boolean	default	float	int	public	throw
break	do	for	interface	return	typeof
byte	double	function	long	short	true
case	else	goto	native	static	var
catch	extends	implements	new	super	void
char	false	import	null	switch	while
class	final	in	package	synchronized	with

说明：虽然 JavaScript 的变量可以任意命名，但为了在编程时使代码更加规范，最好使用便于记忆且有意义的变量名称，以增加程序的可读性。

2. 变量的声明与赋值

在 JavaScript 中，一般使用变量前需要先声明变量，但有时变量可以不必先声明，在使用时根据变量的实际作用来确定其所属的数据类型。JavaScript 中的变量声明用关键字 var 引导，变量的类型取决于它的声明方式。

(1) 声明原始类型的变量：

```
var 变量名=值;
```

例如：

```
var x;
var b=true;
```

```
var k=20;
var s="abc";
```

变量 x 没有指定值，它的值默认为 undefined，变量 b 为 Boolean 型，变量 k 为 Number 型，变量 s 为 String 型。

(2) 声明引用类型的变量：

```
var 变量名=new 类型名(初值);
```

例如：

```
var bb=new Boolean(false);
var str=new String("Hello");
var arr=new Array("red","yellow","blue");
```

变量 bb 是 Boolean 对象，变量 str 是 String 对象，变量 arr 是 Array 对象。

JavaScript 的变量是弱类型的，变量的类型主要取决于它的值，可以随时更改它的类型。

例如：

```
var i;
i=20;
i="red";
```

声明时变量 i 是 Undefined 类型，赋值一个整数后，它成为 Number 类型，赋值为字符串后，又成为 String 类型。

4.1.4 运算符

表达式利用运算符来连接操作数。运算符是完成操作的一系列符号，用于将一个或几个操作数按照某种规则进行运算，并产生一个操作结果。根据运算类别，JavaScript 中的运算符主要有算术运算符、字符串运算符、逻辑运算符、比较运算符和条件运算符等。

1. 算术运算符

JavaScript 中的算术运算符除了有标准的双目运算符加(＋)、减(－)、乘(＊)、除(/)这些基本运算符外，还包括其他几种。具体如下：

1) 取模运算符(％)

这个运算符也可以称为取余运算符，其两边的运算数的类型必须是数值型的。A％B 的结果是数 A 除以数 B 后得到的余数。例如，11％2＝1。

2) 取反运算符(－)

取反运算的作用就是将值的符号变成相反的。即把一个正值转换成相应的负值，反之亦然。例如，x＝5，则－x＝－5。该运算符是单目运算符，同样也要求操作数都是数值型的，如果不是数值型的，会被转换成数值型。

3) 增量运算符(＋＋)和减量运算符(－－)

这两个运算符的具体运算规则与 C 语言中对应运算符相同。它们都是单目运算符，同样也要求操作数都是数值型的，如果不是数值型的，会被转换成数值型。

2. 赋值运算符

在前面创建变量时，实际上已经使用赋值运算符（=）给变量赋初值了。赋值运算符（=）的作用是将它右边的表达式计算出来的值赋值给左边的变量。

3. 关系运算符

关系运算符又称作比较运算符，是一个双目运算符，用于比较操作数之间的大小、是否相等，比较运算的结果是布尔型的值 true 或 false。比较运算符的操作数可以是数值、字符串，也可以是布尔值。以下是 JavaScript 支持的关系运算符及其解释。

<：小于。

<=：小于等于。

>：大于。

>=：大于等于。

==：等于。

===：严格等于。

!=：不等于。

!==：严格不等于。

除了相等比较运算符之外，JavaScript 还提供了严格等于（===）和严格不等于（!==）比较运算符。用于测试两个操作数是否完全一样，包括值是否相等以及类型是否相同。因而，这两个运算符在比较之前不进行类型转换直接测试是否相等。只有两个操作数的值相等并且类型也相同时，一致性测试运算符“===”的计算结果才为 true，否则其值为 false。例如，表达式“100”==100 的结果为 true，而表达式“100”===100 的结果为 false，原因在于它们的数据类型不一致（一个操作数为字符串型，另一个为数值类型）。

4. 逻辑运算符

逻辑运算符通常在条件语句中使用，它们与关系运算符一起构成复杂的判断条件。JavaScript 提供了 3 种逻辑运算符：逻辑与（&&）、逻辑或（||）和逻辑非（!），具体运算规则与 C 语言相同。

5. 字符串运算符

字符串运算符只有一个字符串连接运算符（+），它是一个双目运算符。在 JavaScript 中，可以使用字符串连接运算符将两个字符串连接起来形成一个新的字符串。

4.1.5 语句

JavaScript 语句用“;”分界，但没有分号也可以正常使用，不过应该养成书写分号的习惯。

（1）表达式语句：

```
i=100;
i++;
```

(2) 条件语句：if … else …

```
if(balance>1000)
    result="success";
else
    result="failure";
```

(3) 多路分支语句：switch … case …

```
switch( weight)
{
    case 10: rate=0.9; break;
    case 20: rate=0.8; break;
    default: rate=0.6;
}
```

(4) 循环语句：while

```
while(x<100)
{
    sum +=x;
    x++;
}
```

(5) 循环语句：do … while

```
do
{
    sum +=x;
    x++;
}while(x<100);
```

(6) 循环语句：for

```
for(i=1; i<=100; i++)
{
    sum +=i;
}
```

(7) 退出循环语句：break、continue

break 语句可退出循环语句或 switch 语句。

continue 语句可结束本次循环，并开始下一次循环。

4.1.6 函数

JavaScript 函数用关键字 function 定义。定义格式如下：

```
function 函数名(参数表)
{
    函数体
```

```
}
```

函数是通过函数调用来执行的，语法为：

```
函数名(实际参数)
```

函数可以有一个返回值，有返回值的函数可以作为表达式使用，语法为：

```
return 表达式;
```

在函数外边定义的变量为全局变量，它们一直存在，在函数内和函数外都可以使用。在函数内部定义的变量如果使用了 var 修饰，为局部变量，它们只在函数内有效，离开函数后就不存在了。如果函数内定义的变量没有用 var 修饰，则为全局变量。

4.2 JavaScript 对象

对象(Object)是 JavaScript 中最重要的一种数据类型，一个对象中可包含若干属性和方法。属性相当于一种变量，有些属性有初始值，可以通过它们获取对象的参数，有些属性是只读的，这种属性可作为常量使用。引用对象属性的方法是：

```
对象名.属性名
```

方法相当于函数，可以调用对象的方法来实现相应操作。引用对象方法的方法是：

```
对象名.方法名(参数)
```

4.2.1 内部核心对象

JavaScript 提供了一些非常有用的常用内部对象和方法。用户不需要用脚本来实现这些功能。这些核心对象如表 4-2 所示。

表 4-2 核心对象

对　象	描　　述
Array	表述数组
Boolean	表述布尔值
Date	表述日期
Function	指定了一个可编译为函数的字符串 JavaScript 代码
Math	提供了基本的数学常量和函数；如其 PI 属性包含了 π 的值
Number	表述实数数值
Object	包含了由所有 JavaScript 对象共享的基本功能
RegExp	表述了一个正则表达式；同时包含了由所有正则表达式对象的共享的静态属性
String	表述了一个 JavaScript 字符串

1. 常用内部对象

JavaScript 提供了 string(字符串)、math(数值计算)和 date(日期)三种常用对象和其他一些相关的方法，从而为编程人员快速开发强大的脚本程序提供了非常有利的条件。

在 JavaScript 中对于对象属性与方法的引用，有两种情况：一种是说该对象是静态对象，即在引用该对象的属性或方法时不需要为它创建实例；而另一种对象则在引用它的对象或方法时必须为它创建一个实例，即该对象是动态对象。

对 JavaScript 内部对象的引用，是紧紧围绕着它的属性与方法进行的。因而明确对象的静动性对于掌握和理解 JavaScript 内部对象具有非常重要的意义。

1）字符串对象

string 对象：内部静态性，JavaScript 的字符串是不可变的，string 类定义的方法都不能改变字符串的内容。

访问 properties 和 methods 时，可使用(.)运算符实现。

基本使用格式：objectName. prop/methods。

(1) 字符串对象的属性。该对象的一个关键属性为 length。它表明了字符串中的字符个数，包括所有符号。例如：

```
mytest="This is a JavaScript"
mystringlength=mytest.length
```

最后 mystringlength 返回 mytest 字符串的长度为 20。

(2) 字符串对象的方法。string 对象的方法有很多，它们主要用于有关字符串在 Web 页面中的显示、字体大小、字体颜色、字符的搜索以及字符的大小写转换。

其主要方法如下：

- 锚点 anchor()：该方法创建如用 HTML 文件中一样的 anchor 标记。通过下列格式访问：

  ```
  string.anchor(anchorName)
  ```

- 有关字符显示的控制方法：italics()斜体字显示，bold()粗体字显示，blink()字符闪烁显示，small()用小体字显示，big()用大字体显示，fixed()固定高亮字显示、fontsize(size)控制字体大小等。
- 字体颜色方法：fontcolor(color)。
- 字符串大小写转换：toLowerCase()小写转换，toUpperCase()大写转换。

下列代码功能为把一个给定的串分别转换成大写和小写格式：

```
string=stringValue.toUpperCase 和 string=stringValue.toLowerCase
```

- 字符搜索：indexOf[charactor, fromIndex]，从指定 formIndtx 位置开始搜索 charactor 第一次出现的位置。
- 返回字符串的一部分字符串：substring(start,end)，从 start 开始到 end 的字符全部返回。

2）算术函数的 math 对象

功能：提供除加、减、乘、除以外的一些运算。如对数、平方根等。

静动性：静态对象。

(1) 主要属性：math 中提供了多个属性，它们是数学中经常用到的常数 E、以 10 为底的自然对数 LN10、以 2 为底的自然对数 LN2、3.14159 的 PI、1/2 的平方根 SQRT1－2，2 的平方根为 SQRT2。

(2) 主要方法如下。

绝对值：abs()。

正弦余弦值：sin()，cos()。

反正弦反余弦：asin()，acos()。

正切反正切：tan()，atan()。

四舍五入：round()。

平方根：sqrt()。

基于几方次的值：pow(base，exponent)。

3) 日期及时间对象

功能：提供一个有关日期和时间的对象。

静动性：动态对象，即必须使用 New 运算符创建一个实例。例如：

```
MyDate=New Date()
```

Date 对象没有提供直接访问的属性，只具有获取和设置日期和时间的方法。

日期起始值：1770 年 1 月 1 日 00:00:00。

(1) 获取日期的时间方法如下：

getYear()：返回年数。

getMonth()：返回当月号数。

getDate()：返回当日号数。

getDay()：返回星期几。

getHours()：返回小时数。

getMintes()：返回分钟数。

getSeconds()：返回秒数。

getTime()：返回毫秒数。

(2) 设置日期和时间的方法如下：

setYear()：设置年。

setDate()：设置当月号数。

setMonth()：设置当月份数。

setHours()：设置小时数。

setMintes()：设置分钟数。

setSeconds()：设置秒数。

setTime()：设置毫秒数。

2. JavaScript 中的系统函数

JavaScript 中的系统函数又称内部方法。它提供了与任何对象无关的系统函数，使用这些函数不需创建任何实例就可以直接使用。

(1) 返回字符串表达式中的值。

方法名：eval(字符串表达式)，例如：

```
test=eval("8+9+5/2");
```

(2) 返回字符串 ASCI 码。

方法名：unEscape (string)

(3) 返回字符的编码。

方法名：escape(character)

(4) 返回实数。

```
parseFloat(floustring);
```

(5) 返回不同进制的数。

```
parseInt(numbestring ,rad.X);
```

其中 radix 是数的进制，numbs 为字符串数。

4.2.2 浏览器对象系统

使用浏览器的内部对象系统(见图 4-1)，可实现与 HTML 文档进行交互。它的作用是将相关元素组织包装起来，提供给程序设计人员使用，从而减轻编程人员的劳动，提高设计 Web 页面的能力。

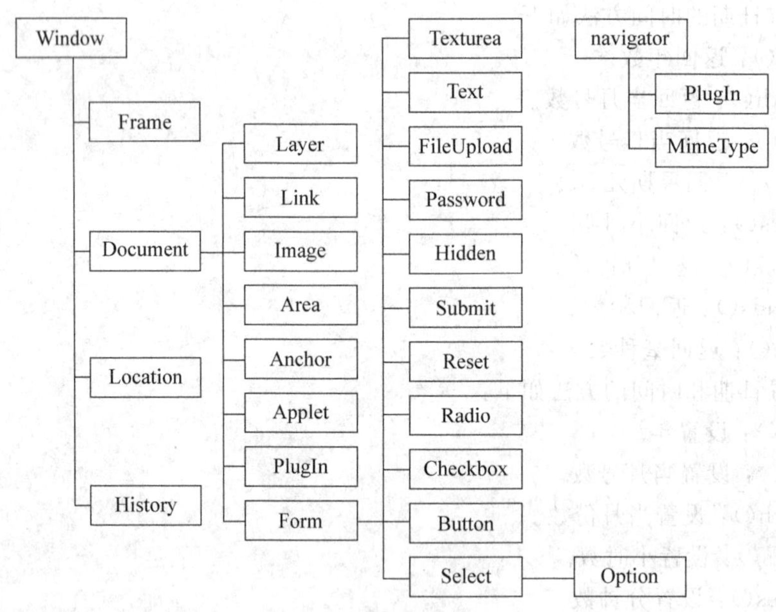

图 4-1 浏览器对象系统

1. 浏览器对象层次及其主要作用

除了文档 Document 对象外，Navigator 浏览器中还提供了窗口(Window)对象、框架(Frame)对象以及历史(History)和位置(Location)对象。

- 浏览器对象(Navigator)：Navigator 对象提供有关浏览器的信息。
- 窗口对象(Window)：Window 对象处于对象层次的最顶端，它提供了处理

Navigator 窗口的方法和属性。

- 框架对象(Frame)：Frame 对象包含了框架的版面布局的信息以及每一个框架所对应的窗口(Window)对象。
- 位置对象(Location)：Location 对象提供了与当前打开的 URL 一起工作的方法和属性，它是一个静态的对象。
- 历史对象(History)：History 对象提供了与历史清单有关的信息。
- 文档对象(Document)：Document 对象包含了与文档元素(elements)一起工作的对象，它将这些元素封装起来供编程人员使用。

编程人员利用这些对象，可以对 Web 浏览器环境中的事件进行控制并作出处理。在 JavaScript 中提供了非常丰富的内部方法和属性，从而减轻了编程人员的工作，提高编程效率。这正是基于对象与面向对象的根本区别所在。在这些对象系统中，文档对象是非常重要的，它对于我们实现 Web 页面信息交互起到关键作用，因而它是对象系统的核心部分。

2. 窗口(Window)对象

1）Window 对象简介

Window 对象包括许多有用的属性、方法和事件驱动程序，编程人员可以利用这些对象控制浏览器窗口显示的各个方面，如对话框、框架等。在使用时应注意以下几点：

(1) 该对象对应于 HTML 文档中的<Body>和<FrameSet>两种标识。

(2) onLoad 和 onUnload 都是窗口对象属性。

(3) 在 JavaScript 脚本中可直接引用窗口对象。如：

```
window.alert("窗口对象输入方法")
```

可直接使用以下格式：

```
alert("窗口对象输入方法")
```

2）窗口对象的事件驱动

窗口对象主要有装入 Web 文档事件 onLoad 和卸载时 onUnload 事件。用于文档载入和停止载入时开始和停止更新文档。

3）窗口对象的方法

窗口对象的方法主要用来提供信息或输入数据以及创建一个新的窗口。

(1) 创建新的 Window(窗口)对象。

可以使用 window. open()方法来创建新的窗口。

open()方法有 3 个参数：打开窗口中的页面地址 URL(包括路径和文件名)，给新窗口取的一个英文名字，打开的窗口的一些属性设置(如窗口的高度、宽度、是否显示滚动条、是否显示浏览器的菜单栏等)。

新窗口的名字在某些时候可能会用到，在别的窗口中使用 TARGET＝"新窗口的名字"使超链接所链接的页面在新窗口中显示，描述窗口特性的参数是一个包含关键字和关键字值的字符串，各个关键字之间使用英文逗号(,)隔开，使用这个参数的时候一定要小心，各个关键字、关键字值、逗号之间千万不要有空格。

Window 属性参数由一个字符串列表项，由逗号分隔，指明了有关新创建窗口的属性。

如表 4-3 所示。

表 4-3 窗口风格

参　数	设 定 值	含　义
toolbar	yes/no	建立或不建立标准工具条
location	yes/no	建立或不建立位置输入字段
directions	yes/no	建立或不建立标准目录按钮
status	yes/no	建立或不建立状态条
menubar	yes/no	建立或不建立菜单条
scrollbar	yes/no	建立或不建立滚动条
revisable	yes/no	能否改变窗口大小
width	yes/no	确定窗口的宽度
Height	yes/no	确定窗口的高度

(2) 给窗口指定页面。

当使用上面的方法创建了一个新窗口之后,还可以再次给这个窗口指定新的页面,这就要用到 open()方法的返回值了,请看下边的代码:

```
myWin=window.open(url, "", "height=100,width=100");
…
myWin.location="newpage.html";
```

上边的代码将打开的新窗口的页面重新指定为 newpage. html,这样窗口中就会显示页面 newpage. html 了。同时,在打开的新窗口中,也可以通过使用 Window 对象的 opener 属性将窗口对象指向打开此窗口的母窗口,这样也就可以对母窗口的数据或函数进行操作了。例如,下边的代码就是将母窗口的页面重新指定为 newpage. html:

```
window.opener.location="newpage.html";
```

其他方法还有:

- 具有 OK 按钮的对话框。alert()方法能创建一个具有 OK 按钮的对话框。
- 具有 OK 和 Cancel 按钮的对话框。confirm()方法为编程人员提供一个具有两个按钮的对话框。
- 具有输入信息的对话框。prompt()方法允许用户在对话框中输入信息,并可使用默认值,其基本格式为 prompt("提示信息",默认值)。

4) 窗口对象中的属性

窗口对象中的属性主要用于对浏览器中存在的各种窗口和框架的引用,其主要属性有以下几个:

(1) frames 确定文档中帧的数目。frames(帧)作为实现一个窗口的分隔操作,起到非常有用的作用,在使用注意以下几点:

① frames 属性是通过 HTML 标识<Frames>的顺序来引用的,它包含了一个窗口中

的全部帧数。

② 帧本身已是一类窗口，继承了窗口对象所有的全部属性和方法。

(2) parent 指明当前窗口或帧的父窗口。

(3) defaultstatus 默认状态，它的值显示在窗口的状态栏中。

(4) status 包含文档窗口中帧中的当前信息。

(5) top 包括的是用以实现所有的下级窗口的窗口。

(6) window 指的是当前窗口。

(7) self 引用当前窗口。

3. Frame 对象

正如前边提到的那样，Frame 其实是单独的窗口，它对应于单独的窗口对象，有自己的 Location、History 和 Document 属性。

由于一些自身的限制和缺点，Frame 的使用越来越少了。这里就不再详细介绍 Frame 了。

下面举个简单的例子，其代码如下：

```
<html>
<head>
<title></title>
</head>

<frameset rows="300, * ">
<frame name="a" src="example1.html">
<frameset cols="33%,33%,33%">
<frame name="b" src="example2.html">
<frame name="c" src="example3.html">
<frame name="d" src="example4.html">
</frameset>
</frameset>

</html>
```

图 4-2 很直观地显示了上边所讲的帧对象的指定关系。

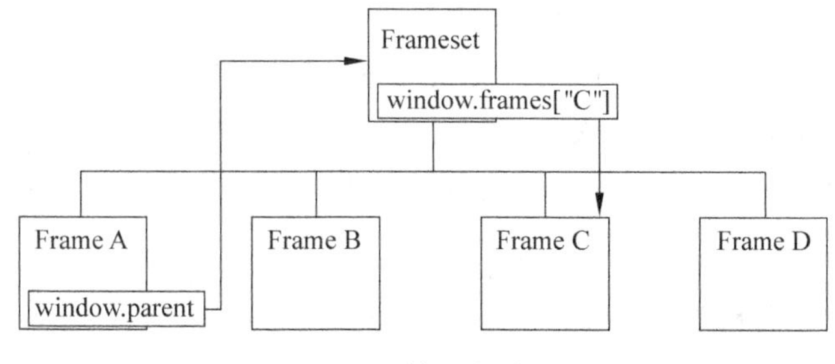

图 4-2 帧对象关系

4. Location 对象

Window 对象的 location 属性包含了当前页面的地址(URL)信息，可以直接改变此属性值，将其设置成新的地址(URL)：

```
window.location="http://www.yahoo.com";
```

或

```
location="http://www.yahoo.com";
```

还可以通过下面两种方法中的任何一种来使浏览器从服务器上下载(Load)页面：

- reload()：促使浏览器重新下载当前的页面，也就是"刷新"当前页面。
- replace(URL)：促使浏览器根据URL参数中给出的地址(URL)下载页面，同时在当前浏览器存储的历史记录(即所浏览过的页面的列表)中使用新的地址(即此方法中的URL参数)覆盖当前的页面。

5. History对象

History对象是一个很有用的对象，此对象记录着浏览器所浏览过的每一个页面，这些页面组成了一个历史记录列表。History对象具有3个主要方法：

- forward()：将历史记录向前移动一个页面。
- back()：将历史记录向后移动一个页面。
- go()：转向历史纪录中指定地址，而且功能更加强大，使用此方法需要一个参数，这个参数值可以是正负整数、零或字符串，例如history.go(－2)将是当前页后退两页；如果给定的参数是字符串，那么浏览器就会搜索列表，找到最接近当前页面位置并且地址URL中含有此字符串的页面，然后转到该页面。

下边的两条语句是等价的：

```
history.go(-1);
history.back();
```

下边的代码将页面转到距离本页面位置最近的同时页面地址URL中含有字符串"netscape"(不区分字母的大小写)的页面：

```
history.go("netscape");
```

在使用这3个方法的时候，如果没有找到符合条件的历史记录的话，将不会发生任何变化，不会改变当前的页面，也不会显示错误。

注意：如果网站中有很多页面，那么提供一个"返回"功能是很必要的，这样可以方便用户浏览网站，因为并不知道用户是从哪一个页面来到当前页面的，所以就不能使用＜A HREF＝"页面的地址"＞…＜/A＞的方式来做超链接了，但是可以使用下边的代码来做"返回"的超链接。

```
<a href="#" onClick="history.back(); return false;">返回</a>
```

6. 文档对象功能及其作用

在Navigator浏览器中，Document对象是核心，同时也是最重要的，如表4-4所示。

表 4-4 Document 对象

Links	Anchor	Form	Method	Prop
链接对象	锚对象	表单对象	方法	对象

从表 4-4 中可以看出，Document 对象的主要作用就是把这些基本的元素（如 links、anchor 等）包装起来，提供给编程人员使用。从另一个角度看，Document 对象又是由属性和方法组成的。

1）Document 中 3 个主要的对象

在 Document 中主要有 Links、Anchor 和 Form 等 3 个最重要的对象。

(1) 锚（Anchor）对象指的是<A Name=…> </A>标识在 HTML 源码中存在时产生的对象。它包含着文档中所有的 anchors 信息。

(2) 链接（Link）对象指的是用<A Href=…> </A>标记的连接，一个超文本或超媒体的元素作为一个特定的 URL。

(3) 表单（Form）对象是文档对象的一个元素，它含有多种格式的对象储存信息，使用它可以在 JavaScript 脚本中编写程序进行文字输入，并可以用来动态改变文档的行为。

通过 document. Forms[]数组来使得同一个页面上有多个相同的表单，使用 forms[]数组要比使用表单名字方便得多。

下面就是一个使用表单数组和表单名字的例子 testFormArray. html。该程序使得两个表单中的字段内容保持一致。

```
<html>
<head>
</head>
<body>
<form>
<input type=text onChange="document.my.elements[0].value=this.value;">
</form>
<form NAME="my">
<input type=text onChange="document.forms[0].elements[0].value=this.value;">
</form>
</body>
</html>
```

其中用了 onChange 事件（当表单内容改变时激发）。第一个使用表单名字标识 my，第二个使用表单数组 Forms[]。其效果是一致的。

2）文档对象中的 attribute 属性

Document 对象中的 attribute 属性，主要用于在引用 Href 标识时，控制有关颜色的格式和有关文档标题、文档原文件的 URL 以及文档最后更新的日期。这部分元素的主要含义如下：

(1) 链接颜色 alinkcolor：这个元素主要用于，当选取一个链接时，链接对象本身的颜色按 alinkcolor 指定改变。

(2) 链接颜色 linkcolor：未点击过的链接颜色。

(3) 浏览过后的颜色 VlinkColor：该属性表示的是已被浏览存储为已浏览过的链接颜色。

(4) 背景颜色 bgcolor：该元素设置文档背景的颜色。

(5) 前景颜色 Fgcolor：该元素设置 HTML 文档中文本的前景颜色。

例 4-1 下面通过一个例子 testDOM.htm 来说明文档对象的综合应用。

```
<html>
<head>
</HEAD>
<Body>
<Form Name="mytable">
请输入数据：
<Input Type="text" Name="text1" Value="">
</Form>
<A name="Link1" href="http://www.sohu.com">链接到第一个文本</a><br>
<A name="Link2" href="http://www.sina.com.cn">链接到第二个文本</a><br>
<A name="Link3" href=" http://www.163.com">链接到第三个文本</a><br>
<A href="#Link1">第一锚点</a>
<A href="#Link2">第二锚点</a>
<A Href="#Link3">第三锚点</a>
<BR>
<Script Language="JavaScript">
document.write("文档有"+document.links.length+"个链接"+"<br>");
document.write("文档有"+document.anchors.length+"个锚点"+"<br>");
document.write("文档有"+document.forms.length+"个表单");
</script>
</body>
</HTML>
```

例 4-2 下列程序 randomWord.html 随机产生每日一语。

```
<HTML>
<HEAD>
<script Language="JavaScript">
<!--
tips=new Array(6);
tips[0]="我强，因为我专！";
tips[1]="欢迎来到亚思晟！";
tips[2]="我能！";
tips[3]="谁用谁知道！";
tips[4]="一般人我不告诉他。";
tips[5]="男人就该对自己狠一点。";
index=Math.floor(Math.random() * tips.length);
document.write("<FONT SIZE=8 COLOR=DARKBLUE>"+tips[index]+"</FONT>");
```

```
</Script>
</HEAD>
</BODY>
</HTML>
```

4.3 项目案例

4.3.1 学习目标

(1) 掌握 JavaScript 基本语法,以及常用对象的使用。

(2) 通过 JavaScript 函数脚本对表单数据进行验证。

4.3.2 案例描述

对于一个 Web 应用而言,几乎所有的数据收集都是通过浏览器完成的,用户输入的数据非常复杂,其中会出现用户操作不熟练、输入错误、设备不正常、网络传输不正常,甚至有恶意用户专门输入恶意数据等情况。这些都会导致输入异常,异常的输入轻则导致系统中断,重则导致系统崩溃。所以应用程序必须在底层处理之前对数据进行有效校验,对于不合法的数据给予系统提示。

4.3.3 案例要点

(1) 掌握 form 表单的数据提交方式。

(2) 掌握事件的触发事件及 JavaScript 函数的调用。

4.3.4 案例实施

创建 register. html 文件:

```
<!DOCTYPE html PUBLIC "-//W3C//DTD XHTML 1.1//EN" "http://www.w3.org/TR/xhtml11/
DTD/xhtml11.dtd">
<html xmlns="http://www.w3.org/1999/xhtml" xml:lang="en">
    <head>
        <title>AscentSys 医药商务系统</title>
        <meta http-equiv="content-type" content="text/html; charset=GB2312" />
        <meta name="description" content="Your website description goes here" />
        <meta name="keywords" content="your,keywords,goes,here" />
    </head>
    <script language="javascript">
function check() {
    if (form.username.value=="") {
        alert("用户名不能为空!");
        form.username.focus();
        return false;
    }
    if (form.password.value=="") {
```

```
            alert("请输入密码 !");
            form.password.focus();
            return false;
        }
        if (form.password2.value=="") {
            alert("请再次输入密码 !");
            form.password2.focus();
            return false;
        }
        if (form.password.value !=form.password2.value) {
            alert("两次输入的密码不一致 !");
            form.password2.focus();
            return false;
        }
        if (form.email.value=="") {
            alert("请输入邮件 !");
            form.email.focus();
            return false;
        }
        var regm=/^[a-zA-Z0-9_-]+@[a-zA-Z0-9_-]+(\.[a-zA-Z0-9_-]+)+$ /;//验证
    Mail 的正则表达式,^[a-zA-Z0-9_-]:开头必须为字母,下划线,数字,
        if (form.email.value !="" && !form.email.value.match(regm)) {
            alert("邮件格式不对,检查后重新输入!");
            form.email.focus();
            return false;
        }
    }
    </script>
        </head>
        <body>
            <form name="form" method="post" action="" />
                <table width="70%" class="mars" cellspacing="1" cellpadding="0"
                width="100%" border="0">
                    <tbody>
                        <tr>
                            <td class="item" width="41%">
                                <div align="right">用户名:</div>
                            </td>
                            <td width="7%"></td>
                            <td width="52%">
                                <input type="text" name="username" id="username">
                                  
                                <font color="red"> * </font>
                                <div id="usernameCheckDiv" class="warning">
                                </div>
```

```
        </td>
    </tr>
    <tr>
        <td class="item">
            <div align="right">密码:</div>
        </td>
        <td width="7%"></td>
        <td>
            <input type="password" name="password" id="password">
              
            <font color="red"> * </font>
        </td>
    </tr>
    <tr>
        <td class="item">
            <div align="right">密码确认:</div>
        </td>
        <td width="7%"></td>
        <td>
            <input type="password" name="password2" id=
            "password2">  
            <font color="red"> * </font>
        </td>
    </tr>
    <tr>
        <td class="item">
            <div align="right">公司名称:</div>
        </td>
        <td width="7%"></td>
        <td>
            <input type="text" name="companyname" id=
            "companyname" />
        </td>
    </tr>
    <tr>
        <td class="item">
            <div align="right">公司地址:</div>
        </td>
        <td width="7%"></td>
        <td>
            <input type="text" name="companyaddress" id=
            "companyaddress" />
        </td>
    </tr>
    <tr>
```

```
        <td>
            <div align="right">国家:</div>
        </td>
        <td width="7%"></td>
        <td>
        <input type="text" name="country" id="country" />
        </td>
    </tr>
    <tr>
        <td>
            <div align="right">城市:</div>
        </td>
        <td width="7%"></td>
        <td>
            <input type="text" name="city" id="city" />
        </td>
    </tr>
    <tr>
        <td>
            <div align="right">工作:</div>
        </td>
        <td width="7%"></td>
        <td>
            <input type="text" name="job" id="job" />
        </td>
    </tr>
    <tr>
        <td class="item">
            <div align="right">电话:</div>
        </td>
        <td width="7%"></td>
        <td>
            <input type="text" name="tel" id="tel" />
        </td>
    </tr>
    <tr>
        <td class="item">
            <div align="right">Zip:</div>
        </td>
        <td width="7%"></td>
        <td>
            <input type="text" name="zip" id="zip" />
        </td>
    </tr>
    <tr>
```

```
                <td class="item">
                    <div align="right">Email:</div>
                </td>
                <td width="7%"></td>
                <td>
                    <input type="text" name="email" id="email">
                    <font color="red"> * </font>
                </td>
            </tr>
            <tr>
                <td colspan="3" align="center">
                    <input type="submit" value="注册" onClick="return
                    check();" />
                    <input type="reset" value="取消" />
                </td>
            </tr>
        </table>
    </form>
  </body>
</html>
```

4.3.5 特别提示

页面中带 * 号的内容为必填项，并且数据要求具备合法性，此时应通过编写 JavaScript 函数脚本来控制输入数据的格式等，对用户在使用系统时给予必要的控制，防止用户不小心输入错误格式的数据，通过验证会给系统带来健康、稳定的运行效果。另外，在编写 JavaScript 脚本时经常用到正则表达式来匹配输入数据的合法性，这给 JavaScript 脚本的编写带来了很大的便利，请读者阅读相关资料掌握正则表达式的使用。还有，JavaScript 是学习 Ajax 技术的基础，在 Web 开发中扮演着重要的角色，读者有必要熟练的掌握这一技术。

4.3.6 拓展与提高

如何使用 JavaScript 来开发一个树形菜单？

4.4 本章总结

本章简要介绍了 JavaScript 语法基础和 JavaScript 对象，更多内容请参考其他 JavaScript 相关教材或 http://www.w3school.com.cn。

4.5 习题

请继续完成用户注册页面，使用 JavaScript 实现对页面其他项的输入检测，如电话号码、邮政编码是否合理等。

第5章 XML

学习目的与要求

本章对 XML 的产生与发展、基本结构、类型定义以及应用编程接口进行了介绍。通过本章的学习，了解 XML 的作用，理解 XML 的原理，掌握 XML 文件的编写以及使用应用编程接口完成 XML 文件的解析。

本章主要内容

- XML 的产生与发展；
- XML 的基本结构；
- DTD 和 XML Schema；
- XML 应用程序接口。

5.1 XML 的产生与发展

5.1.1 什么是 XML

扩展标记语言（eXtensible Markup Language，XML）是一种简单的数据存储语言，使用一系列简单的标记描述数据。XML 是元标记语言，定义了用于定义其他与特定领域有关的、语义的、结构化的标记语言的句法语言，用户可以定义自己需要的标记。XML 标记描述的是文档的结构和意义，它不描述页面元素如何显示。

5.1.2 为什么要使用 XML

XML 为基于 Web 的应用程序带来了强大的功能和灵活性，它为开发人员和用户提供了许多优点。

1. 数据交换

XML 使用元素和属性来描述数据。在数据传送过程中,XML 始终保留了诸如父/子关系这样的数据结构。几个应用程序可以共享和解析同一个 XML 文件,不必使用传统的字符串解析或拆解过程。相反,普通文件不对每个数据段做描述,也不保留数据关系结构。使用 XML 做数据交换可以使应用程序更具有弹性,因为可以通过位置或用元素名来对 XML 数据进行存取。

2. Web 服务

Web 服务是最令人激动的革命之一,它让使用不同系统和不同编程语言的人们能够相互交流和分享数据,其基础在于 Web 服务器使用 XML 在系统之间交换数据。交换数据通常用 XML 标记,使协议取得规范一致,比如在简单对象处理协议(Simple Object Access Protocol,SOAP)平台上,SOAP 可以在用不同编程语言构造的对象之间传递消息。这意味着一个 C# 对象能够与一个 Java 对象进行通信。这种通信甚至可以发生在运行于不同操作系统上的对象之间。DCOM、CORBA 或 Java RMI 只能在紧密耦合的对象之间传递消息,SOAP 则可在松耦合对象之间传递消息。

3. 内容管理

XML 只用元素和属性来描述数据,而不提供数据的显示方法。这样,XML 就提供了一个优秀的方法来标记独立于平台和语言的内容。使用像 XSLT 这样的语言能够轻易地将 XML 文件转换成各种格式文件,比如 HTML、WML、PDF 等。XML 具有的能够运行于不同系统平台之间和转换成不同格式目标文件的能力使得它成为内容管理应用系统中的优秀选择。

4. 配置

许多应用都将配置数据存储在各种文件里,比如.INI 文件。虽然这样的文件格式已经使用多年并一直很好用,但是 XML 以更为优秀的方式为应用程序标记配置数据,使用 XML 解析器完成配置数据的读取。将配置数据标记为 XML 格式,能使其更具可读性,并能方便地集成到应用系统中去。使用 XML 配置文件的应用程序能够方便地处理所需数据,不用像其他应用那样要经过重新编译才能修改和维护应用系统。

5.1.3 XML 发展简史

1996 年出现 XML 雏形,在 1998 年 2 月发布为 W3C 的标准(XML1.0)。XML 的前身是 SGML(The Standard Generalized Markup Language),是从 20 世纪 60 年代就开始发展的 GML(Generalized Markup Language)标准化后的名称。GML 能够明确地将显示与内容分隔,所有文件的标签使用方法均一致。1978 年,ANSI 将 GML 加以整理规范,发布成为 SGML,1986 年起为 ISO 所采用(ISO 8879)。SGML 被广泛地运用在各种大型的文件计划中,但是 SGML 是一种非常严谨的文件描述法,导致过于庞大复杂,难以理解和学习,进而影响其推广与应用。于是,人们对 SGML 进行简化从而衍生出 HTML。HTML 非常简单,正如设计之初所构想的那样,HTML 在世界范围内得到了广泛的应用。不幸的是,HTML 有许多致命的弱点,HTML 仅仅提供了在页面上显示信息的通用方法,不具有扩展性,难以阅读和维护。

正因为如此,1996年人们开始致力于描述一个标记语言,它既具有SGML的强大功能和可扩展性,同时又具有HTML的简单性,XML就是在这样的背景下诞生的。XML被广泛用来作为跨平台之间交互数据的形式,主要针对数据的内容,通过不同的格式化描述手段(XSLT、CSS等)完成最终的形式表达(生成对应的HTML、PDF或者其他的文件格式)。XML目的即在于提供一个对信息能够做精准描述的机制,借以弥补HTML太过于以表现为导向的缺点。

5.2 XML的基本结构

5.2.1 XML文件的整体结构

一个XML文件由文件头和文件体两部分组成,XML文件示例如下:

```
<?xml version="1.0" encoding="gb2312" ?>
<参考资料>
<书籍>
<名称>XML入门精解</名称>
<作者>张三</作者>
<价格 货币单位="人民币">20.00</价格>
</书籍>
<书籍>
<名称>XML语法</名称>
<作者>李四</作者>
<价格 货币单位="人民币">18.00</价格>
</书籍>
</参考资料>
```

这是一个典型的XML文件,编辑完成后保存为一个以.xml为后缀的文件。可以将此文件分为文件序言和文件主体两大部分。在此文件中的第一行即是文件序言,该行是XML文件的声明部分,必须位于XML文件的第一行,它主要是告诉XML解析器如何工作。文件的其余部分都属于文件主体,体现XML文件的内容信息。

5.2.2 XML声明

XML声明通常在XML文档的第一行出现,前面不得包含任何其他内容或空白。

文档映射中的XML声明包含下列内容:

1) 版本号<?xml version="1.0"?>

此项是必选项,作用是告诉浏览器或者其他处理程序,这个文档是XML文档。声明语句中的version表示文档遵守的XML规范的版本。

2) 编码声明 <?xml version="1.0" encoding="UTF-8"?>

此项是可选项。如果使用编码声明,必须紧接在XML声明的版本信息之后,并且必须包含代表现有字符编码的值。编码声明标识用于表示文档中字符的编码。尽管XML

分析器可以自动确定文档使用的是 UTF-8 还是 UTF-16 Unicode 编码，但是，在支持其他编码的文档中应使用此声明。

3）独立声明

XML 声明还可以包含独立声明，例如<? xml version="1.0" encoding="UTF－8" standalone="yes"?>。与编码声明类似，独立声明也是可选项。如果使用独立声明，必须在 XML 声明的最后。独立声明指示文档的内容是否依赖来自外部源的信息，例如外部文档类型定义(DTD)。如果独立声明包含值“yes”，例如<? xml version="1.0" standalone="yes"?>，在文档引用外部 DTD 或外部实体时，分析器将报告错误。省略独立声明与包含独立声明“no”的结果相同，XML 分析器将接受外部源而不报告错误。

5.2.3 XML 处理指示

处理指示是用来给处理 XML 文件的应用程序提供信息的。也就是说，XML 分析器可能对它并不感兴趣，而把这些信息原封不动地传给 XML 应用程序。然后，应用程序来解释这个指示，遵照它所提供的信息进行处理，或者再把它原封不动地传给下一个应用程序。正如前面看到的，XML 声明就是一个处理指示。所有的处理指示应该遵循下面的格式：

```
<?处理指示名 处理指示信息?>
```

由于 XML 声明的处理指示名是“xml”，因此其他处理指示名不能再用“xml”。可以在 XML 文件中使用的特殊处理指令根据读取文件的处理器而定。如果使用 Internet Explorer 5 当作 XML 处理器，将发现处理器的两个主要用途：

(1) 可以使用标准的、保留的处理指令来告诉 Internet Explorer 5 如何处理或显示文件。例如，下面的处理指令告诉 Internet Explorer 5 使用 Inventory01.css 的 CSS 来显示文件：

```
<?xml-stylesheet type="text/css" href="Inventory01.css"?>
```

(2) 如果撰写网页的 script 来处理与显示 XML 文件，可以将任何非保留的处理指令加入到文件中，script 会读取这些指令并做出适当的处理。例如，可能会将下面的处理指令加到文件中来告诉你的 script 要显示的详细程度：

```
<?MyScript detail="2" ?>
```

5.2.4 XML 元素

XML 元素指的是从开始标签直到结束标签的部分。元素可包含其他元素、文本或者两者的混合物，元素也可以拥有属性。

```
<bookstore>
<book category="CHILDREN">
  <title>Harry Potter</title>
  <author>J K. Rowling</author>
  <year>2005</year>
  <price>29.99</price>
```

```
</book>
<book category="WEB">
  <title>Learning XML</title>
  <author>Erik T. Ray</author>
  <year>2003</year>
  <price>39.95</price>
</book>
</bookstore>
```

在上例中，<bookstore>和<book>都拥有元素内容，因为它们包含了其他元素。<author>只有文本内容，因为它仅包含文本。只有<book>元素拥有属性(category="CHILDREN")。

XML 元素必须遵循以下命名规则：

• 名称可以含字母、数字以及其他字符。
• 名称不能以数字或者标点符号开始。
• 名称不能以字符“xml”(或者 XML、Xml)开始。
• 名称不能包含空格。

XML 元素是可扩展的，请看下面这个 XML 例子：

```
<note>
<to>George</to>
<from>John</from>
<body>Don't forget the meeting!</body>
</note>
```

假设创建了一个应用程序，可将 <to>、<from> 以及 <body> 元素提取出来，并产生以下的输出：

```
MESSAGE
To: George
From: John

Don't forget the meeting!
```

想象一下，之后又向这个文档添加了一些额外的信息：

```
<note>
<date>2008-08-08</date>
<to>George</to>
<from>John</from>
<heading>Reminder</heading>
<body>Don't forget the meeting!</body>
</note>
```

那么这个应用程序会中断或崩溃吗？不会。这个应用程序仍然可以找到 XML 文档中的<to>、<from>及<body>元素，并产生同样的输出。XML 的优势之一就是可以经常在不中断应用程序的情况下进行扩展。

5.2.5 CDATA

在 XML 文档中的所有文本都会被解析器解析，只有在 CDATA 部件之内的文本会被解析器忽略。

cdata 是在 XML 文档里面使用的关键字，用来告诉浏览器，这部分内容不用解析，是给其他程序用的，比如 JavaScript。

1. 解析数据

XML 解析器通常情况下会处理 XML 文档中的所有文本。当 XML 元素被解析的时候，XML 元素内部的文本也会被解析：

```
<message>This text is also parsed</message>
```

XML 解析器这样做的原因是 XML 元素内部可能还包含了别的元素，像下面的例子，name 元素内部包含了 first 和 last 两个元素：

```
<name><first>Bill</first><last>Gates</last></name>
```

解析器会认为上面的代码是这样的：

```
<name>
<first>Bill</first>
<last>Gates</last>
</name>
```

2. 转义字符

不合法的 XML 字符必须被替换为相应的实体。

如果在 XML 文档中使用类似"<"的字符，那么解析器将会出现错误，因为解析器会认为这是一个新元素的开始。所以不应该像下面那样书写代码：

```
<message>if salary <1000 then</message>
```

为了避免出现这种情况，必须将字符"<"转换成实体，像下面这样：

```
<message>if salary &lt; 1000 then</message>
```

表 5-1 所示是 5 个在 XML 文档中预定义好的实体：

表 5-1 XML 预定义实体

<	<	小于号	'	'	单引号
>	>	大于号	"	"	双引号
&	&	和			

实体必须以符号"&"开头，以符号"；"结尾。

3. CDATA 部件

在 CDATA 内部的所有内容都会被解析器忽略。如果文本包含了很多的"＜"字符和"&"字符。为了避免错误，最好把它们都放到 CDATA 部件中。

一个 CDATA 部件以"＜![CDATA["标记开始，以"]]＞"标记结束：

```
<script>
<![CDATA[
function matchwo(a,b)
{
if (a <b && a <0) then
{
return 1
}
else
{
return 0
}
}
]]>
</script>
```

在前面的例子中，所有在 CDATA 部件之间的文本都会被解析器忽略。

5.2.6 注释

注释是为了便于阅读和理解而在 XML 文档中添加的附加信息，将不会被程序解释或者浏览器显示。注释的语法如下：

```
<!--这里是注释信息-->
```

可以看出，它和 HTML 中的注释语法是一样的。养成良好的作注释的习惯，将使文档更加便于维护和共享。

5.2.7 XML 文件的物理结构

从物理结构上讲，XML 文档是由一个或多个存储单元构成的，这些存储单元就是所谓的实体。所有的 XML 文档都包含了一个"根实体"，又称作"文档实体"。这个实体是由 XML 本身给出的，无须显式定义就可以使用，它指的其实就是整个文档的内容，是 XML 语法分析器处理的起点。除此之外，可能还需要用到其他一些实体，这些实体都用名字来标识，在文件类型定义 DTD 中给出定义。

简单地说，实体充当着和别名类似的角色，即一个简单的实体名称可以用来代表一大段文本内容。像任何计算机别名系统一样，实体引用简化了录入工作，因为每当要使用同样一大段文本时，只需使用它的别名就可以了，处理器会自动把这个别名替换为相应的文本。

实体分为两大类，如表 5-2 所示。

表 5-2　实体分类及特点

类　　型	通 用 实 体	参 数 实 体
使用场合	用在 XML 文档中	只用在 DTD 的元素和属性的声明中
声明方式	内部	外部
引用方式	& 实体名；	%实体名；

下面例子中定义了一个描述单位地址的通用实体：

```
<!ENTITY address "内蒙古大学,010021">
```

在 XML 文件中可以按如下形式使用这个实体：

```
<客户><姓名>张三 <电话>(0471)4994019 <联系地址>&address;
```

实体引用有以下几点规则：

(1) 除了 XML 标准规定的预定义实体以外，在 XML 文档引用一个实体之前，必须已经对此实体进行过声明。

(2) 实体引用中不能出现空格。

(3) 尽管在一个实体中可以再引用其他实体，但是不能出现循环引用。

(4) 实体引用的文档必须符合 XML 语法的所有要求。

(5) 任何一个独立的逻辑要素，比如元素、标记、注释、处理指令、实体引用等，都不能开始于一个实体，而结束于另一个实体。

(6) 如果在属性中出现实体引用，不但要遵守前面所述的实体引用的所有规则，还要注意以下两点：

在标记属性中不能引用一个外部实体。

引用的文本中不能出现字符“＜”，否则替换后就不再是一个“格式良好的”XML 文件了。

5.3　DTD 和 XML Schema

5.3.1　DTD

1. 什么是 DTD

DTD(Document Type Definition)用来定义文档的结构，是一种保证 XML 文档格式正确的有效方法，可以通过比较 XML 文档和 DTD 来发现文档是否符合规范，元素和标识使用是否正确。一个 DTD 文档包含：元素的定义规则，元素间关系的定义规则，元素可使用的属性，可使用的实体或符号规则。DTD 文件是一个 ASCII 文本文件，后缀名为.dtd。

2. 为什么使用 DTD

XML 文件为应用程序提供一个数据交换的格式，DTD 让 XML 文件能够成为数据交换的标准。因为不同的公司只需定义好标准的 DTD，就都能够依照 DTD 建立 XML 文件，并且进行验证，如此就可以轻易地建立标准和交换数据，这样满足了网络共享和数据交互。

3. 调用 DTD 文件的方法

调用 DTD 文件有两种方法：一种为直接包含在 XML 文档中的 DTD，另一种为调用独立的 DTD 文件。

1）内部的 DOCTYPE 声明

假如 DTD 被包含在 XML 源文件中，它应当通过下面的语法包装在一个 DOCTYPE 声明中：

```
<!DOCTYPE 根元素 [元素声明]>
```

带有 DTD 的 XML 文档实例：

```
<?xml version="1.0"?>
<!DOCTYPE note [
  <!ELEMENT note (to,from,heading,body)>
  <!ELEMENT to      (#PCDATA)>
  <!ELEMENT from    (#PCDATA)>
  <!ELEMENT heading (#PCDATA)>
  <!ELEMENT body    (#PCDATA)>
]>
<note>
  <to>George</to>
  <from>John</from>
  <heading>Reminder</heading>
  <body>Don't forget the meeting!</body>
</note>
```

以上 DTD 解释如下：

!DOCTYPE note(第二行)定义此文档是 note 类型的文档。

!ELEMENT note(第三行)定义 note 元素有 4 个元素：to、from、heading 和 body。

!ELEMENT to(第四行)定义 to 元素为＃PCDATA 类型。

!ELEMENT from(第五行)定义 from 元素为＃PCDATA 类型。

!ELEMENT heading(第六行)定义 heading 元素为＃PCDATA 类型。

!ELEMENT body(第七行)定义 body 元素为＃PCDATA 类型。

2）外部文档声明

假如 DTD 位于 XML 源文件的外部，那么它应通过下面的语法被封装在一个 DOCTYPE 定义中：

```
<!DOCTYPE 根元素 SYSTEM "文件名">
```

下面这个 XML 文档和上面的 XML 文档相同，但是拥有一个外部的 DTD：

```
<?xml version="1.0"?>
<!DOCTYPE note SYSTEM "note.dtd">
<note>
<to>George</to>
```

```
<from>John</from>
<heading>Reminder</heading>
<body>Don't forget the meeting!</body>
</note>
```

这是包含 DTD 的 note.dtd 文件：

```
<!ELEMENT note (to,from,heading,body)>
<!ELEMENT to (#PCDATA)>
<!ELEMENT from (#PCDATA)>
<!ELEMENT heading (#PCDATA)>
<!ELEMENT body (#PCDATA)>
```

通过 DTD，每一个 XML 文件均可携带一个有关其自身格式的描述。通过 DTD，多个独立的组织可一致地使用某个标准的 DTD 来交换数据。而应用程序也可使用某个标准的 DTD 来验证从外部接收到的数据。

5.3.2 XML Schema

XML Schema 是基于 XML 的 DTD 替代者。XML Schema 可描述 XML 文档的结构。XML Schema 语言也可作为 XSD(XML Schema Definition)来引用。

XML Schema 可以定义以下内容：

- 可出现在文档中的元素。
- 可出现在文档中的属性。
- 哪个元素是子元素。
- 子元素的次序。
- 子元素的数目。
- 元素是否为空，或者是否可包含文本。
- 元素和属性的数据类型。
- 元素和属性的默认值以及固定值。

XML Schema 是 DTD 的继任者，XML Schema 很快会在大部分网络应用程序中取代 DTD，理由如下：

- XML Schema 可针对未来的需求进行扩展。
- XML Schema 更完善，功能更强大。
- XML Schema 基于 XML 编写。
- XML Schema 支持数据类型。
- XML Schema 支持命名空间。
- XML Schema 是 W3C 标准。
- XML Schema 在 2001 年 5 月 2 日成为 W3C 标准。
- XML Schema 比 DTD 更强大。
- XML Schema 支持数据类型，XML Schema 最重要的能力之一就是对数据类型的支持。通过对数据类型的支持，可更容易地描述允许的文档内容，可更容易地验证数据的正确性，可更容易地与来自数据库的数据一并工作，可更容易地定义数据约束(data facets),可更容易地定义数据模型(或称数据格式),可更容易地在不同的数据类型间转换数据。

• XML Schema 使用 XML 语法。

XML 文档可对 XML Schema 进行引用,示例如下:

请看这个名为 note.xml 的 XML 文档:

```
<?xml version="1.0"?>
<note>
<to>George</to>
<from>John</from>
<heading>Reminder</heading>
<body>Don't forget the meeting!</body>
</note>
```

下面这个例子是一个名为 note.xsd 的 XML Schema 文件,它定义了上面那个 XML 文档的元素:

```
<?xml version="1.0"?>
<xs:schema xmlns:xs="http://www.w3.org/2001/XMLSchema"
targetNamespace="http://www.w3school.com.cn"
xmlns="http://www.w3school.com.cn"
elementFormDefault="qualified">
<xs:element name="note">
    <xs:complexType>
      <xs:sequence>
        <xs:element name="to" type="xs:string"/>
        <xs:element name="from" type="xs:string"/>
        <xs:element name="heading" type="xs:string"/>
        <xs:element name="body" type="xs:string"/>
      </xs:sequence>
    </xs:complexType>
</xs:element>
</xs:schema>
```

note 元素是一个复合类型,因为它包含其他的子元素。其他元素(to, from, heading, body)是简易类型,因为它们没有包含其他元素。

对 XML Schema 的引用:

```
<?xml version="1.0"?>
<note
xmlns="http://www.w3school.com.cn"
xmlns:xsi="http://www.w3.org/2001/XMLSchema-instance"
xsi:schemaLocation="http://www.w3school.com.cn note.xsd">
<to>George</to>
<from>John</from>
<heading>Reminder</heading>
```

```
<body>Don't forget the meeting!</body>
</note>
```

5.4 XML 应用程序接口

5.4.1 XML 应用程序接口概述

作为一个程序开发人员，可能需要通过程序代码访问一个 XML 文档中的内容。由于 XML 文档实际上就是一个文本文件，所以必须书写一个能够识别 XML 文档中信息的文本文件阅读器——XML 语法分析器，用来解释 XML 文档并提取其中的内容。显然，这不仅是一项非常耗时的工作，而且要求每个应用 XML 的人都要自己去处理 XML 中的语法细节。而且，在不同的应用程序或开发环境中，如果多种应用程序都需要访问 XML 文档中的数据，这样的分析器代码就要被重写多次。针对该问题，W3C 以及 XML_DEV 邮件列表的成员分别提出了两个标准的应用程序接口，即 DOM 和 SAX。

5.4.2 DOM

1. DOM 简介

DOM 是 Document Object Model 的缩写，即文档对象模型。W3C 于 2000 年 11 月 13 日推出了 DOM level 2 规范。DOM 是 HTML 和 XML 文档的编程接口规范，它与平台和语言是无关的，因而可以用各种语言和在各种平台上实现。该模型定义了 HTML 和 XML 文件在内存中的文档结构，提供了对 HTML 和 XML 文件的访问、存取方法。利用 DOM 规范，可以实现 DOM 文档和 XML 之间的相互转换，对相应 DOM 文档的内容进行遍历或其他操作。如果要自由的操纵 XML 文件，就要用到 DOM 规范。

现在针对不同的平台和编程语言，W3C 做了大量的工作来保证 DOM 的相关 API 可以被正确的应用。这里主要介绍的是 Java 平台上针对 XML 的 DOM API。W3C 也为 Java 平台做好了相关的标准化 API，所以对于较近版本的 Java 无须安装额外的 API 就可以直接使用，因为已经在 JDK 里面了。

DOM 处理文档的时候，实际上是先把整个文档读入，行成一棵文档树，然后用户就可以针对这个树形的文档模型进行各种元素的操作了。这种处理方式的优点是，自然易懂，而且文档中的数据和节点可谓一目了然。但是，缺点也是相当明显的，那就是针对较大的文档，不仅消耗很多的内存而且处理速度很慢。不过一旦树被建立起来，那么就可以轻松地遍历和修改树中的内容了。

综上所述，当提及 DOM 的时候，不仅仅指代的是 DOM 文档对象模型，而且也包含处理这个模型的一系列 API。

2. DOM API 概览

DOM 的基本对象有 5 个：Document、Node、NodeList、Element 和 Attr。

Document 对象代表了整个文档对象，一般来说就是 XML 或者 HTML 文档。它其中包含了所有文档中的节点、属性等内容。所有这些都按照一定的顺序排列在文档的内部，在内存中形成一个树形的结构。操作 DOM 对象的时候，总是要先建立起来一个 DOM 树，代表这个树的就是 Document 对象，然后调用 Document 的相关方法进行操作。为了操作文档中的节点，Document 还自带了一些操作节点的方法。

- createAttribute(String)：用给定的属性名创建一个 Attr 对象，并可在其后使用 setAttributeNode 方法来放置在某一个 Element 对象上面。
- createElement(String)：用给定的标签名创建一个 Element 对象，代表 XML 文档中的一个标签，然后就可以在这个 Element 对象上添加属性或进行其他的操作。
- createTextNode(String)：用给定的字符串创建一个 Text 对象，Text 对象代表了标签或者属性中所包含的纯文本字符串。如果在一个标签内没有其他的标签，那么标签内的文本所代表的 Text 对象是这个 Element 对象的唯一子对象。
- getElementsByTagName(String)：返回一个 NodeList 对象，它包含了所有给定标签名字的标签。
- getDocumentElement()：返回一个代表这个 DOM 树的根节点的 Element 对象，也就是代表 XML 文档根元素的那个对象。

Node 对象代表了文档树中的一个抽象节点。之所以说是抽象节点，是因为它在实际应用中表现为 Elements、Text 和属性等。Node 只是为这些具体的对象提供了一个抽象的、公共的表示。但是，即便如此，Node 也定义了其对节点的一些操作，很多都是关系到节点本身的。Node 的主要方法有：

- appendChild(org.w3c.dom.Node)：为这个节点添加一个子节点，并放在所有子节点的最后。如果这个子节点已经存在，则先把它删掉再添加进去。
- getFirstChild()：如果节点存在子节点，则返回第一个子节点。
- getLastChild()：返回最后一个子节点。
- getNextSibling()：返回在 DOM 树中这个节点的下一个兄弟节点。
- getPreviousSibling()：返回其前一个兄弟节点。
- getNodeName()：根据节点的类型返回节点的名称。
- getNodeType()：返回节点的类型。
- getNodeValue()：返回节点的值。
- hasChildNodes()：判断是不是存在子节点。
- hasAttributes()：判断这个节点是否存在属性。
- getOwnerDocument()：返回节点所处的 Document 对象。
- insertBefore(org.w3c.dom.Node new,org.w3c.dom.Node ref)：在给定的一个子对象前再插入一个子对象。
- removeChild(org.w3c.dom.Node)：删除给定的子节点对象。
- replaceChild(org.w3c.dom.Node new,org.w3c.dom.Node old)：用一个新的 Node 对象代替给定的子节点对象。

NodeList 对象，顾名思义，就是代表了一个包含了一个或者多个 Node 的列表。可以简单地把它看成一个 Node 的数组，通过方法来获得列表中的元素：

- GetLength()：返回列表的长度。
- Item(int)：返回指定位置的 Node 对象。
- getNamespaceURI(int index)：返回集合中第 index 个 namespaceURI 项。

Element 代表了 XML 文档中的元素，继承自 Node。在 XML 中由标签组成的元素可以包含有属性，因此 element 中也有针对属性的操作方法。而继承自 Node 的方法依然可用。Element 的主要方法如下：

- getElementsByTagName(String)：返回一个 NodeList 对象，它包含了在这个标签中其下的子孙节点中具有给定标签名字的标签。
- getTagName()：返回一个代表这个标签名字的字符串。
- getAttribute(String)：返回标签中给定属性名称的属性的值。需要注意的是，因为 XML 文档中允许有实体属性出现，而这个方法对这些实体属性并不适用。这时候需要使用 getAttributeNodes()方法得到一个 Attr 对象来进行进一步的操作。
- getAttributeNode(String)：返回一个代表给定属性名称的 Attr 对象。

Atrr 代表的元素的属性 Attribute。Attr 本身也是一种 Node，但是因为 Attr 本身必须包含在 Element 之中，并非作为 DOM 树中一个单独的部分，所以对它调用一些 Node 的方法，往往返回的是 Null，这是需要特别注意的。Attr 的主要方法如下。

- getName()：返回此属性的名称。
- getOwnerElement()：此属性连接到的 Element 节点；如果未使用此属性，则为 null。
- getSchemaTypeInfo()：与此属性相关联的类型信息。
- getSpecified()：如果在实例文档中显式给此属性一个值，则为 True；否则为 false。
- getValue()：检索时，该属性值以字符串形式返回。
- isId()：返回此属性是否属于类型 ID(即包含其所有者元素的标识符)。
- setValue(String value)：检索时，该属性值以字符串形式返回。

需要说明的是，上面所说的 DOM 对象在 DOM 中都是用接口定义的，DOM 其实可以在任何面向对象的语言中实现，只要它实现了 DOM 所定义的接口和功能就可以了。JDK 中 javax. xml 包含有 DOM 的具体实现。

有了上面的介绍，相信读者对 DOM 的理解更多了。下面通过实例让读者对 DOM 更加熟悉。

假定将下面的 bank. xml 文件放在 D:\temp 目录下：

```
<?xml version="1.0"?>

<bank>
  <client>
    <clientName>Bill Clinton</clientName>
    <homeAddress>Nashua, NH</homeAddress>
    <homePhone>555/555-8975</homePhone>
    <account>
      <type>Checking</type>
      <accountNumber>111222333</accountNumber>
    </account>
    <account>
      <type>Savings</type>
```

```
      <accountNumber>777888999</accountNumber>
    </account>
  </client>

  <client>
    <clientName>Al Gore</clientName>
    <homeAddress>Washington, DC</homeAddress>
    <homePhone>555/555-4256</homePhone>
    <account>
      <type>Savings</type>
      <accountNumber>444777888</accountNumber>
    </account>
  </client>

  <employee>
    <empID>2105</empID>
    <empName>Ronald Reagan</empName>
    <workAddress>Nashua, NH</workAddress>
    <workPhone>555/555-1245</workPhone>
    <salary>60000</salary>
  </employee>

  <employee>
    <empID>77</empID>
    <empName>Jimmy Carter</empName>
    <workAddress>Denver, CO</workAddress>
    <workPhone>555/555-1235</workPhone>
    <salary>250000</salary>
  </employee>

  <employee>
    <empID>666</empID>
    <empName>George Bush</empName>
    <workAddress>Dallas, TX</workAddress>
    <workPhone>555/555-1235</workPhone>
    <salary>200000</salary>
  </employee>

  <branchID>78963</branchID>
</bank>
```

以下实例FirstDOMParser将使用DOM解析bank.xml文件(注：运行时需要加入xerces.jar)。

```
package sample;
```

```
import org.w3c.dom.*;
import org.apache.xerces.parsers.DOMParser;

public class FirstDOMParser{

    public static void main(String[] args) {
        try {
            DOMParser parser=new DOMParser();
            //你需要指明自己存放文件的路径
            parser.parse("D:\\temp\\bank.xml");

            Document doc=parser.getDocument();

            NodeList nodelist=doc.getElementsByTagName("client");

           System.out.println("it has " +
            nodelist.getLength()+" <client>elements.");

            nodelist=doc.getElementsByTagName("employee");
            System.out.println("it has " +
              nodelist.getLength()+" <employee>elements.");

        } catch (Exception e) {
            e.printStackTrace(System.err);
        }
    }
}
```

运行结果如下：

```
it has 2 <client>elements.
it has 3 <employee>elements.
```

5.4.3 SAX

1. SAX 解析器及工作原理

SAX(Simple API for XML)也是解析 XML 的一种规范，由一系列接口组成，但不是 W3C 推荐的标准，SAX 是公开的、开放源代码的。SAX 最初是由 David Megginson 采用 Java 语言开发的，后来参与开发的程序员越来越多，组成了因特网上的 XML-DEV 社区。1998 年 5 月，SAX 1.0 版由 XML-DEV 正式发布。目前，最新的版本是 SAX 2.0。在 2.0 版本中增加了对名称空间的支持，而且可以设置解析器是否对文档进行有效性验证，以及怎样来处理带有名称空间的元素名称等。SAX 2.0 中还有一个内置的过滤机制，可以很轻松地输出一个文档子集或进行简单的文档转换。SAX 2.0 版本在多处不兼容 1.0 版本，SAX 1.0 中的接口在 SAX 2.0 中已经不再使用了。

SAX 解析器是一种基于事件的解析器，它的核心是事件处理模式。基于事件的处理模式主要是围绕着事件源以及事件处理器来工作的。一个可以产生事件的对象被称为事件源,可以针对事件产生响应的对象被称为事件处理器。事件和事件处理器是通过在事件源中的事件处理器注册的方法连接的。这样,当事件源产生事件后,调用事件处理器相应的处理方法,一个事件就可以得到处理。在事件源调用事件处理器中特定方法的时候,还要传递给事件处理器相应事件的状态信息,这样事件处理器才能够根据提供的事件信息来决定自己的行为。

利用 SAX 解析器解析 XML 文件需要经过以下步骤:

(1) 实例化一个 SAXParserFactory 对象:

```
SAXParserFactory factory=SAXParserFactory.newInstance();
```

(2) 通过 factory 对象获得一个 SAXParser 对象,该对象就称作 SAX 解析器。

```
SAXParser saxParser=factory.newSAXParser();
```

(3) saxParser 对象调用 parse 方法解析 XML 文件:

```
saxParser.parse(File file,DefaultHandler dh)
```

在 SAX API 中有两个包,即 org. xml. sax 和 org. xml. sax. helper。org. xml. sax 主要定义了 SAX 的一些基础接口,如 XMLReader 和 ContentHandler、ErrorHandler、DTDHandler 和 EntityResolver 等。org. xml. sax. helper 提供了一些方便开发人员使用的帮助类,如默认实现所有处理器接口的帮助类 DefaultHandler、方便开发人员创建 XMLReader 的 XMLReaderFactory 类等。DefaultHandler 类或它的子类的对象称为 SAX 解析器的事件处理器。事件处理器可以接收解析器报告的所有事件、处理所发现的数据。DefaultHandler 类实现了 ContentHandler 接口、DTDHandler 接口、EntityResolver 接口和 ErrorHandler 接口。实际上实现上面任意一个接口的类的对象都是事件处理器对象,但是,实现接口就必须实现其中的所有方法,即使是用不到的方法也要将其实现,增加了程序开发的工作量,为了克服这一缺点,DefaultHandler 类实现了上述 4 个接口,包含了这 4 个接口的所有方法,方法都是一种空实现,即方法体中没有任何语句。所以在编写事件处理程序时,可以不用直接实现这 4 个接口,而直接继承 DefaultHandler 类,然后重写需要的方法。

在 org. xml. sax 包的 HandlerBase 类中定义了 SAX 解析器解析 XML 文件所产生的事件类型。常用的事件类型有:startDocument,表示文档的开始;endDocument,表示文档的结束;startElement,表示标记的开始,处理此事件包括对其属性的处理;endElement,表示标记的结束;characters,文本内容事件;ignorableWhitespace,表示空白事件;warning、error 和 fatalError,表示错误事件。

2. 事件的产生与处理

SAX 解析器的核心是事件处理机制,当 SAX 解析器调用 parse()方法解析 XML 文件时,事件处理器会根据所产生的事件调用相应的方法来处理发现的数据。在编写程序时,需要使用 DefaultHandler 类的子类创建一个事件处理器,当处理器对报告的事件不感兴趣时,就直接调用父类的方法,采用默认的处理方法,当处理器对报告的事件感兴趣时,子类可以重写父类的某些方法，调用重写的方法，以便处理器可以具体地处理解析器报告的数据。常用的事件如下：

1）文件的开始与结束

当解析器开始解析 XML 文件时，就会报告“文件开始”事件给事件处理器，然后再陆续地报告其他的事件，比如：“开始标记”，“文本事件”，最后再报告“文件结束”事件。解析器报告“文件开始”事件，事件处理器就会调用 startDocument()方法。解析器报告“文件结束”事件，事件处理器就会调用 endDocument()方法，解析器在解析 XML 文件的过程中，只能报告一次“文件开始”和“文件结束”事件，换句话说，也只会调用一次 startDocument()和 endDocument()方法各一次。

2）XML 中的处理指令

XML 中的处理指令比较特殊，它们不属于标记，它们为 XML 文件规定了特殊的规则。例如，<? xml version="1.0" encoding="UTF-8"?>处理指令规定 XML 文件必须使用 UTF-8 编码来保存和解析，解析器不报告 XML 声明给事件处理器，即不会报告上述指令。但如下 XML 指令会报告给事件处理器：<? xml-stylesheet href="" type=""?>。当解析器开始解析 XML 文件时，如果发现处理指令就会报告一个“处理指令”事件给事件处理器，事件处理器就会调用 void processingInstruction(String target,String data)方法，该方法中的参数 target 和 data 就是解析发现的数据。

3）开始标记与结束标记

当解析器发现一个标记开始时，就将所发现的数据封装为一个“开始标记”事件，并报告该事件处理器，事件处理器就会知道发生的事件，然后调用 startElement(String uri, String localName,String qName,Attributes atts)方法对发现的数据进行处理，方法中的参数 atts 是解析器发现的标记的全部属性。当 SAXParserFactory 支持设置名称空间时，例如 factory. setNamespaceAware(true)，参数 uri 的取值就是解析器发现的标记的名称空间，如果没有名称空间，uri 是空字符组成的串，即 uri=""。localName 是标记的名称，qName 是带名称空间前缀的标记名称（如果有名称空间的前缀）或标记的名称（如果没有名称空间的前缀）。当 SAXParserFactory 对象没有设置支持名称空间时，相当于 factory. setNamespaceAware(false)，那么 uri 和 localName 的值是空字符串，qName 是带名称空间前缀的标记名称（如果有名称空间的前缀）或标记名称（如果没有名称空间的前缀）。事件处理器调用完 startElement"方法后，将陆续地收到解析器报告的其他事件，最后一定会报告该标记的“标记结束”事件，这时事件处理器会调用 endElement(String uri,String localName,String qName,Attributes atts)方法对发现的数据做出处理。如果一个标记是空标记，解析器也报告“标记开始”和“标记结束”事件。

4）文本数据

XML 文件中的标记的内容可以有文本数据，当解析器解析这些数据时，就报告“文本数据”事件给处理器，事件处理器就会知道发生的事件，然后调用 public void characters(char[],int start,int length)方法对解析的数据做出处理，参数字符数组 ch 中存放的就是解析的文本数据，start 是数组 ch 中存放字符的起始位置，length 是存放字符的个数。标记之间的缩进都是为了使 XML 文件看起来美观而形成的，但解析器不知道这一点，所以解析也会认为它们是有用的文本数据，当解析器解析这样的数据时，也会报告一个"文本数据"事件处理器。注意，对于文本数据，解析器可能分成几个连续的"文本数据"报告给事件处理器。

5）处理空白

如果要处理空白，只需要在处理器中重写 ignorableWhitespace"方法即可。解析器在遇到空白时，就会向处理器报告 ignorableWhitespace 事件，事件处理器调用 void ignorableWhitespace(char[] ch,int start,int length)方法处理，而不去调用 characters"方法。但前提是 XML 文件必须是一个有效的 XML 文件。

6）名称空间

名称空间的目的是有效地区分名字相同的标记，当两个标记的名字相同时，它们可能通过属于不同的名称空间来区分。名称空间通过使用声明名称空间来建立，分为有前缀和无前缀的名称空间。名称空间声明是在一个标记的开始标记中，当解析器在一个标记的开始标记中发现一个名称空间时，就先报告一个"名称空间开始"的事件给事件处理器，然后再报告"开始标记"事件。事件处理器会调用 startPrefixMapping(String prefix,String uri)。其中，方法中的参数 prefix 是解析器发现的名称空间的前缀，uri 是名称空间的名称，如果名称空间没有前缀，prefix 是不含任何字符的空串，即 prefix=""。名称空间涉及作用域的概念，一个标记如果使用了名称空间，那么该名称空间的作用域是该标记及其子标记，因此，当解析报告完"结束标记"事件后，就会报告一个"名称空间结束"事件给事件处理器，表明名称空间的作用域结束，事件处理器就会知道发生的事件，然后调后 endPrefixMapping(String prefix,String uri)。例如：

```
<hello xmlns:java="eee">你好</hello>
```

解析器报告事件的顺序如下：

名称空间开始→开始标记→文本数据→结束标记→名称空间结束

为了让解析器报告"名称空间"事件，SAXParser_Factory 需要调用 setNamespace-Aware(true)。

7）处理错误

SAX 解析器默认地检查 XML 是否规范的，如果让 SAX 解析器检查 XML 文件是否有效，需要在获得 SAX 解析器之前调用 SAXParserFactory 对象的 factory. setValidating (true)设置；SAX 解析器在解析 XML 文件的过程中，如果发现错误就会报告一 个"错误"事件给解析，报告的信息是一个 SAXParserExcepiton 对象，事件处理就会调用下列某个方法来处理信息：

```
public void warning(SAXException e) throws SAXException;
public void error(SAXException e) throws SAXException;
public void fatalError(SAXException e) throws SAXException
```

下面来看一个使用 SAX 的实例 Counter. java，它将解析放在 D:\temp 下的 bank. xml 文件中：

```
package sample;
```

```
import javax.xml.parsers.*;

import org.xml.sax.*;

import org.xml.sax.helpers.*;

import java.io.*;


public class Counter extends HandlerBase {

   private int count=0;
   public static void main (String args[]) throws Exception    {
     (new Counter()).countClients();
   }

   public void countClients() throws Exception     {

        SAXParserFactory spfactory=SAXParserFactory.newInstance();

          //生成 SAX 解析对象

        SAXParser parser=spfactory.newSAXParser();

          //指定 XML 文件,进行 XML 解析

        parser.parse(new File("d:\\temp\\bank.xml"), new Counter());
    }

    public void startElement(String name, AttributeList atts) throws SAXException{
      if (name.equals("client"))
         count++;
    }

    public void endDocument() throws SAXException     {
      System.out.println("There are "+count+" clients");
    }
}
```

运行结果如下:

```
There are 2 clients
```

这个例子使用 SAX 统计出了前面提到的 bank.xml 文件中客户的个数,和之前用 DOM 解析有异曲同工之妙。

3. DOM与SAX的比较

DOM分析器通过对XML文档的分析，把整个XML文档以一棵DOM树的形式存放在内存中，应用程序可以随时对DOM树中的任何一个部分进行访问与操作，也就是说，通过DOM树，应用程序可以对XML文档进行随机访问。这种访问方式给应用程序的开发带来了很大的灵活性，它可以任意地控制整个XML文档中的内容。由于DOM分析器把整个XML文档转化成DOM树放在了内存中，因此，当XML文档比较大或者文档结构比较复杂时，对内存的需求就比较高；而且，对于结构复杂的树的遍历也是一项比较耗时的操作；所以，DOM分析器对机器性能的要求比较高，实现效率不十分理想。不过，由于DOM分析器的树结构的思想与XML文档的结构相吻合，而且，通过DOM树机制很容易实现随机访问，因此，DOM分析器还是有很广泛的使用价值。

SAX分析器在对XML文档进行分析时，触发一系列的事件，应用程序通过事件处理函数实现对XML文档的访问。由于事件触发本身是有时序性的，因此，SAX分析器提供的是一种对XML文档的顺序访问机制，对于已经分析过的部分，不能再倒回去重新处理。SAX之所以被叫做“简单”应用程序接口，是因为SAX分析器只做了一些简单的工作，大部分工作还要由应用程序自己去做。也就是说，SAX分析器在实现时，它只是顺序地检查XML文档中的字节流，判断当前字节是XML语法中的哪一部分，检查是否符合XML语法并触发相应的事件。对于事件处理函数本身，要由应用程序自己来实现。同DOM分析器相比，SAX分析器对XML文档的处理缺乏一定的灵活性，然而，对于那些只需要访问XML文档中的数据而不对文档进行更改的应用程序来说，SAX分析器的效率则更高。由于SAX分析器实现简单，对内存要求比较低，因此实现效率比较高，同样具有广泛的使用价值。

5.5 项目案例

5.5.1 学习目标

(1) 掌握XML文件的编写规范。
(2) 掌握SAX的解析方式。

5.5.2 案例描述

在艾斯医药系统中，连接数据库时需要用到用户名、密码、驱动、URL等信息，这些信息如果直接定义在类中，一旦这些信息需要修改，就要对类进行重新编译、部署、运行等操作，这会带来不必要的麻烦。所以我们想到一个更好的办法，就是把它们定义在配置文件中，这样修改起来相对比较容易，对以后的系统维护将带来很大的方便。

5.5.3 案例要点

掌握SAX的解析方式，熟练掌握API的使用。

5.5.4 案例实施

1. 创建 database. conf. xml 文件

将文件 database. conf. xml 存放在项目的 src 下。

```
<?xml version="1.0" encoding="UTF-8"?>
<database-conf>
    <datasource>
        <driver>com.mysql.jdbc.Driver</driver>
      < url > jdbc: mysql://localhost: 3306/ascentweb? useUnicode = true&amp;
characterEncoding=gb2312</url>
        <user>root</user>
        <password></password>
    </datasource>
</database-conf>
```

2. 编写 DatabaseConfigParser. java

```
package com.ascent.util;

import java.net.URL;
import java.util.Properties;
import javax.xml.parsers.SAXParser;
import javax.xml.parsers.SAXParserFactory;

public class DatabaseConfigParser  {
    private Properties props;
    public Properties getProps() {
        return this.props;
    }
    public void parse(String filename) throws Exception {
        XMLConfigParser handler=new XMLConfigParser();
        SAXParserFactory factory=SAXParserFactory.newInstance();
        SAXParser parser=factory.newSAXParser();
URL confURL=XMLConfigParser.class.getClassLoader().getResource(filename);
        parser.parse(confURL.toString(), handler);
        props=handler.getProps();
    }
}
```

3. 编写 XMLConfigParser. java

```
package com.ascent.util;

import java.util.Properties;
```

```
import org.xml.sax.Attributes;
import org.xml.sax.SAXException;
import org.xml.sax.helpers.DefaultHandler;

public class XMLConfigParser extends DefaultHandler {

    private Properties props;
    private StringBuffer currentValue=new StringBuffer();

    public XMLConfigParser() {
        this.props=new Properties();
    }

    public Properties getProps() {
        return this.props;
    }

     public void startElement (String uri, String localName, String qName,
Attributes attributes) throws SAXException {
        currentValue.delete(0, currentValue.length());
    }

    public void characters(char[] ch, int start, int length)throws SAXException {
        currentValue.append(ch, start, length);
    }

    public void endElement (String uri, String localName, String qName) throws
SAXException {
        props.put(qName.toLowerCase(), currentValue.toString().trim());
    }
}
```

4. 编写 DataAccess.java

```
package com.ascent.util;

import java.sql.Connection;
import java.sql.DriverManager;
import java.util.Properties;

public class DataAccess {

    private static String driver;
    private static String url;
    private static String user;
    private static String pwd;
```

```
    static {
        DatabaseConfigParser databaseConfig=new DatabaseConfigParser();
        try {
            databaseConfig.parse("database.conf.xml");
            Properties dbProps=databaseConfig.getProps();
            driver=dbProps.getProperty("driver");
            url=dbProps.getProperty("url");
            user=dbProps.getProperty("user");
            pwd=dbProps.getProperty("password");
        } catch (Exception e) {
            e.printStackTrace();
        }
    }

    public DataAccess() throws Exception {
    }

    public static Connection getConnection() {
        Connection con=null;
        try {
            Class.forName(driver);
            con=DriverManager.getConnection(url, user, pwd);
        } catch (Exception ex) {
            ex.printStackTrace();
        }
        return con;
    }
}
```

5.5.5 特别提示

对于 Web 应用程序的数据库连接方式在后续的章节中会进一步进行改善，比如需要用到数据源、连接池、JNDI 等技术。特别对于 Web 服务器而言，例如 Tomcat，我们可以直接在它上面配置数据源连接。

5.5.6 拓展与提高

如何使用 DOM 来完成对 database. conf. xml 文件的解析？

5.6 本章总结

本章主要介绍了 XML 的产生与发展、文档基本结构、文档结构定义及文档解析，详细讲解了 DOM 与 SAX 的解析原理与应用编程接口。更多内容请参考其他 XML 相关教材或 http://www. w3school. com. cn。

5.7 习题

(1) 请编写一个有效的 XML 文件,约束该 XML 文件的 XML Schema 文件如下。

```
<?xml version="1.0" encoding="utf-8" ?>
<xs:schema  id="execise3-2"
targetNamespace=http://tempuri.org/execise3-2.xsd
elementFormDefault="qualified"
xmlns= http://tempuri. org/execise3 - 2. xsd xmlns: mstns =" http://tempuri. org/
execise3-2.xsd"
    xmlns:xs="http://www.w3.org/2001/XMLSchema">
    <xs:element name="名字" type="xs:string"/>
    <xs:element name="开门时间" type="xs:time"/>
    <xs:element name="员工人数" type="xs:positiveInteger"/>
    <xs:element name="商店">
        <xs:complexType>
            <xs:sequence>
                <xs:element ref="名字" />
                <xs:element ref="开门时间" />
                <xs:element ref="员工人数" />
            </xs:sequence>
        </xs:complexType>
    </xs:element>
    <xs:element name="北京">
        <xs:complexType>
            <xs:sequence>
                <xs:element ref="商店" />
            </xs:sequence>
        </xs:complexType>
    </xs:element>
</xs:schema>
```

(2) 请编写一个程序,使用 DOM 解析器解析下列 XML 文件,要求输出各个标记的名字以及标记中的数据,并计算出“数学”和“物理”的平均成绩。

```
<?xml version="1.0" encoding="utf-8" ?>
<成绩单>
  <张三>
    <数学>89</数学>
    <物理>78</物理>
  </张三>
  <李四>
    <数学>67</数学>
    <物理>80</物理>
  </李四>
</成绩单>
```

第三部分

JDBC

第6章 JDBC概述及基本原理

学习目的与要求

本章首先对关系数据库进行介绍，描述了 MySQL 的具体使用，重点讲解了 JDBC 的基本原理以及基本应用编程接口。通过本章的学习，熟悉 MySQL 数据库系统的使用，掌握 JDBC 的基本原理以及编程接口的使用，能够开发数据库应用。

本章主要内容

- 关系数据库管理系统；
- MySQL；
- JDBC 概述以及基本原理。

6.1 关系型数据库管理系统介绍

6.1.1 关系型数据库概述

关系型数据库（Relational Database Management Systems，RDBMS）。通过数据、关系和对数据的约束三者组成的数据模型来存放和管理数据。在关系数据库中数据以行和列的形式存储，以便于用户理解，这一系列的行和列被称为表，一组表便组成了数据库。在关系数据库中，各数据项之间用关系来组织，关系是表之间的一种连接，通过关系可以更灵活地表示和操纵数据。三十多年来，RDBMS 获得了长足的发展，目前许多企业的在线交易处理系统、内部财务系统、客户管理系统等大多采用了 RDBMS。

6.1.2 常见的关系型数据库

目前,较著名的关系型数据库主要有 Oracle 数据库、Microsoft SQL Server 数据库、DB2 数据库和 MySQL 数据库。

1. Oracle 数据库

Oracle 数据库管理系统是一个以关系型和面向对象为中心管理数据的数据库管理软件系统,其在管理信息系统、企业数据处理、因特网及电子商务等领域有着非常广泛的应用。因其在数据安全性与数据完整性控制方面的优越性能,以及跨操作系统、跨硬件平台的数据互操作能力,使得越来越多的用户将 Oracle 作为其应用数据的处理系统。Oracle 数据库是基于"客户端/服务器"模式结构。客户端应用程序执行与用户进行交互的活动,接收用户信息,并向"服务器端"发送请求。服务器系统负责管理数据信息和各种操作数据的活动。

Oracle 数据库有如下几个强大的特性:

(1) 支持多用户、大事务量的事务处理。

(2) 数据安全性和完整性的有效控制。

(3) 支持分布式数据处理。

2. Microsoft SQL Server 数据库

SQL Server 是一个关系数据库管理系统,是 Microsoft 推出的新一代数据管理与分析软件。SQL Server 是一个全面的、集成的、端到端的数据解决方案,它为用户提供了一个安全、可靠和高效的平台用于企业数据管理和商业智能应用。Microsoft SQL Server 数据库应用也很广泛,产品方便易用,客户界面友好,帮助文档齐全翔实。数据库版本根据用户需要有标准版、企业版之分。

3. DB2 数据库

DB2 是 IBM 公司研制的一种关系型数据库系统。DB2 主要应用于大型应用系统,具有较好的可伸缩性,可支持从大型机到单用户环境,应用于 OS/2、Windows 等平台下。DB2 提供了高层次的数据利用性、完整性、安全性、可恢复性,以及小规模到大规模应用程序的执行能力,具有与平台无关的基本功能和 SQL 命令。DB2 采用了数据分级技术,能够使大型机数据很方便地下载到 LAN 数据库服务器,使得客户机/服务器用户和基于 LAN 的应用程序可以访问大型机数据,并使数据库本地化及远程连接透明化。它以拥有一个非常完备的查询优化器而著称,其外部连接改善了查询性能,并支持多任务并行查询。DB2 具有很好的网络支持能力,每个子系统可以连接十几万个分布式用户,可同时激活上千个活动线程,对大型分布式应用系统尤为适用。

4. MySQL

MySQL 是一个小型关系型数据库管理系统,开发者为瑞典 MySQL AB 公司。目前 MySQL 被广泛地应用在 Internet 上的中小型网站中。与其他的大型数据库(例如 Oracle、DB2、SQL Server 等)相比,MySQL 自有它的不足之处,如规模小、功能有限等,但是这丝毫也没有减少它受欢迎的程度。由于其体积小、速度快、总体拥有成本低,尤其是开放源码这一特点,许多中小型网站为了降低网站总体拥有成本而选择了 MySQL 作为网站数据库。

MySQL 是一个多用户、多线程的 SQL 数据库,是客户机/服务器结构的一个应用,它由一个服务器守护程序 mysqld 和很多不同的客户程序以及库组成。它是目前市场上运行最快的数据库之一。

以上是目前数据库应用领域比较主流的数据库,本书将使用 MySQL 数据库。

6.2 MySQL 介绍

6.2.1 安装和启动 MySQL 数据库

1. 下载并启动 MySQL 安装向导

可以从 http://dev.mysql.com/downloads/下载 MySQL 服务器安装软件包。如果下载的安装软件包在 Zip 文件中,需要先提取文件。解压缩后如果包含 setup.exe 文件,双击启动安装过程。如果有.msi 文件,双击启动安装过程。

2. 选择安装类型

有 3 种安装类型:Typical(典型安装)、Complete(完全安装)和 Custom(定制安装)。

Typical(典型安装)安装只安装 MySQL 服务器、mysql 命令行客户端和命令行实用程序。命令行客户端和实用程序包括 mysqldump、myisamchk 以及其他几个工具来帮助用户管理 MySQL 服务器。

Complete(完全安装)安装将安装软件包内包含的所有组件。完全安装软件包包括的组件包括嵌入式服务器库、基准套件、支持脚本和文档。

Custom(定制安装)安装允许用户完全控制想要安装的软件包和安装路径。

如果用户选择 Typical(典型安装)或 Complete(完全安装)安装并单击 Next 按钮,将进入确认窗口确认选择并开始安装。如果用户选择定制安装并单击 Next 按钮,将进入定制安装对话框。

3. MySQL 的启动与停止

MySQL 安装完成后,使用 MySQL 必须启动 MySQL 的服务。需要使用/mysql/bin 目录下的 mysqld 命令,命令行语法如下:

```
mysqld-console
```

选择"开始"→"运行"命令,在弹出的对话框中输入 cmd,进入 Windows 命令窗口。然后通过 cd 命令进入 mysql/bin 目录,执行上面的命令行,即可启动 MySQL 的服务。如果要停止 MySQL 的服务,只需要关闭上面的窗口即可。

上面这种启动方式需要每一次都执行命令行,使用十分不便。为此,在/mysql/bin 目录下新建一个批处理文件 mysql-startup.bat,写入一行启动命令语句 mysqld --console,以后只需要双击该批处理文件即可启动 MySQL 服务了。

4. MySQL 服务的启动与停止

上面使用 bat 批处理来开启一个 MySQL 服务,服务运行在命令窗口中,也可以以服务的形式启动 MySQL。分别使用如下命令:

```
net stop mysql
net start mysql
```

需要注意的是，net stop 和 net start 后面的 mysql 是 MySQL 服务器安装时的服务名称，只有使用二进制的 MySQL 安装程序安装时才会有该服务，该服务可以在 Windows 的服务管理列表中找到。

下面是停止和启动 MySQL 服务的实例：

```
D:\msyql\bin>net stop mysql
MySQL 服务正在停止。
MySQL 服务已成功停止。
D:\msyql\bin>net start mysql
MySQL 服务已经启动成功。
```

6.2.2 MySQL 数据库的使用

1. 连接 MySQL

格式：mysql -h 主机地址-u 用户名-p 用户密码

例 6-1 连接到本机上的 MySQL。

首先打开 DOS 窗口，然后进入目录 mysql\bin，再输入命令 mysql -uroot -p，回车后提示输入密码，如果刚安装好 MySQL，超级用户 root 是没有密码的，故直接回车即可进入 MySQL 中了，MySQL 的提示符是 mysql>。

例 6-2 连接到远程主机上的 MySQL。假设远程主机的 IP 为 110.110.110.110，用户名为 root，密码为 abc123。则输入以下命令：

```
mysql -h110.110.110.110 -uroot -pabc123
```

注意：u 与 root 可以不用加空格，其他也一样。

退出 MySQL 命令：exit（回车）。

2. 修改密码

格式：mysqladmin -u 用户名 -p 旧密码 password 新密码

例 6-3 给 root 加个密码 ab12。首先在 DOS 下进入目录 mysqlbin，然后输入以下命令（password 里面不要加命令符）：

```
mysqladmin -uroot password ab12
```

注意：因为开始时 root 没有密码，所以—p 旧密码一项就可以省略了。

例 6-4 再将 root 的密码改为 djg345。

```
mysqladmin -uroot -pab12 password djg345
```

3. 增加新用户

注意：和上面不同，下面的命令因为是 MySQL 环境中的命令，所以后面都带一个分号作为命令结束符。

格式：

```
grant select on 数据库.* to 用户名@登录主机 identified by "密码"
```

例 6-5 增加一个用户 test1，密码为 abc，让他可以在任何主机上登录，并对所有数据库有查询、插入、修改、删除的权限。首先用以 root 用户连入 MySQL，然后输入以下命令：

```
grant select,insert,update,delete on *.* to test1@"%" Identified by "abc";
```

但例 6-5 增加的用户是十分危险的，如果某个人知道 test1 的密码，那么就可以在 Internet 上的任何一台计算机上登录你的 mysql 数据库并对你的数据为所欲为了，解决办法见例 6-6。

例 6-6 增加一个用户 test2 密码为 abc，让他只可以在 localhost 上登录，并可以对数据库 mydb 进行查询、插入、修改、删除的操作（localhost 指本地主机，即 MySQL 数据库所在的那台主机），这样用户即使知道 test2 的密码，他也无法从 Internet 上直接访问数据库，只能通过 MySQL 主机上的 Web 页来访问了。

```
grant select,insert,update,delete on mydb.* to test2@localhost identified by "
abc";
```

如果你不想 test2 有密码，可以再输入一个命令将密码消掉。

```
grant select,insert,update,delete on mydb.* to test2@localhost identified by "";
```

上面讲了登录、增加用户、更改密码等问题。下面来看看 MySQL 中有关数据库方面的操作。

注意：你必须首先登录到 MySQL 中，以下操作都是在 MySQL 的提示符下进行的，而且每个命令以分号结束。

4. 常用命令介绍

（1）显示数据库列表：

```
show databases;
```

刚开始时只有两个数据库：mysql 和 test。mysql 库很重要，它里面有 MySQL 的系统信息，修改密码和新增用户，实际上就是对这个库进行操作的。

（2）显示库中的数据表：

```
use mysql;
show tables;
```

（3）显示数据表的结构：

```
describe 表名;
```

（4）建库：

```
create database 库名;
```

（5）建表：

```
use 库名;
```

```
create table 表名 (字段设定列表);
```

(6) 删库和删表:

```
drop database 库名;
drop table 表名;
```

(7) 将表中记录清空:

```
delete from 表名;
```

(8) 显示表中的记录:

```
select * from 表名;
```

如果输入命令时,回车后发现忘记加分号,无须重输一遍命令,只要输个分号并回车就可以了。也就是说可以把一个完整的命令分成几行来输,完后用分号作为结束标志。可以使用光标上下键调出以前的命令。

5. 建库和建表以及插入数据的实例

```
drop database if exists school;              //如果存在 SCHOOL 则删除
create database school;                      //建立库 SCHOOL
use school;                                  //打开库 SCHOOL
create table teacher                         //建立表 TEACHER
(
id int(3) auto_increment not null primary key,
name char(10) not null,
address varchar(50) default '呼和浩特',
year date
);                                           //建表结束
//以下为插入字段
insert into teacher values('','glchengang','内蒙古大学','1976-10-10');
insert into teacher values('','jack','内蒙古师范大学','1975-12-23');
```

注意:建表过程中进行以下设置。

(1) 将 ID 设为长度为 3 的数字字段:int(3);让它每个记录自动加一:auto_increment;并且不能为空:not null;而且让它成为主字段 primary key。

(2) 将 NAME 设为长度为 10 的字符字段。

(3) 将 ADDRESS 设为长度 50 的字符字段,而且默认值为"呼和浩特"。

(4) 将 YEAR 设为日期字段。

如果在 mysql 提示符下输入上面的命令也可以,但不方便调试。可以将以上命令原样写入一个文本文件中假设为 school.sql,然后复制到 c:\下,并在 DOS 状态下进入目录\mysql\bin,然后输入以下命令:

```
mysql -uroot -p密码 <c:\school.sql
```

如果成功,空出一行无任何显示;如有错误,会有提示。

6. 备份数据库

命令在 DOS 的\mysql\bin 目录下执行。

```
mysqldump --opt school>school.txt
```

命令的功能为将数据库 school 备份到 school. txt 文件，school. txt 是一个文本文件。

6.3 JDBC 概述及基本原理

在开始 JDBC 介绍之前，先来澄清一个问题：JDBC 是不是过时了？例如，现在 Java 开发中大量采用对象/关系映射(O/R Mapping)方案，典型的是 Hibernate、iBatis、JDO 等技术，它们是不是完全取代了 JDBC 呢？我认为不能这样理解。首先这些技术的基础恰恰正是 JDBC。它们是封装 JDBC 后的数据持久化层。如果不了解 JDBC，就无法真正掌握 O/R Mapping。其次，JDBC 依然有它独特的适用范围，在要求速度和性能的场合下，比如海量数据处理等，JDBC 依然是不可取代的。

首先，JDBC 是什么？

在 Java Web 应用开发中，数据库管理系统(RDBMS)的使用是不可缺少的。JDBC (Java Database Connectivity)是一种用于执行 SQL 语句的 Java API。它由一组用 Java 编程语言编写的类和接口组成。JDBC 为工具/数据库开发人员提供了一个标准的 API，使他们能够用纯 Java API 来编写数据库应用程序。

其次，JDBC 如何使用？简单地说，JDBC 的使用包括：

- 与数据库建立连接。
- 发送 SQL 语句。
- 处理结果。

6.3.1 JDBC 驱动

首先来介绍 JDBC 驱动(Driver)，它是 JDBC 开发的基础。有了驱动程序，才能建立与数据库的连接，然后传递并执行 SQL 语句。

目前使用的 JDBC 驱动程序可分为以下 4 个种类：

(1) JDBC-ODBC 桥加 ODBC 驱动程序(JDBC-ODBC bridge plus ODBC driver)：它利用 ODBC 驱动程序提供 JDBC 访问。注意，必须将 ODBC 二进制代码(许多情况下还包括数据库客户机代码)加载到使用该驱动程序的每个客户机上。因此，这种类型的驱动程序最适合于企业网(这种网络上客户机的安装不是主要问题)，或者是用 Java 编写的三层结构的应用程序服务器代码。

(2) 本地 API 部分用 Java 来编写的驱动程序(Native-API partly-Java driver)：这种类型的驱动程序把客户机 API 上的 JDBC 调用转换为 Oracle、Sybase、Informix、DB2 或其他 DBMS 的调用。注意，像桥驱动程序一样，这种类型的驱动程序要求将某些二进制代码加载到每台客户机。

(3) JDBC 网络纯 Java 驱动程序(JDBC-net pure Java driver)：这种驱动程序将 JDBC 转换为与 DBMS 无关的网络协议，之后这种协议又被某个服务器转换为一种 DBMS 协议。

这种网络服务器中间件能够将它的纯 Java 客户机连接到多种不同的数据库上。所用的具体协议取决于提供者。通常,这是最为灵活的 JDBC 驱动程序。所有这种解决方案的提供者都有可能提供适合于 Intranet 使用的产品。为了使这些产品也支持 Internet 访问,它们必须处理 Web 所提出的安全性、通过防火墙的访问等方面的额外要求。

(4) 本地协议纯 Java 驱动程序(Native protocol pure Java driver):这种类型的驱动程序将 JDBC 调用直接转换为 DBMS 所使用的网络协议。这将允许从客户机机器上直接调用 DBMS 服务器,是 Intranet 访问的一个很实用的解决方法。

6.3.2 JDBC 开发应用编程接口介绍

1. 主要类和接口

和程序员密切相关的是如何使用 JDBC 提供的应用编程接口(Application Programming Interface,API),它包括以下两部分:

- java. sql—Primary features of JDBC in Java 2 platform, standard edition(J2SE)
- javax. sql—Extended functionality in Java 2 platform, enterprise edition(J2EE)

在这里主要讲述下面的主要对象和接口:

(1) DriverManager:驱动管理类。

(2) Connection:数据库连接对象封装接口。

(3) Statement:陈述语句。

(4) PreparedStatement:预处理语句。

(5) CallableStatement:存储过程调用接口。

(6) ResultSet:结果集接口。

主要接口和类之间的关系见图 6-1。

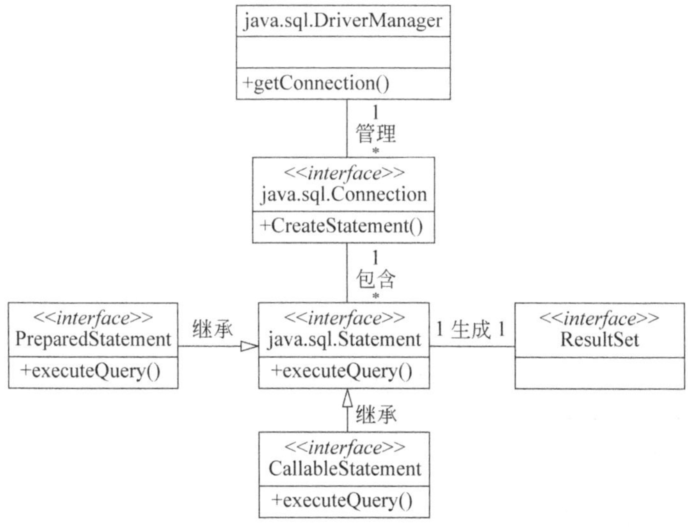

图 6-1 主要类和接口

2. 基本的 JDBC 流程

所有的 JDBC 应用程序都具有下面的基本流程：

(1) 注册 JDBC 驱动程序。

(2) 建立到数据库的连接。

(3) 创建 SQL 语句。

(4) 执行 SQL 语句。

(5) 处理结果。

(6) 从数据库断开连接。

图 6-2 所示为编写 JDBC 程序的一般过程：

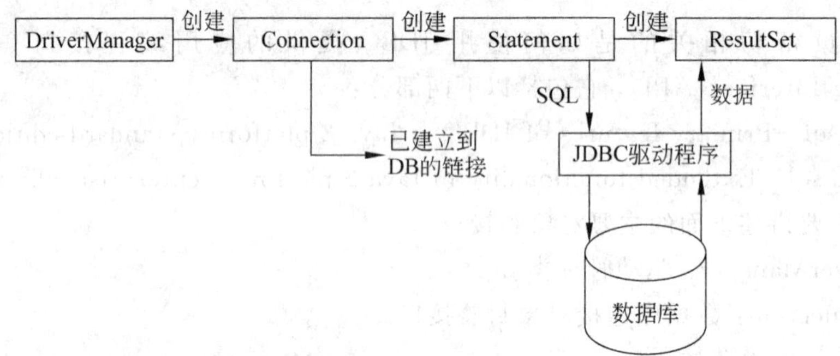

图 6-2 JDBC 基本流程

以下代码为 JDBC 的一个示例。

```
package sample;
import java.sql.*;
/**
 *<p>Title: databaseMySQL</p>
 *<p>Description: </p>
 *<p>Company: ascent</p>
 *@version 1.0
 */
public class InsertInfo {
  public static void main(String[] args) {
    try {
          //step 1 Registering a driver
          Class.forName("org.gjt.mm.mysql.Driver");
           //step 2 Establishing a connection to the database
          Connection con=DriverManager.getConnection("jdbc:mysql://localhost:
          3306/test","root","");
          //step 3 Creating a statement
           PreparedStatement pstm=con.prepareStatement("insert into liutable
           (sex,name, age) values(?,?,?)");
          //step 4 and 5 Executing a SQL, Processing the results
          for(int i=0; i<10; i++) {
```

```
            pstm.setString(1,  "female");
            pstm.setString(2, "name"+i);
            pstm.setInt(3,  i);
            pstm.executeUpdate();  //step 4 and 5
        }
        //step 6 Closing down JDBC objects
        pstm.close();
        con.close();
        System.out.println("Information was inserted into table ");
    }catch(SQLException e) {
         System.out.println("Inserting  failed");
         e.printStackTrace(System.out);
         System.out.println("ErrorCode is: "+e.getErrorCode());
         System.out.println("SQLState is: "+e.getSQLState());
    } catch(Exception e) {
          e.printStackTrace(System.out);
    }
  }
}
```

下面就来仔细看一看每一个步骤。

(1) 注册驱动程序。

驱动程序管理器引用 sql. drivers 系统属性来取得当前系统中可用的 JDBC 驱动程序列表。这个系统属性包含一些用冒号隔开的 JDBC 驱动程序的类名，通过这个类名，驱动程序管理器可以试图满足一个连接请求。

使用驱动程序注册更为常见。这种方法对 JDBC 驱动程序有更多的控制。所有的 JDBC 驱动程序在实例化的时候都必须在驱动程序管理器中注册自己，注册可以通过下列两个方法来实现：

① Class. forName("foo. Driver"). newInstance()；

② new foo. Driver()；

推荐使用 Class. forName()这种方法，不过这两种方法的效果是相同的。JDBC 驱动程序用驱动程序管理器注册自己，这样，它就可以为连接请求服务了。

常用的驱动如下：

- JDBC-ODBC：sun. jdbc. odbc. JdbcOdbcDriver
- Oracle：oracle. jdbc. driver. OracleDriver
- MySQL：org. gjt. mm. mysql. Driver/com. mysql. jdbc. Driver
- PointBase：com. pointbase. jdbc. jdbcUniversalDriver
- Weblogic MS-SQL driver：weblogic. jdbc. mssqlserver4. Driver

(2) 建立到数据库的连接。

通过 JDBC 使用数据库的第一步就是建立一个连接。JDBC 连接是由 URL 指定的，它的格式如下：

```
jdbc:<subprotocol>:<subname>
```

其中 subprotocol 是被请求的数据库连接的类型(如 ODBC、ORACLE、Informix 等),而 subname 提供了所要建立的连接的一些附加信息。当 JDBC 驱动程序管理器收到一个连接的 URL 时,所有已知的 JDBC 驱动程序会被询问是否可以为这个 URL 服务。通过 JDBC-ODBC 桥连接到一个称为 MyData 的 ODBC 数据源的连接的示例如下:

```
Connection con=DriverManage.getconnection("jdbc:odbc:MyData");
```

看上去一切都很顺利,但是 JDBC 驱动程序管理器是怎么知道哪些 JDBC 驱动程序在当前的系统中可用的呢?有两种机制可以通知驱动程序管理器一个 JDBC 驱动程序可以使用,即 sql. drivers 属性和 JDBC 驱动程序注册。

(3) 创建 SQL 语句。

在数据库连接成功建立之后,就可以执行那些完成实际工作的 SQL 语句了。在执行 SQL 语句之前,必须首先创建一个语句对象,这个对象提供了到特定数据库 SQL 引擎的接口。有下列三种不同类型的语句对象:

① Statement:基本的语句对象,它提供了直接在数据库中执行 SQL 语句的方法。对于那些只执行一次的查询以及 DDL 语句如 CREATE TABLE、DROP TABLE 等来说,statement 对象就足够了。

② PreparedStatement:这种语句对象用于那些需要执行多次,每次仅仅是数据取值不同的 SQL 语句,它还提供了一些方法,以便指出语句所使用的输入参数。

③ CallableStatement:这种语句对象被用来访问数据库中的存储过程。它提供了一些方法来指定语句所使用的输入输出参数。

(4) 执行 SQL 语句。

下面是一个用语句类来执行 SQL SELECT 的一个例子:

```
Statement stmt=con.createStatement();
ResultSet rs=stmt.executeQuery("SELECT * FROM MyTable");
```

(5) 处理结果

在执行了一个 SQL 语句之后,必须处理得到的结果。有些语句仅仅返回一个整型数,指出受到影响的行数(比如 UPDATE 和 DELETE 语句)。SQL 查询(SELECT 语句)返回一个含有查询结果的结果集。结果集由行和列组成,各列数据可以通过相应数据库类型的一系列 get 方法(如 getString、getInt、getDate 等)来取得。在取得了一行数据的所有数据之后,可以调用 next()方法来移到结果集中的下一条记录。JDBC 规范的 1.1 版只允许 forward-only(只向前)型的游标,而在 JDBC 2.0 中有更健壮的游标控制功能,可以向后移动游标而且可以将游标移动到指定行。这将在后面展开介绍。

(6) 从数据库断开连接。

在结果集、语句和连接对象使用完以后,必须正确地关闭它们。连接对象、结果集对象以及所有的语句对象都有 close()方法,通过调用这个方法,可以确保正确释放与特定数据库系统相关的所有资源。

有些开发者喜欢将引用随意使用,然后用一个垃圾收集程序专门负责清除对象。这里建议大家在使用了 JDBC 驱动程序之后调用 close()方法,这样可以尽可能地减少由于挂起的对象残留在数据库系统中而造成的内存泄漏。

除了上面这 6 个基本步骤外，再补充介绍一些高级操作。

(1) JDBC 异常处理(Exception)。由于 JDBC 程序会分布在客户端和服务器端等不同位置，JDBC 代码中发生异常的情况相对较多。这就需要进行异常处理。

在 JDBC 中，和异常相关的两个类是 SQLException 和 SQLWarning。

① SQLException 类用来处理较为严重的异常情况，例如：

- JDBC 程序客户端和服务器端连接断开。
- 传输的 SQL 语句语法错误。
- SQL 中使用了错误的函数等。

它提供如下方法：

- getNextException()：用来返回异常栈中的下一个相关异常。
- getErrorCode()：用来返回代表异常的整数代码(error code)。
- getMessage()：用来返回异常的描述消息(error message)。

例如，可以使用如下的异常处理：

```
...
catch(SQLException e) {
            System.out.println("ErrorCode is: "+e.getErrorCode());
            System.out.println("SQLState is: "+e.getMessage());
            e.printStackTrace();
        }
...
```

② SQLWarning 类用来处理不太严重的异常情况，也就是一些警告性的异常，它提供的方法及其使用与 SQLException 基本类似。

(2) 元数据(Metadata)。JDBC 中通过 MetaData 来获取具体的表的相关信息。可以查询数据库中有哪些表，表有哪些字段，字段的属性等。MetaData 中通过一系列 getXXX 函数，将这些信息返回给用户。JDBC 中的 Meta data 包括两类，即数据库元数据(Database metadata)和结果集元数据(Result set metadata)。

① 数据库元数据(Database metadata)：当使用 connection. getMetaData()方法时，可以获得数据库元数据，它包含了关于数据库整体的元数据信息。

② 结果集元数据(Result set metadata)：当使用 resultSet. getMetaData()方法时，可以获得结果集元数据，它包含了关于特定查询结果的元数据信息。其中比较重要的一个应用就是获得表的列名、列数等信息。

具体实例如下：

```
package sample;
import java.sql.*;
import java.io.*;
public class XMLTest {
    /**
     * @param args
     */
    public static void main(String[] args) {
```

```
String docRoot="student";  //table name
String sqlString="select * from "+docRoot ;
Connection con=null;
Statement stm=null;
ResultSet rs=null;
PrintWriter pw=null;
try{
    Class.forName("org.gjt.mm.mysql.Driver");
    con=DriverManager.getConnection("jdbc:mysql://localhost:3306/
    test","root","");
    stm=con.createStatement();
    rs=stm.executeQuery(sqlString);
     ResultSetMetaData rsmd=rs.getMetaData();
     //create one Array to save coloumn names
      String[] cols=new String[rsmd.getColumnCount()];
      int len=cols.length;
      for(int i=0; i  <len; i++){
              cols[i]=rsmd.getColumnName(i+1);  //save column names
      }
      pw=new PrintWriter(new FileWriter(docRoot), true);
      System.out.println("<?xml version=\"1.0\" ?>");  //print out
      pw.println("<?xml version=\"1.0\" ?>"); //save to file
      System.out.println("<"+docRoot+"s>");
      pw.println("<"+docRoot+"s>");
      //print all student records
      while(rs.next()){   //each row
              System.out.println("\t<"+docRoot+">");
              pw.println("  <"+docRoot+">");
              for(int i=0; i<len; i++){      //each column

                      System.out.print("\t\t<"+cols[i]+">");
                      StringBuffer sb=new StringBuffer
                                  ("<"+cols[i]+">");
                      System.out.print (getString(rsmd, rs, i+
                                  1).trim());
                      sb.append(getString(rsmd, rs,  i+1).trim());
                      System.out.println("</"+cols[i]+">");
                      sb.append("</"+cols[i]+">");
                      pw.println(sb.toString());
              }
              System.out.println("\t</" +docRoot+">");
              pw.println("  </"+docRoot+">");
      }
      System.out.println("</"+docRoot+"s>");
      pw.println("</"+docRoot+"s>");
```

```
        }catch(Exception e){e.printStackTrace();
        } finally{
                if(pw !=null) try{ pw.close(); }catch(Exception e){}
                if(rs !=null) try{ rs.close(); }catch(Exception e){}
                if(stm !=null) try{ stm.close();} catch(Exception e){}
                if(con !=null) try{ con.close();}catch(Exception e){}
        }
}
public static String getString (ResultSetMetaData rsmd, ResultSet rs, int
colIndex) throws SQLException{
        String result=null;
        int type=rsmd.getColumnType(colIndex);
        switch(type){
                case Types.CHAR:
                case Types.VARCHAR:
                case Types.LONGVARCHAR:
                        result=rs.getString(colIndex);
                        break;
                case Types.NUMERIC:
                case Types.DECIMAL:
                        result=""+rs.getBigDecimal(colIndex);
                        break;
                case Types.INTEGER:
                        result=""+rs.getInt(colIndex);
                        break;
                case Types.FLOAT:
                case Types.DOUBLE:
                        result=""+rs.getDouble(colIndex);
                        break;
                case Types.BIT:
                        result=""+rs.getBoolean(colIndex);
                        break;
                case Types.SMALLINT:
                        result=""+rs.getShort(colIndex);
                        break;
                case Types.TINYINT:
                        result=""+rs.getByte(colIndex);
                        break;
                case Types.BIGINT:
                        result=""+rs.getLong(colIndex);
                        break;
                case Types.REAL:
                        result=""+rs.getFloat(colIndex);
                        break;
                case Types.DATE:
```

```
                    result=""+rs.getDate(colIndex);
                    break;
                case Types.TIME:
                    result=""+rs.getTime(colIndex);
                    break;
                case Types.TIMESTAMP:
                    result=""+rs.getTimestamp(colIndex);
                    break;
                default:
                    throw new RuntimeException("Not supported data type");
            }
            return result;
    }
}
```

结果如下：

```
<?xml version="1.0" ?>
<students>
  <student>
     <name>Zhang</name>
     <age>25</age>
  </student>
  <student>
     <name>Wang</name>
     <age>21</age>
  </student>
</students>
```

3. 事务处理

事务处理是一个重要的编程概念，其目的在于简化既要求可靠性又要求可用性的应用程序结构，特别是那些需要同时访问共享数据的应用程序。事务的概念最早用于商务运作的应用程序，其中它被用于保护集中式数据库中的数据；再往后，事务的概念已扩展到分布式计算的更广泛的环境中；今天，事务是构建可靠的分布式应用程序的关键，这一点已得到广泛承认。

1) 保证数据正确性(Integrity)

简单地说，事务是具有如下特征(简称ACID)的工作单元：

(1) 原子性(Atomicity)：如果因故障而中断，所有结果均撤销。

(2) 一致性(Consistency)：事务的结果保留不变的特性。

(3) 孤立性(Isolation)：中间状态对其他事务是不可见的。

(4) 持久性(Durability)：已完成的事务的结果是持久的。

事务的终止有两种方式：提交(commit)一个事务会使其所有的更改永久不变，而回滚(roll back)一个事务则撤销其所有的更改。

使用JDBC事务的代码片断：

```
Connection con=DriverManger.getConnection(urlString);
con.setAutoCommit(false);
Statement stm=con.createStatement();
stm.executeUpdate(sqlString);
con.transactionEndMethod(); //con.commit() or con.rollback();
```

例如:

```
try{ con.setAutoCommit(false);//step1
     Statement stm=con.createStatement();
     stm.executeUpdate("insert into student(name, age, gpa) values
( jwang', 34, 4.8)");
     stm.executeUpdate("insert into student(name, age, gpa) values
( lliang', 30, 5)");//step 2
con.commit();
} catch(SQLException e) {
try {con.rollback();
}catch(Exception e){e.printStackTrace();}
} //step 3
```

2) 解决数据同时读取问题(Concurrency Control)

数据库操作过程中可能出现的 3 种不确定情况:

(1) 脏读取(Dirty Reads):一个事务读取了另一个并行事务未提交的数据。

(2) 不可重复读取(Non-repeatable Reads):一个事务再次读取之前的数据时,得到的数据不一致,被另一个已提交的事务修改。

(3) 虚读(Phantom Reads):一个事务重新执行一个查询,返回的记录中包含了因为其他最近提交的事务而产生的新记录。

标准 SQL 规范中,为了避免上面 3 种情况的出现,当建立同数据库的连接后,可以调用 con. setTransactionIsolation(transaction isolation level)来设定如下的事务隔离级别(transaction isolation level)。

- TRANSACTION_READ_UNCOMMITTED
- TRANSACTION_READ_COMMITTED
- TRANSACTION_REPEATABLE_READ
- TRANSACTION_SERIALIZABLE

具体地看:

(1) TRANSACTION_READ_UNCOMMITTED:最低等级的事务隔离,仅仅保证了读取过程中不会读取到非法数据。上述 3 种不确定情况均有可能发生。

(2) TRANSACTION_READ_COMMITTED:大多数主流数据库的默认事务等级,保证了一个事务不会读到另一个并行事务已修改但未提交的数据,避免了“脏读取”。该级别适用于大多数系统。

(3) TRANSACTION_REPEATABLE_READ:保证了一个事务不会修改已经由另一个事务读取但未提交(回滚)的数据。避免了“脏读取”和“不可重复读取”的情况,但是带来了更多的性能损失。

(4) TRANSACTION_SERIALIZABLE：最高等级的事务隔离，上面 3 种不确定情况都将被消除。这个级别将模拟事务的串行执行。

例如：

```
Connection con=DriverManager.getConnection("jdbc:mysql://192.168.0.222/test");
con.setTransactionIsolation(Connection.TRANSACTION_READ_UNCOMMITTED);
```

6.4 项目案例

6.4.1 学习目标

(1) 掌握 MySQL 数据库的使用。

(2) 掌握面向对象的分析与设计、表与类的映射关系。

(3) 掌握 JDBC 技术的作用。

(4) 掌握 JDBC 技术开发的一般步骤。

6.4.2 案例描述

在常用的系统软件中根据不同角色用户对系统的使用条件及安全的控制，系统应具备登录的功能，用来控制用户对系统的使用权限。在艾斯医药系统中主要是管理员用户和注册用户来登录系统进行相关操作。对用户所输入的用户名和密码进行验证，如果数据库中存在该用户则登录成功，否则登录失败。

6.4.3 案例要点

对数据的处理过程，需要对数据层的方法进行封装和设计。例如，登录业务方法——logIn 方法的开发设计。

6.4.4 案例实施

1. 编写 Usr.java

```
package com.ascent.bean;

/**
 * 描述用户信息的类
 * @author zy
 */
@SuppressWarnings("serial")
public class Usr implements java.io.Serializable {
    //Fields
    private Integer id;                          //用户 ID
    private String username;                     //用户名
    private String password;                     //密码
    private String fullname;                     //用户全称
    private String title;                        //职称级别
```

```
    private String companyname;                 //公司名称
    private String companyaddress;              //公司地址
    private String city;                        //城市
    private String job;                         //工作职位
    private String tel;                         //联系电话
    private String email;                       //电子邮件
    private String country;                     //国家
    private String zip;                         //邮政编号
    private String superuser;           //用户角色权限  3 高级管理员,2 管理员,1 普通用户
    private String delsoft;                     //软删除标志  1 软删除,0 正常
    private String note;                        //备注

    //Constructors
    /**default constructor * /
    public Usr(){
    }

    /**full constructor * /
    public Usr(String username, String password, String fullname, String title,
String companyname, String companyaddress, String city, String job, String tel,
String email, String country, String zip, String superuser, String delsoft, String
note) {
        super();
        this.username=username;
        this.password=password;
        this.fullname=fullname;
        this.title=title;
        this.companyname=companyname;
        this.companyaddress=companyaddress;
        this.city=city;
        this.job=job;
        this.tel=tel;
        this.email=email;
        this.country=country;
        this.zip=zip;
        this.superuser=superuser;
        this.delsoft=delsoft;
        this.note=note;
    }

    //Property accessors
    public Integer getId() {
        return id;
    }
    public void setId(Integer id) {
```

```
        this.id=id;
    }
    public String getUsername() {
        return username;
    }
    public void setUsername(String username) {
        this.username=username;
    }
    public String getPassword() {
        return password;
    }
    public void setPassword(String password) {
        this.password=password;
    }
    public String getFullname() {
        return fullname;
    }
    public void setFullname(String fullname) {
        this.fullname=fullname;
    }
    public String getTitle() {
        return title;
    }
    public void setTitle(String title) {
        this.title=title;
    }
    public String getCompanyname() {
        return companyname;
    }
    public void setCompanyname(String companyname) {
        this.companyname=companyname;
    }
    public String getCompanyaddress() {
        return companyaddress;
    }
    public void setCompanyaddress(String companyaddress) {
        this.companyaddress=companyaddress;
    }
    public String getCity() {
        return city;
    }
    public void setCity(String city) {
        this.city=city;
    }
    public String getJob() {
```

```
    return job;
}
public void setJob(String job) {
    this.job=job;
}
public String getTel() {
    return tel;
}
public void setTel(String tel) {
    this.tel=tel;
}
public String getEmail() {
    return email;
}
public void setEmail(String email) {
    this.email=email;
}
public String getCountry() {
    return country;
}
public void setCountry(String country) {
    this.country=country;
}
public String getZip() {
    return zip;
}
public void setZip(String zip) {
    this.zip=zip;
}
public String getSuperuser() {
    return superuser;
}
public void setSuperuser(String superuser) {
    this.superuser=superuser;
}
public String getDelsoft() {
    return delsoft;
}
public void setDelsoft(String delsoft) {
    this.delsoft=delsoft;
}
public String getNote() {
    return note;
}
public void setNote(String note) {
```

```
        this.note=note;
    }
}
```

2. 编写 DataAccess.java 类

参照第 5 章项目案例。

3. 编写 LoginDAO.java

```
package com.ascent.dao;

import java.sql.*;
import com.ascent.bean.Usr;
import com.ascent.util.DataAccess;

/**
 * 完成登录操作的类
 * @author zy
 */
public class LoginDAO {

    /**
     * 验证用户登录
     * @param user 用户名
     * @param password 密码
     * @return 当前用户对象
     */
    public Usr logIn(String user, String password) {
        Connection con=DataAccess.getConnection();
        String sql="select * from usr where username=? and password =?";
        PreparedStatement pst=null;
        ResultSet rs=null;
        Usr pu=null;
        try {
            pst=con.prepareStatement(sql);
            pst.setString(1, user);
            pst.setString(2, password);
            rs=pst.executeQuery();
            if (rs.next()) {
                pu=new Usr();
                pu.setId(rs.getInt("id"));
                pu.setSuperuser(rs.getString("superuser"));
                pu.setUsername(rs.getString("username"));
                pu.setEmail(rs.getString("email"));
                pu.setTel(rs.getString("tel"));
                pu.setCompanyname(rs.getString("companyname"));
```

```
                pu.setCompanyaddress(rs.getString("companyaddress"));
                pu.setDelsoft(rs.getString("delsoft"));
            }
        } catch (SQLException e) {
            e.printStackTrace();
        } finally{
            try {
                if(rs!=null){
                    rs.close();
                }
                if(pst!=null){
                    pst.close();
                }
                if(con!=null){
                    con.close();
                }
            } catch (Exception e2) {
                e2.printStackTrace();
            }
        }
        return pu;
    }
}
```

4. 编写测试类 TestLoginDAO.java

```
package com.ascent.test;

import com.ascent.bean.Usr;
import com.ascent.dao.LoginDAO;

/**
 * @author zy
 */
public class TestLoginDAO {
    public static void main(String[] args) {
        LoginDAO dao=new LoginDAO();
        Usr u=dao.logIn("ascent", "ascent");
        //给予不同的用户名密码进行测试
        if(u!=null){
            System.out.println("登录成功!");
            String superuser=u.getSuperuser();
            if(superuser!=null && "3".equals(superuser)){
                System.out.println("您是管理员!");
            }else{
                System.out.println("您是普通用户!");
```

```
            }
        }else{
            System.out.println("登录失败!");
        }
    }
}
```

6.4.5 特别提示

对于数据库的操作而言，最重要的是 SQL 语言的使用，不管后台的数据库管理系统是哪一个，这并不影响对 SQL 的使用。

6.4.6 拓展与提高

登录方法 login 参数容易确定，需要传递登录用户的用户名和密码，然而方法返回类型的设计却需要技巧。如果返回类型为 boolean 类型，可以判断登录成功或失败，但是不能满足登录成功后判断登录用户是管理员还是普通用户，而使用 Usr 类类型作为返回类型可以解决上述问题，当返回为 null 时登录失败，如果返回不为 null 则登录成功，而且该用户对象封装了该用户的信息，所以可以根据该用户对象的权限值 superuser 判断是管理员或普通用户。

6.5 本章总结

本章主要介绍了关系数据库以及 Java 技术中的数据库编程接口 JDBC。关系数据库部分详细讲解了 MySQL 的具体使用，JDBC 部分讲解了 JDBC 基本原理及标准开发应用编程接口，最后介绍了异常处理、元数据以及事务处理。

6.6 习题

(1) 简述 JDBC 工作原理。

(2) 利用 MySQL 数据库实现一个简单的留言板程序。

第7章 JDBC高级技术

学习目的与要求

本章介绍了JDBC 2.0 API,包括JDBC 2.0核心API在1.0版本上的改进以及JDBC 2.0标准扩展API,并详细介绍了JNDI、数据源、连接池、分布式事务以及行集。通过本章的学习,应掌握在Web应用中JDBC高级技术的应用。

本章主要内容

- JDBC 2.0核心API;
- JDBC 2.0标准扩展API。

7.1 JDBC 2.0 API

JDBC 2.0 API被划分为两部分:JDBC 2.0核心API和JDBC 2.0标准扩展API。JDBC 2.0包括两个包:

(1) java.sql包,这个包里面是JDBC 2.0的核心API。它包括了原来的JDBC API(JDBC 1.0版本),还增加了一些新的2.0版本的API。原来JDBC 1.0的程序可以不加修改地在JDBC 2.0上运行。这个包在Java 2 Platform SDK里提供。

(2) javax.sql包,这个包里面是JDBC 2.0的标准扩展API。JDBC 2.0的扩展API增加了一些数据访问和数据源访问的重大功能,其中有一些是主要用来做企业计算的。用JDBC 2.0的新扩展包,JDBC提供了一个Java 2平台进行数据访问的通用方法。这个包是全新的,在Java 2 Platform SDK, Enterprise Edition里面单独提供。

JDBC 2.0 的核心 API 包括了 JDBC 1.0 的 API,并在此基础上增加了一些功能,对某些性能做了增强。使 Java 语言在数据库计算的前端提供了统一的数据访问方法,效率也得到了提高。

7.1.1 JDBC 2.0 核心 API

与 JDBC API 1.0 相比,JDBC 核心 API 2.0 在以下几个方面做了比较大的改进:

(1) 修改了记录集接口(ResultSet 接口)的方法,使它支持可以滚动的记录集,即数据库游标可以在返回的记录集对象中自由地向前或向后滚动或者定位到某个特殊的行。利用 ResultSet 接口中定义的新方法,程序员可以用 Java 语言来更新记录集,比如插入记录或更新某行的数据而不是靠执行 SQL 语言,这样就大大方便了程序员的开发工作。

(2) 新的 SQL 语句接口(Statement 接口)支持批操作(Batch Update)。Java 应用程序可以向数据库服务器发送几个 SQL 语句,但是数据库引擎并不立即执行它而是把它们加入到一个块(Batch)中,到了最后才执行这个 SQL 语句块(Batch)。这个功能大大扩展了编程的灵活性,为编制出功能更强大的更灵活的数据库程序提供了可能。

(3) 支持最新的 SQL3 数据类型,特别是对 BLOB、CLOB 等类型的数据提供了很好的支持。

具体来看,JDBC 核心 API 2.0 有以下内容:

1. 新的记录集接口(ResultSet 接口)

在 JDBC API 2.0 中 ResultSet 接口有了很大的变化,增加了很多行操作行定位的新方法,功能也强大了许多。最主要的变化有以下几方面:

1) 新定义了若干个常数

以下这些常数用于指定 ResultSet 的类型游标移动的方向等性质。

```
public static final int FETCH_FORWARD;
public static final int FETCH_REVERSE;
public static final int FETCH_UNKNOWN;
public static final int TYPE_FORWARD_ONLY;
public static final int TYPE_SCROLL_INSENSITIVE;
public static final int TYPE_SCROLL_SENSITIVE;
public static final int CONCUR_READ_ONLY;
public static final int CONCUR_UPDATABLE;
```

- FETCH_FORWORD:该常数的作用是指定处理记录集中行的顺序是由前到后,即从第一行开始处理一直到最后一行。
- FETCH_REVERSE:该常数的作用是指定处理记录集中行的顺序是由后到前,即从最后一行开始处理一直到第一行。
- FETCH_UNKNOWN:该常数的作用是不指定处理记录集中行的顺序,而由 JDBC 驱动程序和数据库系统决定。
- TYPE_FORWARD_ONLY:该常数的作用是指定数据库游标的移动方向是向前,不允许向后移动,即只能使用 ResultSet 接口的 next 方法而不能使用 previous 方法,否则会产生错误。

- TYPE_SCROLL_INSENSITIVE：该常数的作用是指定数据库游标可以在记录集中前后移动，并且当前数据库用户获取的记录集对其他用户的操作不敏感，就是说当前用户正在浏览记录集中的数据，与此同时其他用户更新了数据库中的数据，但是当前用户所获取的记录集中的数据不会受到任何影响。
- TYPE_SCROLL_SENSITIVE：该常数的作用是指定数据库游标可以在记录集中前后移动并且当前数据库用户获取的记录集对其他用户的操作敏感，就是说当前用户正在浏览记录集但是其他用户的操作使数据库中的数据发生了变化，当前用户所获取的记录集中的数据也会同步发生变化，这样有可能会导致非常严重的错误产生，建议慎重使用该常数。
- CONCUR_READ_ONLY：该常数的作用是指定当前记录集的协作方式(concurrency mode)为只读。一旦使用了这个常数，那么用户就不可以更新记录集中的数据。
- CONCUR_UPDATABLE：该常数的作用是指定当前记录集的协作方式(concurrency mode)为可以更新。一旦使用了这个常数，那么用户就可以使用updateXXX()等方法更新记录集中的数据。

2) ResultSet 接口提供了一整套的定位方法。具体包括：

- public boolean absolute(int row)；该方法的作用是将记录集中的某一行设定为当前行，亦即将数据库游标移动到指定的行。参数 row 指定了目标行的行号，这是绝对的行号，由记录集的第一行开始计算，而不是相对的行号。
- public boolean relative(int rows)；该方法的作用也是将记录集中的某一行设定为当前行，但是它的参数 rows 表示目标行相对于当前行的行号。例如当前行是第 3 行现在需要移动到第 5 行去。既可以使用 absolute()方法，也可以使用 relative()方法。代码如下：

```
rs.absolute(5);
```

或

```
rs.relative(2);
```

其中 rs 代表 ResultSet 接口的实例对象。

又如当前行是第 5 行需要移动到第 3 行去，代码如下：

```
rs.absolute(3);
```

或

```
rs.relative(-2);
```

其中 rs 代表 ResultSet 接口的实例对象。

需要注意的问题是传递给 relative()方法的参数。如果是正数，那么数据库游标向前移动；如果是负数，那么数据库游标向后移动。

注意：在本章中所说的数据库游标向前移动是指向行号增大的方向移动，向后移动是指向行号减少的方向移动。

- public boolean first()；该方法的作用是将当前行定位到数据库记录集的第一行。
- public boolean last()；该方法的作用刚好和 first()方法相反，是将当前行定位到数据库记录集的最后一行。
- public boolean isFirst()；该方法的作用是检查当前行是否为记录集的第一行。如果是，则返回 true，否则返回 false。
- public boolean isLast()；该方法的作用是检查当前行是否为记录集的最后一行。如果是，则返回 true，否则返回 false。
- public void afterLast()；该方法的作用是将数据库游标移到记录集的最后，位于记录集最后一行的后面。如果该记录集不包含任何的行该方法不产生作用。
- public void beforeFirst()；该方法的作用是将数据库游标移到记录集的最前面，位于记录集第一行的前面。如果记录集不包含任何的行，该方法不产生作用。
- public boolean isAfterLast()；该方法检查数据库游标是否处于记录集的最后面。如果是，则返回 true，否则返回 false。
- public boolean isBeforeFirst()；该方法检查数据库游标是否处于记录集的最前面。如果是，则返回 true，否则返回 false。
- public boolean next()；该方法的作用是将数据库游标向前移动一位，使得下一行成为当前行。当刚刚打开记录集对象时，数据库游标的位置在记录集的最前面，第一次使用 next()方法将会使数据库游标定位到记录集的第一行，第二次使用 next()方法将会使数据库游标定位到记录集的第二行，以此类推。
- public boolean previous()；该方法的作用是将数据库游标向后移动一位，使得上一行成为当前行。

3) ResultSet 接口添加了对行操作的支持

使用 JDBC API 2.0 不仅可以任意将数据库游标定位到记录集中的特定行，而且还可以使用 ResultSet 接口新定义的一套方法更新当前行的数据。在以前如果 Java 程序员希望更新记录集中某行的数据，必须发送 SQL 语句给数据库，程序员需要在 Java 代码中嵌入冗长的 SQL 语句，用以执行 UPDATE、DELETE、INSERT 等数据库操作。但是当 JDBC API 2.0 出现时，一切就都改变了。程序员已经可以部分抛开 SQL 语言，享受 Java 编程的乐趣了。ResultSet 接口中新添加的部分方法如下所示：

- public boolean rowDeleted()；如果当前记录集的某行被删除了，那么记录集中将会留出一个空位。调用 rowDeleted()方法，如果探测到空位的存在，那么就返回 true；如果没有探测到空位的存在，就返回 false。
- public boolean rowInserted()；如果当前记录集中插入了一个新行，该方法将返回 true，否则返回 false。
- public boolean rowUpdated()；如果当前记录集的当前行的数据被更新，该方法返回 true，否则返回 false。
- public void insertRow()；该方法将执行插入一个新行到当前记录集的操作。
- public void updateRow()；该方法将更新当前记录集当前行的数据。
- public void deleteRow()；该方法将删除当前记录集的当前行。

- public void updateString(int columnIndex, String x)：该方法更新当前记录集的当前行某列的值，该列的数据类型是 String（指 Java 数据类型是 String，与之对应的 JDBC 数据类型是 VARCHAR 或 NVARCHAR 等数据类型），该方法的参数 columnIndex 指定所要更新的列的列索引，第一列的列索引是 1，以此类推。第二个参数 x 代表新的值，这个方法并不执行数据库操作，需要执行 insertRow()方法或者 updateRow()方法以后记录集和数据库中的数据才能够真正更新。
- public void updateString(String columnName, String x)：该方法和上面介绍的同名方法差不多，不过该方法的第一个参数是 columnName 代表需要更新的列的列名而不是 columnIndex。

ResultSet 接口中还定义了很多个 updateXXX()方法都和上面的两个方法相类似。

向数据库当前记录集插入新行的操作流程如下：

(1) 调用 moveToInsertRow()方法。

(2) 调用 updateXXX()方法指定插入行各列的值。

(3) 调用 insertRow()方法往数据库中插入新的行。

下面代码片段演示了如何应用上面的方法往数据库中插入新的行。

```
String url="jdbc:mysql://localhost:3306/test";
Connection con;
Statement stmt;
try
{
  Class.forName("com.mysql.jdbc.Driver ");
}
catch(java.lang.ClassNotFoundException e)
{
  e.printStackTrace( );
}
try
{
  con=DriverManager.getConnection(url, "root", "");
  stmt=con.createStatement(ResultSet.TYPE_SCROLL_SENSITIVE
    ResultSet.CONCUR_UPDATABLE);
    ResultSet uprs=stmt.executeQuery("SELECT * FROM t_user");
    uprs.moveToInsertRow();
    uprs.updateString("username", "Beijing");
    uprs.updateString(2 ,"BeiJing");
    uprs.insertRow();
    uprs.updateString(1 ,"test1234");
    uprs.updateString("password", "test1234");
    uprs.insertRow();
    uprs.beforeFirst();
    System.out.println("Table t_user after insertion:");
    while (uprs.next())
```

```
        {
            String name=uprs.getString("username");
            String pass=uprs.getString("password");
            System.out.println("username:"+name);
            System.out.println("password:"+pass);
        }
        uprs.close();
        stmt.close();
        con.close();
    }
    catch(SQLException ex)
    {
      System.out.println("SQLException:"+ex.getMessage());
    }
```

以上程序往 test 数据库的 t_user 表插入了两行,亦即两个记录,然后执行数据库查询,检查 INSERT 操作对数据库的影响。这个程序应用了上面讲述的方法,比较简单,在这里就不重复介绍程序中所用到的各种方法了。

更新数据库中某个记录的值(某行的值)的方法如下:

(1) 定位到需要修改的行(使用 absolute()、relative()等方法定位)。

(2) 使用相应的 updateXXX()方法设定某行某列的新值。XXX 所代表的 Java 数据类型,它必须可以映射为某列的 JDBC 数据类型。如果希望 rollback 该项操作,请再调用 updateRow()方法之前使用 cancelRowUpdates()方法,这个方法可以将某行某列的值复原。

(3) 使用 updateRow()方法完成 UPDATE 的操作。

删除记录集中某行(亦即删除某个记录)的方法如下:

(1) 定位到需要修改的行(使用 absolute()、relative()等方法定位)。

(2) 使用 deleteRow()方法。

4) 新的 ResultSet 接口添加了对 SQL3 数据类型的支持

SQL3 技术规范中添加了若干个新的数据类型,如 REF ARRAY 等 ResultSet 接口,扩充了 getXXX()方法,添加了获取这些数据类型的数据的 getXXX()方法,如 getArray()、getBlob()、getBigDecimal()、getClob()、getRef()等方法。

这些方法既可以接收列索引为参数,也可以接收列名(字段名)为参数。这些方法分别返回对应的 Java 对象实例,如 Clob、Array(JDBC Array)、Blob、BigDecimal、Ref 等,使用起来十分方便。至于这些方法的用法在下面还会涉及,这里就不再赘述了。

5) 获取记录集行数的方法

(1) 首先使用 last()方法将数据库游标定位到记录集的最后一行。

(2) 使用 getRow()方法返回记录集最后一行的行索引,该索引就等于记录集所包含记录的个数,也就是记录集的行数,getRow()方法是在 JDBC API 2.0 中才定义的,在 JDBC API 1.0 中没有这个方法。

下面看一个完整的实例。

```
package sample;
```

```
import java.sql.*;
/**
 * <p>Title: databaseMySQL</p>
 * <p>Description: </p>
 * <p>Company: ascent</p>
 * @version 1.0
 */
public class ScrollTest {
  public static void main(String []args){
      Statement smt=null;
      Connection con=null;
      ResultSet rs=null;
      try{
        //step 1 Register a driver
        Class.forName("com.mysql.jdbc.Driver").newInstance();
        System.out.println("Register a driver successfully");
       //step 2 Establish a connection to the database
        con=java.sql.DriverManager.getConnection
             ("jdbc:mysql://localhost:3306/test","root","");
        System.out.println("create connection successfully");
        con.setAutoCommit(false);
        con.setTransactionIsolation(Connection.TRANSACTION_READ_COMMITTED);
        smt=con.createStatement(ResultSet.TYPE_SCROLL_SENSITIVE, ResultSet.
        CONCUR_UPDATABLE);
        rs=smt.executeQuery("select name, age from myTable  ");
        ResultSetMetaData rsmd=rs.getMetaData();
        System.out.println("is ResultSetMetaData (name): writable?  "+
                            rsmd.isWritable(2));
        System.out.println("before First:"+  rs.isBeforeFirst());  //true
         System.out.println("next is ?"+rs.next());
         System.out.print("age:"+rs.getInt("age")+"  ");
         System.out.println("NAME:"+rs.getString("name"));
         System.out.println();
        System.out.println("relative in the 2 row : "+rs.relative(2));
        while(rs.next()){
          System.out.print("age:"+rs.getInt("age")+"  ");
          System.out.println("NAME:"+rs.getString("name"));
        }
        System.out.println();
        rs.first();
        System.out.println("absolute in the 2 row: "+rs.absolute(2));
        while(rs.next()){
          System.out.print("age:"+rs.getInt("age")+"  ");
          System.out.println("NAME: "+rs.getString("name"));
        }
```

```
        System.out.println();
        System.out.println(" last is: "+  rs.last());
        System.out.print("age:"+rs.getInt("age")+"  ");
        System.out.println("NAME:"+rs.getString("name"));
        System.out.println("first is "+rs.first());
        rs.updateString("name","Steven");  //  update data of resultset object
        rs.updateRow();  //update data in database
        rs.moveToInsertRow();
        rs.updateString("name", "herry");
        rs.updateInt("age", 30);
        rs.insertRow();  //insert new row in database
        rs.moveToInsertRow();
        rs.updateString("name", "Lily");
        rs.updateInt("age", 32);
        rs.insertRow();
        System.out.println(" last is: "+rs.last());
        rs.deleteRow(); //delete row in database
        con.commit();
      }catch(Exception ex){
        try{
         con.rollback();
        }catch(SQLException e){}
          ex.printStackTrace();
      }finally{
        if (rs !=null) {
          try {
            rs.close();
          }
          catch (Exception ex) {}
        }
        if (smt !=null) {
          try {
            smt.close();
          }
          catch (Exception ex) {}
        }
        if (con !=null)
         { try {
            con.close();
           }
           catch (Exception ex) {}
         }
      }//finally
    }//main
}
```

2. 新的 SQL 语句接口

在 JDBC API 2.0 中，SQL 语句接口(Statement 接口)也有了很大的改进，功能更加强大。PreparedStatement 接口和 CallableStatement 接口都继承了 Statement 接口，因此这里也介绍这两个接口相对于 JDBC API 1.0 的改进之处。因为上述的三个接口都由 Connection 接口的方法创建，所以也顺便提一下 Connection 接口。

1) Statement 接口、CallableStatement 接口和 PreparesStatement 接口的创建

这三个接口分别由 Connection 接口的 createStatement()、prepareStatement()和 prepareCall()等方法创建。这几个方法的定义如下：

```
public Statement createStatement();
public Statement createStatement(int resultSetType, int resultSetConcurrency);
public CallableStatement prepareCall(String sql);
public CallableStatement prepareCall(String sql, int resultSetType,
int resultSetConcurrency);
public PreparedStatement prepareStatement(String sql);
public PreparedStatement prepareStatement(String sql, int resultSetType,
int resultSetConcurrency);
```

上面列出的方法中参数 sql 代表需要执行的 SQL 语句，这些 SQL 语句不是完整的，SQL 语句一般带有 IN/OUT/INOUT 参数，参数 resultSetType 代表该方法创建的 SQL 语句接口执行 SQL 语句所返回的 ResultSet 的类型，例如是否允许数据库游标前后移动，是否对其他用户的数据库更新操作敏感等。它们都是一些整型的常数，在 ResultSet 接口中定义了。参数 resultSetConcurrency 代表该方法创建的 SQL 语句接口执行 SQL 语句所返回的 ResultSet 的协同模式，如允许更新记录集的数据或者仅仅只读不能更新等，它们也是一些在 ResultSet 接口中定义了的整型常数。

下面的代码段是创建 Statement 接口对象的示例(数据库连接代码已经省略了，con 是 Connection 接口的实例对象)

```
stmt=con.createStatement(ResultSet.TYPE_SCROLL_SENSITIVE,
ResultSet.CONCUR_UPDATABLE);
```

上面的代码创建了一个 SQL 语句接口(Statement)的实例对象，该实例对象允许执行 SQL 语句所返回的记录集中的数据库游标前后移动，允许更新记录集中的数据。

2) 支持批操作

Statement 接口、PreparedStatement 接口和 CallableStatement 接口都支持数据库批操作，就是将若干个 SQL 语句添加到一个 SQL 语句块(Batch)中一并发送到数据库服务器去，数据库引擎执行完 SQL 语句块中的语句后会将所有的结果一并返回。这种功能特别适用于大批量的数据库 INSERT 操作。为了实现这样的功能必须用到的 Statement 接口的方法，如下所示：

- public void addBatch(String sql)；该方法用于将 SQL 语句添加到 SQL 语句块中。
- public void clearBatch()；该方法用于将 SQL 语句块中的所有 SQL 语句全部删除。

- public int[] executeBatch()；该方法用于将 SQL 语句块发送到数据库服务器去执行，它返回的结果是一个整型数组，数组中的元素是数据库服务器执行 SQL 语句块中 SQL 语句所返回的更新计数。SQL 语句块中含有多少个 SQL 语句，返回的整行数组中就含有多少个元素。

使用 JDBC API 执行数据库批操作的方法如下：

(1) 创建 Statement 接口的实例对象。

(2) 调用 addBatch()方法往 SQL 语句块中添加若干个 SQL 语句。

(3) 使用 executeBatch()方法完成数据库批操作。

以下代码演示了如何运用 Statement 接口的批操作功能往数据库中插入 4 条新记录。

```
ResultSet rs=null;
PreparedStatement ps=null;
String url=" jdbc:mysql://localhost:3306/test";
Connection con;
Statement stmt;
try
{
    Class.forName("com.mysql.jdbc.Driver");
}
catch(java.lang.ClassNotFoundException e)
{
    e.printStackTrace();
}
try
{
con=DriverManager.getConnection(url, "root", "");
con.setAutoCommit(false);
stmt=con.createStatement();
stmt.addBatch("INSERT INTO t_user VALUES('ttt', 'ttt') ");
stmt.addBatch("INSERT INTO t_user VALUES('ppp', 'ppp') ");
stmt.addBatch("INSERT INTO t_user VALUES('kkk', 'kkk') ");
stmt.addBatch("INSERT INTO t_user VALUES('hhh', 'hhh') ");
int [] updateCounts=stmt.executeBatch();
con.commit();
con.setAutoCommit(true);
ResultSet uprs=stmt.executeQuery("SELECT * FROM t_user");
while (uprs.next())
{
String name=uprs.getString("username");
String pass=uprs.getString("password");
int id=uprs.getInt("id");
System.out.println("name:"+name+" "+" pass:"+pass+" id:"+id);
}
uprs.close();
```

```
stmt.close();
con.close();
}
catch(BatchUpdateException b)
{
System.out.println ("-----BatchUpdateException-----");
System.out.println ("SQLState: "+b.getSQLState());
System.out.println ("Message: "+b.getMessage());
System.out.println ("Code: "+b.getErrorCode());
System.out.println("Update counts: ");
int [] updateCounts=b.getUpdateCounts();
for (int i=0; i <updateCounts.length; i++)
{
    System.out.println(updateCounts[i]+" ");
}
System.out.println ("");
}
catch(SQLException ex)
{
    System.out.println ("-----SQLException-----");
    System.out.println ("SQLState:"+ex.getSQLState());
    System.out.println ("Message:"+ex.getMessage());
    System.out.println ("Code:"+ex.getErrorCode());
}
```

上面介绍的执行数据库批操作的方法仅仅适用于 Statement 接口，不适用于 PreparedStatement 接口和 CallableStatement 接口。后面两个接口定义了新的 addBatch()方法，该方法不需要任何参数。但是在 Statement 接口中定义的 addBatch()方法却需要参数，参数是一个 SQL 语句，数据类型是 String。

在 PreparedStatement 接口和 CallableStatement 接口中实现数据库批操作的方法如下：

- 创建 PreparedStatement 接口或者 CallableStatement 接口的实例对象。
- 使用 PreparedStatement 接口中定义的 setXXX()方法设定 SQL 语句(该 SQL 语句是在创建 PreparedStatement 接口或者 CallableStatement 接口的实例对象时初始化的)的 IN/OUT/INOUT 参数的值(CallableStatement 接口并没有定义任何 setXXX()方法，它的 setXXX()方法全部继承自 PreparedStatement 接口)。
- 使用 executeBatch()方法。该方法在 Statement 接口中定义，不过 PreparedStatement 接口和 CallableStatement 接口都继承了这个方法。

下面的代码演示了如何使用 PreparedStatement 接口的方法完成数据库批操作，往数据库中插入 4 条新记录。

```
String url=" jdbc:mysql"//localhost:3306/test";
Class.forName("com.mysql.jdbc.Driver ");
Properties prop=new Properties ();
```

```
prop.put("user", "root");
prop.put("password", "");
Connection ctn=DriverManager.getConnection(url, prop);
//Creates a PreparedStatement object with single parameter
PreparedStatement prepStmt=ctn.prepareStatement("INSERT INTO book
(name, type, comment, price, discount) VALUES(?,?,?,3000,0.8) ");
prepStmt.setString(1,"Java Web 开发");
prepStmt.setString(2,"书籍");
prepStmt.setString(3,"介绍 Java Web 技术的高级教程");
prepStmt.addBatch();
prepStmt.setString(1, "Java SSH 开发");
prepStmt.setString(2, "书籍");
prepStmt.setString(3,"介绍 Java Struts-Spring-Hibernate 技术的高级教程");
prepStmt.addBatch();
prepStmt.setString(1, "Java 核心技术开发");
prepStmt.setString(2, "书籍");
prepStmt.setString(3, "介绍 Java 核心技术开发的教程");
prepStmt.addBatch();
prepStmt.setString(1, "Java EJB 开发");
prepStmt.setString(2, "书籍");
prepStmt.setString(3, "介绍 Java EJB 技术开发的教程");
prepStmt.addBatch();
prepStmt.executeBatch();
prepStmt.close();
ctn.close();
```

3. 处理 BLOB 和 CLOB 类型的数据(Blob Clob 接口)

BLOB 和 CLOB 是 SQL3 标准支持的新数据类型，主要用于保存大型超长的数据，如图片视频、CD 等。Oracle 等数据库系统支持 BLOB 和 CLOB 数据类型。在 JDBC API 1.0 中不支持直接存取 BLOB 和 CLOB 等类型的数据，必须通过输入/输出流来操作，这样做十分不方便。在 JDBC API 2.0 中新定义了 Blob 接口和 Clob 接口，对这两种类型数据的操作大大简化了。下面就来介绍这两个接口以及如何使用这两个接口的方法来操作。

1) BLOB 和 CLOB 类型的数据

如何获取和设定 BLOB 和 CLOB 类型的数据呢？ResultSet、CallableStatement、PreparedStatement 等接口都定义了 getBlob()、getClob()、setBlob()和 setClob()方法，用以获取或者设定 BLOB 和 CLOB 类型的数据。具体方法的定义，请读者参考相应的文档，这里就不再介绍了。

(1) Blob 接口的方法。

在 Blob 接口中定义了下面的方法：

- public long length()；该方法可以获取 Blob 数据的长度。
- public byte[] getBytes(long pos, int length)；该方法可以从 Blob 数据中获取其中的某一段，将其赋给一个 byte 数组。参数 pos 是开始截取数据的位置，参数 length 是截取数据的长度。

- public InputStream getBinaryStream()；该方法从 Blob 数据中获取一个输入流。
- public long position(byte[] pattern, long start)；该方法获取特定字节在 Blob 数据中的位置。参数 pattern 是查找的目标字节，参数 start 指的是开始查找的位置。
- public long position(Blob pattern, long start)；该方法可以获取特定 Blob 类型的数据在当前 Blob 数据中的开始位置。参数 pattern 代表需要查找的 Blob 数据，参数 start 代表开始查找匹配的位置。

下面代码演示了如何获取 Blob 类型的数据并将其输出（数据库连接代码段已经省略了，其中 rs 是 ResultSet 接口的实例对象）。

```
rs.absolute(4);
Blob blob=rs.getBlob( image );
java.io.InputStream in=blob.getBinaryStream();
byte b;
while ((in.read())>-1)
{
b=in.read();
System.out.println(b);
}
rs.absolute(4);
Blob blob=rs.getBlob( image );
long len=blob.length();
byte [] data=blob.getBytes(1 len);
tor (int i=0; i <len; i++)
{
byte b=data[i];
System.out.println(b);
}
```

(2) Clob 接口的方法。

在 Clob 接口中定义了以下的方法：

- public long length()；该方法可以获取 Clob 类型数据的长度。
- public String getSubString(long pos, int length)；该方法获取 Clob 类型数据的一部分，并将结果赋给一个字符串。参数 pos 就是开始截取数据的位置，参数 length 代表需要截取数据的长度。该方法和 String 类的 substring()方法差不多。
- public Reader getCharacterStream()；该方法从 Clob 对象中返回一个 Reader 类的实例对象，该方法可以用于读取 Clob 对象所包含的数据。
- public InputStream getAsciiStream()；该方法从 Clob 对象中返回一个输入流。该方法也可以用于读取 Clob 对象的数据。getAsciiStream ( ) 方法和 getCharacterStream()方法的区别在于前者是以 ASCII 码输入流的方式读取数据，后者是以字符流的方式读取数据。
- public long position(String searchstr, long start)；该方法从 Clob 类型的数据中获取特定字符串出现的位置。参数 seacherstr 就是目标字符串，参数 start 代表开始检索的位置。

- Publicc long position(Clob searchstr, long start)；该方法的作用是从 Clob 类型的数据中获取另一个 Clob 类型数据出现的位置。其中参数 searchstr 代表需要匹配的目标 Clob 对象，参数 start 代表开始检索的位置。

下面的代码演示了如何将一个 Clob 类型的数据插入到数据库中去(数据库连接代码已经省略了，rs 代表 ResultSet 接口的实例对象，con 是 Connection 接口的实例对象)。

```
Clob notes=rs.getClob("NOTES");
PreparedStatement pstmt=con.prepareStatement("UPDATE MARKETS SET COMMENTS=?
WHERE SALES<1000000");
pstmt.setClob(1 notes);
pstmt.executeUpdate();
```

(3) BLOB 和 CLOB 数据类型的区别。

BLOB 和 CLOB 数据类型虽然都可以存储大量超长的数据，但是两者是有区别的。BLOB 其实是 Binary Large Object 的缩写，BLOB 类型的数据以二进制的格式保存于数据库中，特别适用于保存程序文件图片、视频文件、音频文件等。CLOB 是 Character Large Object 的缩写，CLOB 类型的数据以 Character 的格式保存于数据库中，适合于保存比较长的文本文件。当然并非一定要如此，程序员必须根据实际条件来决定采用哪种数据类型。

下面是一个完整的例子。

```
package sample;

import java.io.*;
import java.sql.*;
/**
 *<p>Title: databaseMySQL</p>
 *<p>Description: </p>
 *<p>Company: ascent</p>
 *@version 1.0
 */
public class BlobClobTest {
  Connection con;
  public static void main(String[] args) {
    BlobClobTest bTest=new BlobClobTest();
    try {
     //step 1 Register a driver
     Class.forName("org.gjt.mm.mysql.Driver");
     //step 2 Establish a connection to the database
     bTest.con=DriverManager.getConnection
              ("jdbc:mysql://localhost:3306/test","root","");
    }catch(Exception e){
       System.out.println("  failed");
       System.out.println(e);
     }
    bTest.putBlob(); //insert binary file into database
```

```
        bTest.getBlob();
        bTest.putText();
        bTest.getText();
    }
    public void  putBlob(){
    //read  binary data from file, write into database
      try{
          PreparedStatement pstm=con.prepareStatement("insert into blobTable(ID,
          binaryfile) values(?,?)");
          File f=new File("d:\\execute.gif");
          FileInputStream in=new FileInputStream(f);
          pstm.setInt(1,1);
          //put binary data nto database
          pstm.setBinaryStream(2,in, (int)f.length());
          pstm.execute();
          pstm.close();
          in.close();
          System.out.println("  put Blob ok");
        }catch(Exception e){
            System.out.println("  failed");
            e.printStackTrace();
        }
    }
//get binary data from database, and write to another file
    public void  getBlob(){
      try{
            File f=new File("d:\\executeCopy.gif");
            FileOutputStream out=new FileOutputStream(f);
            Statement stmt=con.createStatement();
            ResultSet rs=stmt.executeQuery("select binaryfile from blobTable where
            id=1 ");
            rs.next();
            Blob blob=rs.getBlob("binaryfile");
            //inputstream  related to database
            InputStream in=blob.getBinaryStream();
            int i=0;
            while( (i=in.read())!=-1)       //read from blob
               out.write(i);                //write to another file
          in.close();
          System.out.println("  get Blob ok");
        }catch(Exception e){
            System.out.println("  failed");
            e.printStackTrace();
        }
    }
```

```
    //read  character data from file, write into database
    public void  putText(){
      try{
        PreparedStatement pstm=con.prepareStatement("insert into TextTable(ID,
        textFile) values (1,?)");
        File f=new File("d:\\prop.txt");
        FileInputStream in=new FileInputStream(f);
        pstm.setAsciiStream(1,in,(int)f.length());  //write into database
        pstm.executeUpdate();
        pstm.close();
        in.close();
        System.out.println(" put clob ok ");
      }catch(Exception e){
          System.out.println(" put clob failed");
          e.printStackTrace();
        }
    }
    //get character data from database, and write to another file
    public void  getText(){
       try{
         Statement stmt=con.createStatement();
         ResultSet rs=stmt.executeQuery("select textfile from TextTable where id=1 ");
         File f=new File("d:\\propCopy.txt");
         FileOutputStream out=new FileOutputStream(f);
         rs=stmt.getResultSet();
         rs.next();
         InputStream in=rs.getAsciiStream("textfile");
         int i=0;
         while( (i=in.read())!=-1)
                 out.write(i);              //write to another file
         stmt.close();
         in.close();
         out.close();
         System.out.println("  get Clob ok");
       }catch(Exception e){
          System.out.println("  get Clob failed");
           e.printStackTrace();
       }
    }
}
```

4. 处理新的SQL数据类型(ARRAY REF)

在新的SQL92/99(SQL3)规范中添加了若干新的数据类型。除了上面提到的BLOB、CLOB数据类型外,还有REF、Structured Types、ARRAY等复杂数据类型。这些新的数据类型给数据库开发者以很大的自由度,使得他们可以设计十分复杂而且有效的数据库结构。但是这就给 Java 语言程序员出了一个难题，即如何访问这些使用新数据类型的数据呢？在 JDBC API 2.0 出现以前 Java 程序员几乎可以说是束手无策，因为 JDBC API 1.0 对新的 JDBC 数据类型的支持几乎为零。JDBC API 2.0 出现以后一切就都不同了。这里介绍如何使用 JDBC API 2.0 处理 ARRAY、REF 等复杂数据类型。

1) ARRAY 数据类型

数据类型 ARRAY 主要用于保存一些类似于数组结构的数据，例如创建一个公司(company)数据库。假设该数据库有两个字段：一个字段是公司的名称(name)，name 的数据类型可以是普通的 VARCHAR 类型；另一个字段是该公司所有雇员的名字(employee)，employee 字段就需要用到 ARRAY 数据类型，它把所有的雇员的名称都保存在一个类似于数组的结构中去。那么如何处理 ARRAY 类型的字段数据呢？

(1) ResultSet 接口和 CallableResultSet 接口定义了 getArray() 方法，可以获取 ARRAY 数据类型的数据，返回值是一个 java.sql.Array 接口的实例对象。

请看下面的代码段：

```
Array a=rs.getArray(1);
```

其中 rs 是 ResultSet 接口的实例对象。

getArray()方法返回的 Array 接口的实例对象仅仅包含了对原 ARRAY 类型数据的一个逻辑指针(logical pointer)，并不包含任何实质的数据。为了真正获得源数据必须使用 Array 接口的 getArray()方法或者 getResultSet()方法 Array 接口的 getArray()方法。它不同于 ResultSet 接口和 CallableStatement 接口的 getArray()方法，前者的作用是根据 Array 接口实例对象所包含的逻辑指针将源数据取回并转化为一个 Java 数组(Java Array)。Java 程序员可以使用 Java 语言对该数组进行处理。同样，Array 接口的 getResultSet()方法和 Statement 接口的 getResultSet()方法也有不同，前者的作用是根据 Array 接口实例对象所包含的逻辑指针将源数据取回并转化为一个 ResultSet 接口的实例对象，后者的作用也是获取 ResultSet 接口的实例对象，不过这个记录集对象是通过执行 SQL 语句而来的，并不是由某个数据结构转换而来的。

Array 接口的 getArray()方法有可选参数如 index 和 count 。因为 ARRAY 数据类型的数据的保存方式类似于数组结构，因此必然有元素索引。index 参数指定从某个索引开始获取源数据的元素，参数 count 指定需要获取元素的个数。Array 接口的 getResultSet()方法的情况也差不多。详细的方法说明读者可以参考相关的文档。

(2) 存储 ARRAY 类型的数据。

PreparedStatement 接口的 setArray()方法和 setObject()方法可以将一个 ARRAY 类型的数据作为 IN 参数传递给 PreparedStatement 对象。如下面的代码段所示(数据库连接代码已经省略了)：

```
PreparedStatement pstmt=conn.prepareStatement("INSERT INTO dept (name members)
VALUES(? ?)");
pstmt.setString(1 "biology");
pstmt.setArray(2 member_array);
pstmt.executeUpdate();
```

CallableStatement 接口也有类似的方法。

(3) 更新记录集中 ARRAY 类型的数据。

ResultSet 接口的 updateArray()方法可以更新数据类型为 ARRAY 的数据，如下面的代码所示（数据库连接代码已经省略了）：

```
//retrieve a column containing an SQL ARRAY value from ResultSet rs
java.sql.Array num=rs.getArray("NUMBERS");
//update the column "LATEST_NUMBERS" in a second ResultSet
//with the value retrieved...
rs2.updateArray("LATEST_NUMBERS" num);
rs2.updateRow();
```

2) REF 数据类型

SQL REF 数据类型主要用于保存具有复合数据结构的数据，例如创建一个记录雇员信息的表。如果希望在一个字段内保存雇员的所有信息，如年龄、名称、职务、性别等，该如何做呢？一个比较好的方法就是先创建一个新的数据类型（person）。person 数据类型包括了 name（VARCHAR）、age（INT）、home（VARCHAR）等子数据，然后创建 employee 表，该表仅仅含有一个名为 id 的字段。id 的 SQL 数据类型指定为 REF，而且和 person 数据类型关联起来。

当往 employee 表中输入数据时，其实数据是分两个地方存放的。employee 表的 id 字段仅仅包含对真实数据位置的一个索引，或一个指针。凭借这个指针或者索引可以找到真实的数据。真实的数据则以 person 结构的形式存放在另一个表中。虽然数据是分开存放的，但是并不妨碍对数据库的操作。INSERT、SELECT、UPDATE、DELETE 等数据库操作的 SQL 语句和数据都保存在同一个表（多个字段）的时候，没有任何差别。JDBC API 1.0中不支持 SQL REF 数据类型，在 JDBC API 2.0 中专门定义了 Ref 接口，用于处理 REF 类型的数据。

在 Java 语言中操作 REF 类型数据的方法如下：

(1) 获取 REF 对象。

CallableStatement 接口和 ResultSet 接口都定义了 getRef()方法。该方法的返回值是 Ref 接口的实例对象。如下面的代码段所示（数据库连接代码已经省略了）：

```
ResultSet rs=stmt.executeQuery("SELECT oid FROM dogs WHERE "+"name=peter");
rs.next();
Ref ref=rs.getRef(1);
```

读者需要注意的是，Ref 接口的实例对象并不包含实际的数据，而是仅仅包含 REF 结构对与它相关联的保存实际数据的数据类型的一个引用指针。要想获得实际的数据，必须事先根据保存实际数据的自定义数据结构（即为与 REF 数据结构相关联的那一个数据结构）定义一个 Java 类，然后将 Ref 接口的实例对象强制类型转换为先前定义好的 Java 类，这样就可以获取实际的数据了。在 Java 类中还可以定义一套 setXXX()、getXXX()方法，运用这一套方法就可以对获取的实际数据进行操作了。如下面的代码段所示：

```
Ref ref=rs.getRef(1);
```

```
Address addr=(Address)ref.getObject();
```

(2) 更新/存储 REF 类型的数据。

更新/存储 REF 类型数据有几种方法。第一种方法是使用 ResultSet 接口的 updateRef()方法，然后使用 updateRow()方法更新当前记录；或者使用 insertRow()方法插入一个新的记录。第二种方法是使用 CallableStatement 接口(或 PreparesStatement 接口)的 setRef()方法设定 IN 参数，然后使用 execute()方法更新数据库中的数据。第三种方法是使用 Ref 接口的 setValue()方法。请看下面的代码实例(数据库连接代码已经省略了)：

```
ResultSet rs=stmt.executeQuery("SELECT OID FROM DOGS " +"WHERE NAME
='ROVER'");
rs.next();
Ref rover=rs.getRef("OID");
Dog dog=(Dog)rover.getValue(map);
//manipulate instance of Dog
dog.setAge(14);
//...
//store updated Dog
rover.setValue((Object)dog);
```

上面的代码段的含义是首先执行 SQL 语句，获取 ResultSet 接口的实例对象 rs，接着使用 getRef()方法获取 Ref 接口的实例对象 rover，记录集的字段名 OID 是 REF 类型，它和一个名为 dog 的自定义 SQL 数据类型相关联。在另外的程序中已经定义了一个 Dog 类，该类继承了 SQLData 接口 Dog 类，是根据 SQL 数据类型 dog 定制的。它提供了一组方法以存取 dog 类型的数据，例如 setAge()方法。程序中使用 Ref 接口的 getValue()方法获取了实在的数据并且强制转换为 Dog 类的实例对象。getValue()方法的参数 map 是 java.util.Map 接口的实例对象，这个 Map 对象(map)定义了一组映射指明 SQL 数据类型。dog 可以映射为 Java 类 Dog 程序，接着使用 Dog 类的 setAge()方法更新数据，这里更新的数据仅仅是 Dog 实例对象(dog)中保存的数据，并非是数据库中的数据。最后调用 Ref 接口的方法 setValue()完成更新数据库的操作，setValue()方法的参数是经过更新的 Dog 对象 dog(需要将它强制转换为 java.lang.Object 类型)。

关于如何使用 JDBC API 2.0 操作就介绍到这里。前面介绍了 BLOB 和 CLOB 数据类型的操作方法和 ARRAY、REF 数据类型的操作方法。这 4 个数据类型比较常用，至于其他不太常用的 SQL 数据类型等，这里就不再介绍了。对此感兴趣的读者请参考 Sun 公司编写的 JDBC API 2.0 规范原文。

7.1.2 JDBC 2.0 标准扩展 API

下面介绍 JDBC 2.0 的标准扩展 API。标准扩展 API 分为如下几个方面：

(1) DataSource 接口：和 Java 名字目录服务(JNDI)一起工作的数据源接口。

(2) Connection pooling(连接池)：可以重复使用连接，而不是对每个请求都使用一个新的连接。

(3) Distrubute transaction(分布式的事务):在一个事务中涉及了多个数据库服务器。

(4) Rowsets:JavaBean组件包含了结果集,主要用来将数据传给瘦客户(thin client),或者提供一个可以滚动的结果集。

7.2 JNDI

在使用数据源和连接池时,需要用到JNDI(Java Naming and Directory Interface)。这里介绍JNDI的简单概念和简单示例。

1. 什么是JNDI

JNDI API用于执行名字和目录服务,其接口包含在javax.naming和它的子包中。它为应用程序提供标准的目录操作的方法,例如获得对象的关联属性、根据它们的属性搜寻对象等。使用JNDI,一个J2EE应用程序可以存储和动态获取任何类型的命名Java对象。因为JNDI不依赖于任何特定的执行,应用程序可以使用JNDI访问各种命名目录服务,包括现有的诸如LDAP、NDS、DNS、NIS、COS命名和RMI注册等服务。这使得J2EE应用程序可以和传统的应用程序和系统共存。

JNDI分为两部分:应用程序编程接口(API)和服务供应商接口(SPI),前者允许Java应用程序访问各种命名和目录服务,后者则是设计来供任意一种服务的供应商(也包括目录服务供应商)使用。这使得各种各样的目录服务和命名服务能够透明地插入到使用JNDIAPI的Java应用程序中。

2. JNDI结构

1) 名字服务

名字服务(Naming Services)提供一种方法,映射标识符到实体或对象。名字服务需要知道的几个基本概念:

绑定:绑定是将一个不可分割的名字与一个对象联系起来。像DNS,用名字www.yahoo.com与IP地址216.32.74.53联系起来,或者一个文件对象用文件名afile.txt联系起来。

名字空间:名字空间包含一组名字,但名字空间内每个名字是唯一的。一个文件目录就是一个简单的名字空间,如目录C:\temp,在这个目录下,不能有两个相同名字的文件,但是,不同目录下的两个文件可能有相同的名字。

复合名字:复合名字是用名字空间构成的唯一名字,有一个或多个"原子"名字构成,取决于所在的名字空间。文件路径就是一个复合名字,比如用C:\temp\myfile.txt,可以看到,这个名字由根目录名(C:\)、临时目录名(temp)和一个文件名(myfile.txt)构成,这3个名字复合起来表示一个唯一的名字。

组合名字:组合名字能跨越多个名字空间。一个URL就是一个组合名字,例如http://www.ascenttech.com.cn/index.htm,使用http服务连接到服务器,然后使用另一个名字空间/index.htm来访问一个文件。

2) 目录服务

目录服务提供一组分成等级的目录对象,具有可搜索的能力。在目录服务中存储的对象可以是任何能用一组属性描述的对象，对于每个对象都可通过一组属性来描述该对象的能力。例如，一个 Person 对象可能有 height、weight、color、age、sex 等属性。目录服务还可提供根据要求来搜索的能力，如可以使用 Person 的 age 属性，搜索 20～25 岁间的 Person 对象，目录服务将返回符合条件的 Person 对象。这通常被称作基于内容的搜索。

3) JNDI 使用

主要步骤如下：

(1) 创建一个 java. util. Hashtable 或者 java. util. Properties 的实例。

(2) 添加变量到 Hashtable 或 Properties 对象：包含由 naming server 提供的 JNDI class 类名和 naming server 位置的 URL。

(3) 通过 Hashtable、Properites 或 jndi 属性文件创建一个 InitialContext 对象。

(4) 通过 JNDI API 进行对象的绑定和查询。

创建环境配置示例：(这里以 WebLogic 服务器为例，见表 7-1)

```
import java.util.*;
import javax.naming.*;
...
env.put(Context.INITIAL_CONTEXT_FACTORY,
"weblogic.jndi.WLInitialContextFactory");
env.put(Context.PROVIDER_URL,"t3://localhost:7001");
InitialContext ctx=new InitialContext(env);
```

表 7-1 JNDI 环境配置参数

环 境 变 量	相应的常量	说　　明
Java. naming. factory. initial	Context. INITIAL_CONTEXT_FACTORY	Context Factory 类名，由服务提供商给出
Java. naming. provider. url	Context. PROVIDE_URL	初始化地址
Java. naming. security. Principal	Context. SECURITY_PRINCIPAL	服务使用者信息
Java. naming. security. Credentials	Context. SECURITY_CREDENTIAL	口令

更多的配置示例：

```
Hashtable env=new Hashtable();
env.put (Context.INITIAL_CONTEXT_FACTORY,
"weblogic.jndi.WLInitialContextFactory");
env.put(Context.PROVIDER_URL, "t3://localhost:7001");
env.put(Context.SECURITY_PRINCIPAL, "system");
env.put(Context.SECURITY_CREDENTIALS, "password here");
Properties env=new Properties();
env.setProperties ("java.naming.factory.initial",
"weblogic.jndi.WLInitialContextFactory");
env.setProperties("java.naming.provider.url" , "t3://localhost:7001");
env.setProperties("java.naming.security.principal" , "tommy");
```

```
env.setProperties("java.naming.security.credentials" ,"password here");
```

创建 InitialContext：

类名：javax.naming.InitialContext

实现的接口：javax.naming.Context

构造方法：

```
public InitialContext();
public InitialContext(Hashtable configuration);
public InitialContext(Properties configuration);
```

以上所有方法都可能抛出 NamingException。

对象绑定(Binding)示例：

```
public static InitialContext getInitialContext() throws NamingException {
    Hashtable env=new Hashtable();
    env.put(Context.INITIAL_CONTEXT_FACTORY,
        "weblogic.jndi.WLInitialContextFactory");
    env.put(Context.PROVIDER_URL,"t3://localhost:7001");
    InitialContext context=new InitialContext(env);
    return context;
}
//Obtain the initial context
InitialContext initialContext=getInitialContext();
//Create a Bank object.
Bank myBank=new Bank();
//Bind the object into the JNDI tree.
initialContext.rebind("theBank",myBank);
```

对象查询(Lookup)示例：

```
public static InitialContext getInitialContext() throws NamingException {
    Hashtable env=new Hashtable();
    env.put(Context.INITIAL_CONTEXT_FACTORY,
        "weblogic.jndi.WLInitialContextFactory");
    env.put(Context.PROVIDER_URL,"t3://localhost:7001");
    InitialContext context=new InitialContext(env);
    return context;
}
//Obtain the initial context
InitialContext initialContext=getInitialContext();
//Lookup an existing Bank object.
Bank myBank=(Bank) initialContext.lookup("theBank");
```

可能发生的 NamingException：

```
AuthenticationException
```

```
CommunicationException
InvalidNameException
NameNotFoundException
NoInitialContextException
```

枚举所有名字对象：

```
NamingEnumeration Declaration:
public interface NamingEnumeration extends Enumeration {
    public boolean hashMore() throws NamingException;
    public Object next() throws NamingException;
    public void close() throws NamingException; //jndi 1.2
}
try {
    ...
    NamingEnumeration enum=ctx.list("");
    while (enum.hasMore()) {
        NameClassPair ncp=(NameClassPair) enum.next();
        System.out.println("JNDI name is:"+ncp.getName());
    }
}
catch (NamingException e) {...}
```

最后的示例：

```
import java.util.*;
import javax.naming.*;
import javax.naming.directory.*;
import java.io.*;
public class ListAll {
    public static void main(java.lang.String[] args) {
        Hashtable env=new Hashtable();
        env.put(Context.INITIAL_CONTEXT_FACTORY,
            "weblogic.jndi.WLInitialContextFactory");
        env.put(Context.PROVIDER_URL, "t3://localhost:7001");
        try {
            InitialContext ctx=new InitialContext(env);
            NamingEnumeration enum=ctx.listBindings("");
            while(enum.hasMore()) {
                Binding binding=(Binding) enum.next();
                Object obj=(Object) binding.getObject();
                System.out.println(obj);
            }
        } catch (NamingException e) {
        System.out.println(e);
        }
```

```
    } //end main
} //end List
```

7.3 数据源

JDBC 1.0 用 DriverManager 类来产生一个对数据源(Datasource)的连接。JDBC 2.0 使用基于数据源的连接。使用 DataSource 的实现,代码变得更小巧精致,也更容易控制。

一个 DataSource 对象代表了一个真正的数据源。根据 DataSource 的实现方法,数据源既可以是关系数据库,也可以是电子表格,还可以是一个表格形式的文件。当一个 DataSource 对象注册到名字服务中,应用程序就可以通过名字服务获得 DataSource 对象,并用它来产生一个与 DataSource 代表的数据源之间的连接。

关于数据源的信息和如何来定位数据源,例如数据库服务器的名字,在哪台机器上,端口号等,都包含在 DataSource 对象的属性里面了。这样,对应用程序的设计来说是更方便了,因为并不需要硬性的把驱动的名字写死到程序里面去。通常驱动名字中都包含了驱动提供商的名字,而在 DriverManager 类中通常是这么做的。如果数据源要移植到另一个数据库驱动中,代码也很容易做修改。所需要做的修改只是更改 DataSource 的相关的属性。而使用 DataSource 对象的代码不需要做任何改动。

由系统管理员或者有相应权限的人来配置 DataSource 对象。配置 DataSource,包括设定 DataSource 的属性,然后将它注册到 JNDI 名字服务中去。在注册 DataSource 对象的过程中,系统管理员需要把 DataSource 对象和一个逻辑名字关联起来。名字可以是任意的,通常取成能代表数据源并且容易记住的名字。在下面的例子中,名字起为 InventoryDB,按照惯例,逻辑名字通常都在 jdbc 的子上下文中。这样,逻辑名字的全名就是: jdbc/InventoryDB。

一旦配置好了数据源对象,应用程序设计者就可以用它来产生一个与数据源的连接。下面的代码片段展示了如何用 JNDI 上下文获得一个一个数据源对象,然后如何用数据源对象产生一个与数据源的连接。开始的两行用的是 JNDI API,第三行用的才是 JDBC 的 API:

```
Context ctx=new InitialContext();
DataSource ds=(DataSource)ctx.lookup("jdbc/InventoryDB");
Connection con=ds.getConnection("myPassword","myUserName");
```

在一个基本的 DataSource 实现中,DataSource. getConnection 方法返回的 Connection 对象和用 DriverManager. getConnection 方法返回的 Connection 对象是一样的。因为 DataSource 提供的方便性,推荐使用 DataSource 对象来得到一个 Connection 对象。我们希望所有的基于 JDBC 2.0 技术的数据库驱动都包含一个基本的 DataSource 的实现,这样就可以在应用程序中很容易地使用它。

对于普通的应用程序设计者,是否使用 DataSource 对象只是一个选择问题。但是,对于那些需要用的连接池或者分布式的事务的应用程序设计者来说,就必须使用 DataSource 对象来获得 Connection。

7.4 连接池

1. 连接池简介

连接池(Connection Pooling)提供这样一种机制，当应用程序关闭一个 Connection 的时候，这个连接被回收，而不是被销毁(destroy)，因为建立一个连接是一个很费资源的操作。如果能把回收的连接重新利用，会减少新创建连接的数目，显著地提高运行的性能。

假设应用程序需要建立到一个名字为 EmpolyeeDB 的 DataSource 的连接。使用连接池得到连接的代码如下：

```
Context ctx=new InitialContext();
DataSource ds=(DataSource)ctx.lookup("jdbc/EmployeeDB");
Connection con=ds.getConnection("myPassword", "myUserName");
```

除了逻辑名字以外，会发现其代码和上面举的例子的代码是一样的。逻辑名字不同，就可以连接到不同的数据库。DataSource 对象的 getConnection()方法返回的 Connection 是否是一个连接池中的连接完全取决于 DataSource 对象的实现方法。如果 DataSource 对象实现与一个支持连接池的中间层的服务器一起工作，DataSource 对象就会自动地返回连接池中的连接，这个连接也是可以重复利用的。

是否使用连接池获得一个连接，在应用程序的代码上是看不出不同的。在使用这个 Connection 连接上也没有什么不一样的地方，唯一的不同是在 Java 的 finally 语句块中来关闭一个连接。在 finally 中关闭连接是一个好的编程习惯。这样，即使方法抛出异常，Connection 也会被关闭并回收到连接池中去。代码应该如下所示：

```
try{…
}catch(){…
}finally{
  if(con!=null)
    con.close();
}
```

2. 连接池技术背景

1) JDBC 接口规范

JDBC 是一个规范，遵循 JDBC 接口规范，各个数据库厂家各自实现自己的驱动程序(Driver)，如图 7-1 所示。

应用在获取数据库连接时，需要以 URL 的方式指定是哪种类型的 Driver，在获得特定的连接后，可按照固定的接口操作不同类型的数据库，如分别获取 Statement、执行 SQL 获得 ResultSet 等。看下面的例子：

```
import java.sql.*;
…
DriverManager.registerDriver(new oracle.jdbc.driver.OracleDriver());
Connection dbConn=DriverManager.getConnection("jdbc:oracle:thin:@127.0.0.1:
```

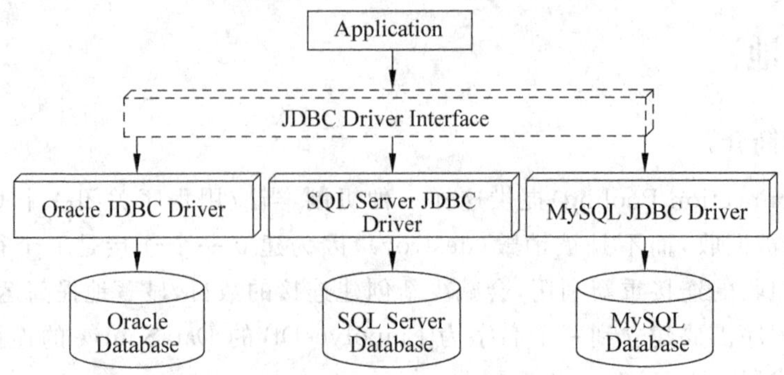

图 7-1　JDBC 驱动接口与数据库驱动关系

```
1521:   oracle","username","password");
Statement st=dbConn.createStatement();
ResultSet rs=st.executeQuery("select * from my_table");
//some data source operation in here
...
rs.close();
st.close();
dbConn.close();
```

在完成数据操作后，还一定要关闭所有涉及的数据库资源。这虽然对应用程序的逻辑没有任何影响，但却是关键的操作。上面是个简单的例子，如果加上众多的 if-else、exception，资源的管理也难免百密一疏。如同 C 中的内存泄漏问题，Java 系统也同样会面临崩溃的厄运。所以数据库资源的管理依赖于应用系统本身，是一种隐患。

2）JDBC 连接池

在标准 JDBC 对应用的接口中，并没有提供资源的管理方法。所以，缺省的资源管理由应用程序自己负责。虽然在 JDBC 规范中，多次提及资源的关闭/回收及其他的合理运用。但最稳妥的方式，还是为应用提供有效的管理手段。所以，JDBC 为第三方应用服务器(Application Server)提供了一个由数据库厂家实现的管理标准接口——连接缓冲(Connection Pooling)。引入了连接池(Connection Pool)的概念，也就是以缓冲池的机制管理数据库的资源。

JDBC 最常用的资源有以下三类：

- Connection：数据库连接。
- Statement：会话声明。
- ResultSet：结果集游标。

分别存在如图 7-2 所示的关系。

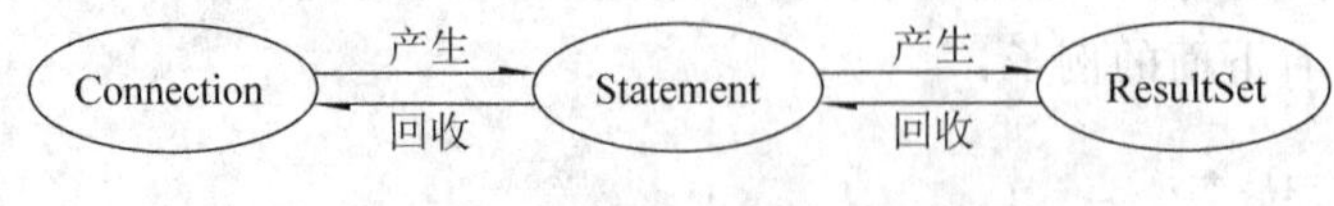

图 7-2　JDBC 常用资源类间关系

这是一种“爷-父-子”的关系，对 Connection 的管理，就是对数据库资源的管理。举个例子：如果想确定某个数据库连接(Connection)是否超时，则需要确定其(所有的)子 Statement 是否超时，同样，需要确定所有相关的 ResultSet 是否超时；在关闭 Connection 前，需要关闭所有相关的 Statement 和 ResultSet。因此，连接池所起到的作用，不仅仅是简单地管理 Connection，还涉及 Statement 和 ResultSet。

3）连接池与资源管理

连接池(Connection Pool)是以缓冲池的机制，在一定数量上限范围内，控制管理 Connection、Statement 和 ResultSet。任何数据库的资源是有限的，如果被耗尽，则无法获得更多的数据服务。在大多数情况下，资源的耗尽不是由于应用的正常负载过高，而是程序原因。

在实际工作中，数据资源往往是瓶颈资源，不同的应用都会访问同一数据源。其中某个应用耗尽了数据库资源后，其他的应用也会无法正常运行。因此，Connection Pool 的第一个任务是限制每个应用或系统可以拥有的最大资源，也就是确定连接池的大小(Pool Size)。

Connection Pool 的第二个任务是在连接池的大小(Pool Size)范围内，最大限度地使用资源，缩短数据库访问的使用周期。许多数据库中，连接(Connection)并不是资源的最小单元，控制 Statement 资源比 Connection 更重要。以 Oracle 为例：每申请一个连接(Connection)会在物理网络(如 TCP/IP 网络)上建立一个用于通信的连接，在此连接上还可以申请一定数量的 Statement。同一连接可提供的活跃 Statement 数量可以达到几百个。这样一来在节约网络资源的同时，缩短了每次会话周期(物理连接的建立是个费时的操作)。但在一般的应用中，程序员会按照最基本的操作获得连接，假如有 10 个程序调用，则会产生 10 次物理连接，每个 Statement 单独占用一个物理连接，这是极大的资源浪费。Connection Pool 可以解决这个问题，让几十、几百个 Statement 只占用同一个物理连接，发挥数据库原有的优点。通过 Connection Pool 对资源的有效管理，应用可以获得的 Statement 总数到达：

(并发物理连接数)×(每个连接可提供的 Statement 数量)

例如某种数据库可同时建立的物理连接数为 200 个，每个连接可同时提供 250 个 Statement，那么 ConnectionPool 最终为应用提供的并发 Statement 总数为 200×250=50 000 个。这是个并发数字，很少有系统会突破这个量级。所以前文指出，资源的耗尽与应用程序直接管理有关。

对资源的优化管理，很大程度上依靠数据库自身的 JDBC Driver 是否具备。有些数据库的 JDBC Driver 并不支持 Connection 与 Statement 之间的逻辑连接功能，如 SQL Server，只能等待她自身的更新版本了。

资源的申请、释放、回收、共享和同步是复杂精密的，所以，Connection Pool 的另一个功能就是，封装这些操作，为应用提供简单的，甚至是不改变应用风格的调用接口。

3. 简单 JDBC 连接池的实现

根据以上原理，这里介绍一种简单快速的连接池工具——Snap-ConnectionPool，它按照部分的 JDBC 规范，实现了连接池所具备的对数据库资源的有效管理功能。

1）体系描述

在 JDBC 规范中，应用通过驱动接口（Driver Interface）直接访问方法数据库的资源。为了有效、合理地管理资源，在应用与 JDBC Driver 之间，增加了连接池：Snap-ConnectionPool。并且通过面向对象的机制，使连接池的大部分操作是透明的。图 7-3 所示为 Snap-ConnectionPool 的体系。

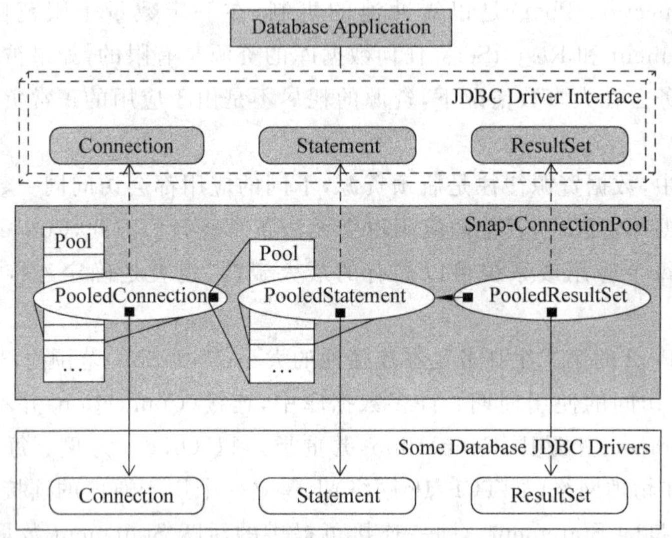

图 7-3　Snap-ConnectionPool 的体系

如图所示，通过实现 JDBC 的部分资源对象接口（Connection，Statement，ResultSet），在 Snap-ConnectionPool 内部分别产生三种逻辑资源对象：PooledConnection、PooledStatement 和 PooledResultSet。它们也是连接池主要的管理操作对象，并且继承了 JDBC 中相应的从属关系。这样的体系有以下几个特点：

(1) 透明性。在不改变应用原有的使用 JDBC 驱动接口的前提下，提供资源管理的服务。应用系统，如同原有的 JDBC，使用连接池提供的逻辑对象资源。简化了应用程序的连接池改造。

(2) 资源封装。复杂的资源管理被封装在 Snap-ConnectionPool 内部，不需要应用系统过多的干涉。管理操作的可靠性、安全性由连接池保证。应用的干涉（如：主动关闭资源），只起到优化系统性能的作用，遗漏操作不会带来负面影响。

- 资源合理应用。按照 JDBC 中资源的从属关系，Snap-ConnectionPool 不仅对 Connection 进行缓冲处理，对 Statement 也有相应的机制处理。合理运用 Connection 和 Statement 之间的关系，可以更大限度地使用资源。所以，Snap-ConnectionPool 封装了 Connection 资源，通过内部管理 PooledConnection，为应用系统提供更多的 Statement 资源。
- 资源连锁管理。Snap-ConnectionPool 包含的三种逻辑对象，继承了 JDBC 中相应对象之间的从属关系。在内部管理中，也依照从属关系进行连锁管理。例如：判断一个 Connection 是否超时，需要根据所包含的 Statement 是否活跃；判断 Statement 也要根据 ResultSet 的活跃程度。

2）连接池集中管理（Connection Manager）

Connection Pool 是 Snap-ConnectionPool 的连接池对象。在 Snap-ConnectionPool 内部，可以指定多个不同的连接池为应用服务。Connection Manager 管理所有的连接池，每个连接池以不同的名称区别。通过配置文件适应不同的数据库种类，如图 7-4 所示。

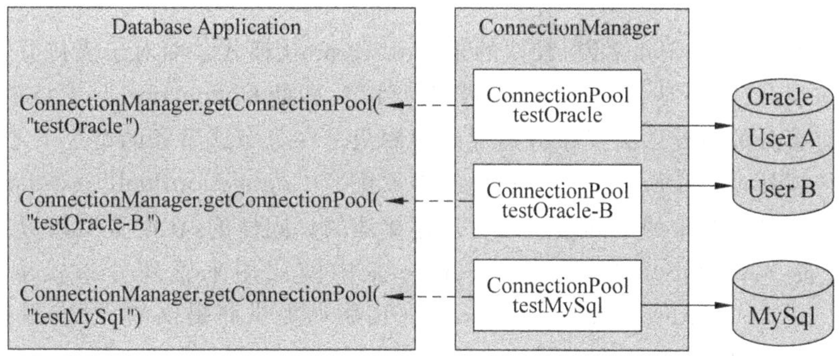

图 7-4 Connection Manager 管理体系

通过 Connection Manager，可以同时管理多个不同的连接池，提供统一的管理界面。在应用系统中通过 Connection Manager 和相关的配置文件，可以将凌乱散落在各自应用程序中的数据库配置信息（包括数据库名、用户、密码等），集中在一个文件中，便于系统的维护。

7.5 分布式事务

获得一个用来支持分布式事务的连接与获得连接池中的连接是很相似的。不同之处在于 DataSource 实现上的不同，而不是在应用程序中获得连接的方式上有什么不同。假设 DataSource 的实现可以与支持分布式事务中间层服务器一起工作，得到连接的代码还是如下所示：

```
Context ctx=new InitialContext();
DataSource ds=(DataSource)ctx.lookup("jdbc/EmployeeDB");
Connection con=ds.getConnection("myPassword", "myUserName");
```

由于性能上的原因，如果一个 DataSource 能够支持分布式的事务，它同样也可以支持连接池管理。

从应用程序设计者的观点来看。是否支持分布式的事务的连接对它来说没什么不同，唯一的不同是在事务的边界上（开始一个事务的地方和结束一个事务的地方），开始一个事务或者结束一个事务都是由事务服务器来控制的。应用程序不应该做任何可能妨碍服务的事情。应用程序不能够直接调用事务提交（commit）或者回滚（rollback）操作，也不能够使用事务的自动提交模式（auto-commit mode）。（在数据库操作完成的时候自动的调用 commit 或者 rollback）

在一个连接参与了分布式事务的时候，下面的代码是你不能做的（con 表示支持分布式事务的连接 Connection）：

```
con.commit();
```

或者

```
con.rollback();
```

或者

```
con.setAutoCommit(true);
```

对于通常的 Connection 来说，默认的是 auto-commit 模式。而对于支持分布式事务的 Connection 来说，默认不是 auto-commit 模式。注意，即使 Connection 是支持事务的，它也可以用于没有事务的情况。关于事务边界的限制只是在分布式事务的情况下才成立的。

配置支持连接池的 DataSource 的时候，涉及配置 ConnectionPoolDataSource 对象，这个对象是三层体系结构中的中间层用来管理连接池的。同样的，在配置支持分布式事务的时候，需要配置 XADataSource，XADataSource 是中间层用来管理分布式事物的对象。ConnectionPoolDataSource 和 XADataSource 是由驱动提供商提供的，对应用程序的设计者来说是透明的。和基本的 DataSource 一样，系统管理员来配置 ConnectionPoolDataSource 和 XADataSource 对象。

7.6 行集

结果集 RowSet 对象是多行数据的集合。根据其目的，可以通过多种方法实现。RowSet 及其相关的接口与 JDBC 2.0 的标准扩展 API 有点不同，它们并不是驱动的一部分，RowSet 是在驱动的上层实现的，可以由其他的任何人来实现它们。

任何类型的 rowset 都实现了 RowSet 接口，RowSet 接口扩展了 ResultSet 接口。这样 RowSet 对象就有了 ResultSet 对象所有的功能，能够通过 getXXX 方法得到数据库中的某列值，通过 updateXXX 方法可以修改某列值，可以移动光标，使当前行变为另一行。

当然，我们更感兴趣的是 RowSet 接口提供的新的功能。作为一个 JavaBean 组件，RowSet 对象可以增加或者删除一个 listener(监听者)，可以 get 或者 set 其属性值。这些属性中，有一个是字符串，表示一个对数据库的请求(Query)，RowSet 接口定义了设定参数的方法，也提供了执行这个请求的方法。这意味着 RowSet 对象能够执行查询请求，可以根据它产生的结果集进行计算。同样，RowSet 也可以根据任何表格数据源进行计算，所以，它不局限于关系数据库。

从数据源得到数据之后，RowSet 对象可以和数据源断开连接，rowset 也可以被序列化。这样，RowSet 就可以通过网络传递给瘦客户端。RowSet 可以被重新连接到数据源，这样，做的修改就可以存回到数据源中去。如果产生了一个 listener，当 RowSet 的当前行移动，或者数据被修改的时候，监听者就会收到通知。例如，图形用户界面组件可以注册成为监听者，当 RowSet 更改的时候，图形用户界面接到通知，就可以修改界面，来符合它所表示的 RowSet。

根据不同的需要，RowSet 接口可以通过多种方法来实现。Java software 已经写了一个 CachedRowSet 实现，从 http://developer.java.sun.com/developer/earlyAccess/crs/index.html 中可以得到这个实现。

与 CachedRowSet 类不一样的是，JDBCRowSet 类总是保持一个和数据源的连接。这样，在 ResultSet 外围简单到加了一层，使基于 JDBC 技术的驱动看起来像是一个简单的 JavaBean 组件一样。

7.7 项目案例

7.7.1 学习目标

通过本案例使读者更感性地认识连接池的创建及使用。

7.7.2 案例描述

本案例是在第 6 章案例基础上进行改版，模仿系统登录功能。将 JDBC Driver 驱动建立数据库连接的方式改版为连接池方式。

7.7.3 案例要点

学习使用 MySQL 数据库驱动创建连接池数据源及连接池，使用连接池获取数据库连接，完成项目中数据层操作。

7.7.4 案例实施

修改 DataAccess.java 类，改版获取数据库获取连接方式：

```
package com.ascent.util;
import java.sql.Connection;
import java.sql.DriverManager;
import java.util.Properties;
import javax.sql.PooledConnection;
import com.mysql.jdbc.jdbc2.optional.MysqlConnectionPoolDataSource;
public class DataAccess {
    private static String url="jdbc:mysql://localhost:3306/ascentweb";
    private static String user="root";
    private static String pwd=" ";

    /**
     * 使用连接池方式获取数据库连接方法
     * /
    public static Connection getConnection() {
        Connection con=null;
        try {
            /**创建能够产生 PooledConnection 的数据源 * /
            MysqlConnectionPoolDataSource  pooledDS=new
MysqlConnectionPoolDataSource();
            pooledDS.setUrl(url);
            pooledDS.setUser(user);
            pooledDS.setPassword(pwd);
            / *
```

```
                * 创建 PooledConnection,PooledConnection 对象表示数据源的物理连接
                * 该连接在应用程序使用完后可以回收而不用关闭,从而减少了需要建立连接的次数
                * /
               PooledConnection pooledConn=pooledDS.getPooledConnection();
               con=pooledConn.getConnection();
               /**设置事务自动提交为 false,禁止自动提交 * /
               con.setAutoCommit(false);
               //设置事务隔离级别
con.setTransactionIsolation(Connection.TRANSACTION_READ_COMMITTED);
          } catch (Exception ex) {
               ex.printStackTrace();
          }
          return con;
     }
}
```

7.7.5 特别提示

(1) 该案例是对第6章案例的改版,对创建连接的工具类DataAccess进行了修改,最终也是提供了静态的返回Connection类型的getConnection方法,所以案例中其他类不需要进行任何修改,LoginDAO业务类中的登录方法仍然使用DataAccess. getConnection()方法获取连接实现功能。测试类也不需要修改。

(2) PooledConnection对象表示到数据源的物理连接。该连接在应用程序使用完后可以回收而不用关闭,从而减少了需要建立连接的次数。

(3) 该实例只是为大家演示了连接池基本API开发步骤,大家可以思考如何使用Java中static(静态)的概念,使PooledConnection实例只被创建一个,从而真正实现使用连接池的高效作用。

7.7.6 拓展与提高

我们现在使用的是编写代码调用PooledConnection对象的方式,那么能不能通过配置连接池来减少编程工作呢?

7.8 本章总结

JDBC 2.0核心API对1.0 API进行了较大的改进,JDBC 2.0标准扩展API通过DataSource注册到JNDI名字服务上,将JDBC技术扩展为一个全新的概念,使应用程序的代码更加精巧,易于控制。新的API支持连接池,支持分布式事务。最后,还使Java应用程序可以在网络上传播结果集,使不可以滚动的ResultSet变成了可以滚动的RowSet。

7.9 习题

(1) 什么是JNDI?

(2) 什么是数据源?什么是连接池?二者有什么关系?

第四部分

Servlet

第8章 Servlet概述与基本原理

学习目的与要求

本章重点介绍了 Servlet 及其 API。通过本章的学习，应理解 Servlet 的工作原理及运行过程，掌握 Servlet API，在实际开发中能够熟练应用。

本章主要内容

- Servlet 基础；
- Servlet 容器；
- Servlet 的生命周期；
- Servlet API；
- 重定向与转发技术；
- 在 Servlet 中使用 JDBC。

8.1 Servlet 基础

8.1.1 什么是 Servlet

Servlet 是 Java Web 程序的核心。它是一种独立于操作系统平台和网路传输协议的服务器端的 Java 应用程序，可以被认为是服务器端的小应用程序(Applet)，但 Servlet 不会像传统的 Java 应用程序一样可以从命令行启动，Servlet 是由包含 Java 虚拟机的 Web 服务器加载和执行的。Servlet 能够从客户端接收请求，并能对客户端进行响应。

8.1.2 Servlet 工作原理及过程

Servlet 运行在包含有 Web 容器的 Web 服务器上，Web 容器负责管理 Servlet，Web 容器初始化 Servlet，管理多个 Servlet 实例。Web 容器会将客户端的请求传给 Servlet，并且将 Servlet 的响应返回给客户端。Web 容器在 Servlet 结束时终结该 Servlet，当服务器关闭时，Web 容器在内存中移除 Servlet（关于 Web 容器将在 8.2 节详细介绍）。

使用 Servlet 的基本流程如图 8-1 所示。

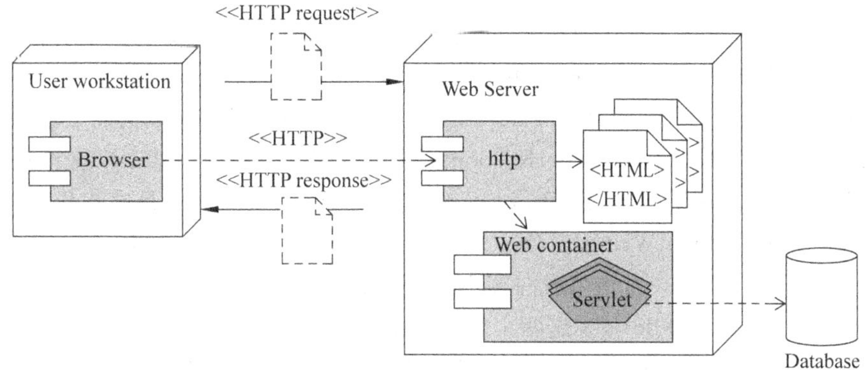

图 8-1 Servlet 的基本流程

（1）客户端（一般是 Web 浏览器）通过 HTTP 提出请求。

（2）Web 服务器接收该请求并将其发给 Servlet。如果这个 Servlet 尚未被加载，Web 服务器将把它加载到 Java 虚拟机并且执行它。

（3）Servlet 将接收该 HTTP 请求并执行某种处理。

（4）Servlet 将向 Web 服务器返回应答。

（5）Web 服务器将从 Servlet 收到的应答发送给客户端。

由于 Servlet 是在服务器上执行，通常与 Applet 相关的安全性的问题并不需实现。Servlet 使很难由 Applet 实现的功能的实现成为可能。与现有系统通过 CORBA、RMI、socket 和本地（native）调用的通信就是其中的例子。另外，一定要注意：Web 浏览器并不直接和 Servlet 通信，Servlet 是由 Web 服务器加载和执行的。这意味着如果 Web 服务器有防火墙保护，那么 Servlet 也将得到防火墙的保护。

8.1.3 Servlet 的基本结构

了解了上面的背景知识后，下面介绍 Servlet 的开发。

1. Servlet 的基本结构代码框架

```
import java.io.*;
import javax.servlet.*;
import javax.servlet.http.*;
public class SomeServlet extends HttpServlet {
public void doGet(HttpServletRequest request,
                                  HttpServletResponse response)
      throws ServletException, IOException {
    //使用 request 读取与客户端请求有关的信息(比如 Cookies)和表单数据
    //使用 response 指定 HTTP 应答状态代码和应答头(比如指定内容类型、设置 Cookie)
```

```
        PrintWriter out=response.getWriter();
      //使用 out 把应答内容发送到浏览器
      }
    }(doPost 方法未写出,形式与 doGet 方法类似)
```

如果某个类要成为Servlet,则它应该继承HttpServlet,根据数据是通过GET方法还是POST方法发送,覆盖doGet、doPost方法之一或全部来实现对HTTP请求信息的动态响应。doGet和doPost方法各有两个参数,分别为HttpServletRequest类型和HttpServletResponse类型。HttpServletRequest提供访问有关请求数据的方法,例如表单数据、HTTP请求头等。HttpServletResponse除了提供用于指定HTTP应答状态(500,404等)、应答头(Content-Type,Set-Cookie等)的方法之外,最重要的是它提供了一个用于向客户端发送数据的PrintWriter对象。对于简单的Servlet来说,它的大部分工作是通过PrintWriter对象的println语句生成向客户端发送的页面。

要指明的是doGet和doPost这两个方法是由service方法调用的,有时你可能需要直接覆盖service方法,比如Servlet要处理GET和POST两种请求时。

注意doGet和doPost抛出两个异常,因此必须在声明中包含它们。另外,还必须导入java.io包(要用到PrintWriter等类)、javax.servlet包(要用到HttpServlet等类)以及javax.servlet.http包(要用到HttpServletRequest类和HttpServletResponse类)。

2. 第一个Servlet

1) Servlet代码

大多数Servlet都利用PrintWirte对象的Println语句输出HTML,所以还有两个额外的步骤要做:告诉浏览器发送的是HTML;修改println语句内容构造出合法的HTML页面。

第一步通过设置Content-Type(内容类型)应答头完成。一般地,应答头可以通过HttpServletResponse的setHeader方法设置,但由于设置内容类型是一个很频繁的操作,因此Servlet API提供了一个专用的方法setContentType。注意设置应答头应该在通过PrintWriter发送内容之前进行。接下来第二步是通过out.println语句构造出响应的HTML页面。下面是一个实例:

```
HelloWorldServlet.java 代码
package sample;
import java.io.*;
import javax.servlet.*;
import javax.servlet.http.*;
public class HelloWorldServlet extends HttpServlet {
  public void doGet(HttpServletRequest request, HttpServletResponse response)
  throws ServletException, IOException {
    response.setContentType("text/html");
    PrintWriter out=response.getWriter();
    out.println("<html>");
    out.println("<head><title>HelloWorldServlet</title></head>");
    out.println("<body bgcolor=\"#ffffff\">");
```

```
        out.println("<p>Hello World!</p>");
        out.println("</body></html>");
    }
}
```

2) Servlet 的配置

除了代码以外，Servlet 的信息还需要在 Web 应用的部署描述文件 web.xml 中描述，它包含如何将 URLs 映射到 Servlets。如下所示：

```
<?xml version="1.0" encoding="UTF-8"?>
<!DOCTYPE web-app PUBLIC "-//Sun Microsystems, Inc.//DTD Web Application 2.3//EN"
"http://java.sun.com/dtd/web-app_2_3.dtd">
<web-app>
  <servlet>
    <servlet-name>helloworldservlet</servlet-name>
    <servlet-class>servlet.HelloWorldServlet</servlet-class>
  </servlet>
 <servlet-mapping>
    <servlet-name>helloworldservlet</servlet-name>
    <url-pattern>/helloworldservlet</url-pattern>
 </servlet-mapping>
</web-app>
```

注意：如果使用集成开发环境如 eclipse 等，部署描述文件 web.xml 是不用手工编写的。

3) 运行 Servlet

这里使用的是 Tomcat 服务器，所以需要将 Servlets 部署在%TOMCAT_HOME/webapps/examples/WEB-INF/classes 文件夹下，其中%TOMCAT_HOME 是 Tomcat 的安装路径，examples 是 Web 应用的名字。

之后如下调用 Servlet，这里一定注意使用的是配置文件中的 url-pattern：

```
http://localhost:8080/examples/helloworldservlet
```

8.1.4 为什么要使用 Servlet

了解了 Servlet 的基本概念，那为什么要使用 Servlet 呢，Servlet 有何优点呢？首先，Servlet 可以很好地替代公共网关接口(Common Gateway Interface，CGI)脚本。通常 CGI 脚本是用 Perl 或者 C 语言编写的，它们总是和特定的服务器平台紧密相关的。而 Servlet 是用 Java 编写的，所以它们一开始就是平台无关的。这样，Java 编写一次就可以在任何平台运行(write once，run anywhere)的承诺就同样可以在服务器上实现了。Servlet 还有一些 CGI 脚本所不具备的独特优点：

(1) Servlet 是持久的。Servlet 只需 Web 服务器加载一次，而且可以在不同请求之间保持服务(例如一次数据库连接)。与之相反，CGI 脚本是短暂的。每一次对 CGI 脚本的请求，都会使 Web 服务器加载并执行该脚本。一旦这个 CGI 脚本运行结束，它就会被从内存中清除，然后将结果返回到客户端。CGI 脚本的每一次使用，都会造成程序初始化过程（例如连接数据库）的重复执行。

(2) Servlet 是与平台无关的。如前所述，Servlet 是用 Java 编写的，它自然也继承了 Java 的平台无关性。

(3) Servlet 是可扩展的。由于 Servlet 是用 Java 编写的，它就具备了 Java 所能带来的所有优点。Java 是健壮的、面向对象的编程语言，它很容易扩展以适应需求。Servlet 自然也具备了这些特征。

(4) Servlet 是安全的。从外界调用一个 Servlet 的唯一方法就是通过 Web 服务器。这提供了高水平的安全性保障，尤其是在 Web 服务器有防火墙保护的时候。

(5) Servlet 可以在多种多样的客户机上使用。由于 Servlet 是用 Java 编写的，所以可以很方便地在 HTML 中使用它们，就像使用 Applet 一样。

使用 Servlet 的方式多得超出你的想象。如果考虑到你在服务器上所能访问到的所有服务（诸如数据库服务器和旧的系统），使用 Servlet 的方式实际上可能是无限的。

8.2 Servlet 容器

Servlet 是对支持 Java 的服务器的一般扩充。它最常见的用途是扩展 Web 服务器，提供非常安全的、可移植的、易于使用的 CGI 替代品。它是一种动态加载的模块，为来自 Web 服务器的请求提供服务。它完全运行在 Java 虚拟机上。由于它在服务器端运行，因此它不依赖于浏览器的兼容性。

Servlet 容器负责处理客户请求、把请求传送给 Servlet 并把结果返回给客户。不同程度的容器实际实现可能有所变化，但容器与 Servlet 之间的接口是由 Servlet API 定义好的，这个接口定义了 Servlet 容器在 Servlet 上要调用的方法及传递给 Servlet 的对象类。

Servlet 生命周期如下：

(1) Servlet 容器创建 Servlet 的一个实例。

(2) 容器调用该实例的 init()方法。

(3) 如果容器对该 Servlet 有请求，则调用此实例的 service()方法。

(4) 容器在销毁本实例前调用它的 destroy()方法。

(5) 销毁并标记该实例以供作为垃圾收集。

一旦请求了一个 Servlet，就没有办法阻止容器执行一个完整的生命周期。容器在 Servlet 首次被调用时创建它的一个实例，并保持该实例在内存中，让它对所有的请求进行处理。容器可以决定在任何时候把这个实例从内存中移走。在典型的模型中，容器为每个 Servlet 创建一个单独的实例，容器并不会每接到一个请求就创建一个新线程，而是使用一个线程池来动态地将线程分配给到来的请求，但是这从 Servlet 的观点来看，效果和为每个请求创建一个新线程的效果相同。

总之，Servlet 容器为 Servlet 提供了运行环境，Servlet 的运行必须依赖于 Servlet 容器，Servlet 不能独立于容器独立运行。

Tomcat 是一个免费的、开源的 Servlet 容器，它是 Apache 基金会的 Jakarta 项目中的一个核心项目，由 Apache、Sun 和其他一些公司及个人共同开发而成。由于有了 Sun 的参与和支持，最新的 Servlet 和 JSP 规范总能在 Tomcat 中得到体现。

1）Tomcat 的安装

Tomcat 的安装非常简单，只需从 http://tomcat.apache.org/whichversion.html 处下载 zip/tar.gz 任何压缩文件，之后将此文件解压到某目录。这样将会生成一子目录，如名为 apache-tomcat-6.0.16。之后设置环境变量 JAVA_HOME 指向 JDK 的目录。之后使用 bin 目录中的脚本启动与关闭 Tomcat。

启动：

```
uinx:bin/startup.sh
win32:bin\startup.bat
```

关闭：

```
unix:bin/shutdown.sh
win32:bin\shutdown.bat
```

2）Tomcat 主要目录结构

假设你已将 Tomcat 解压，你会得到下列目录结构：目录名将在下面一一描述。

- bin：存放二进制命令等，包含启动/关闭脚本等。
- conf：存放不同的配置文件，包括 server.xml（Tomcat 的主要配置文件）和为不同的 Tomcat 配置的 web 应用设置默认值的文件 web.xml。
- doc：包含各种 Tomcat 文档。
- lib：包含 Tomcat 使用的 jar 文件。UNIX 或 Windows 平台下此目录中的任何文件都被加到 Tomcat 的 classpath 中。
- logs：Tomcat 摆放日志文件（log file）的地方。
- webapps：包含所部署的 Web 应用项目

此外 Tomcat 会创建如下目录：

- work：Tomcat 自动生成，放置 Tomcat 运行时的临时文件（如编译后的 JSP 文件）。在调试 JSP 程序时，要用到这些编译成 Servlet 的文件。如在 Tomcat 运行时删除此目录。JSP 页面将不能运行。（JSP 将在后面详细介绍）
- classes：可以创建此目录来添加一些附加的类到类路径中。任何加到此目录中的类都可在 Tomcat 的类路径中找到自身。

3）Tomcat 的配置文件

Tomcat 的配置主要基于两个文件：

（1）./conf/server.xml：Tomcat 的全局配置文件。server.xml 是 Tomcat 的主配置文件。完成两个目标：

- 提供 Tomcat 组件的初始配置。
- 说明 Tomcat 的结构和含义，使得 Tomcat 通过实例化组件完成启动及构建自身，如在 server.xml 所指定的。

（2）./conf/web.xml：在 Tomcat 中配置不同的关系环境。

4）Tomcat6.x 工具

Tomcat 提供有界面的管理控制台 Tomcat Manager。

启动 Tomcat 后，打开 Internet Explorer，输入 http://localhost:8080，界面如图 8-2 所示。

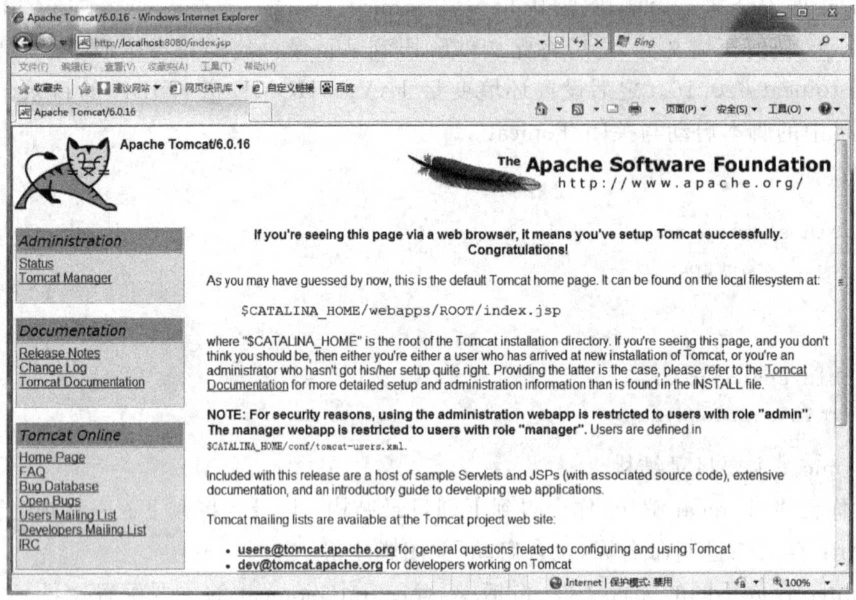

图 8-2 主界面

需要对./conf/tomcat-users.xml 进行配置，在<tomcat-users>标识里添加以下内容

```
<role rolename="manager"/>
<user username="admin" password="" roles="manager"/>
```

然后选择左边的 Tomcat Manager 连接，会打开登录对话框，如图 8-3 所示。

图 8-3 登录对话框

输入用户名和密码，单击“确定”按钮，会显示管理页面，如图 8-4 所示。

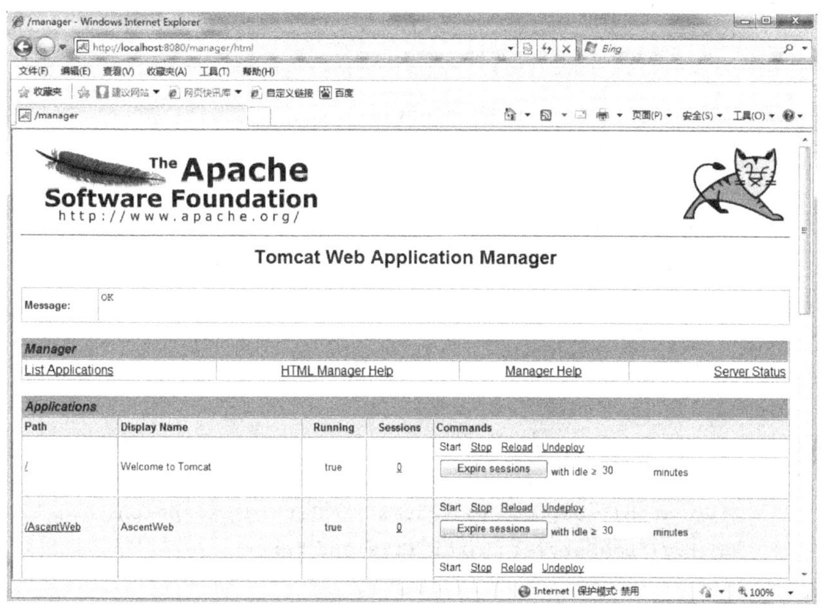

图 8-4 管理页面

它主要用来监控（启动，关闭等）和部署 Tomcat 服务器上运行的 Web 应用程序。

8.3 Servlet 的生命周期

当 Servlet 被加载到 Container 时，Container 可以在同一个 JVM 上执行所有 Servlet，Servlet 之间可以有效地共享数据，但是 Servlet 本身的私有数据亦受 Java 语言机制保护。

Servlet 从产生到结束的流程如图 8-5 所示。

(1) 产生 Servlet，加载到 Servlet Engine 中，然后调用 init 方法来进行初始化工作。

(2) 以多线程的方式处理来自 Client 的请求。

(3) 调用 destroy 方法来销毁 Servlet，进行垃圾收集(garbage collection)。

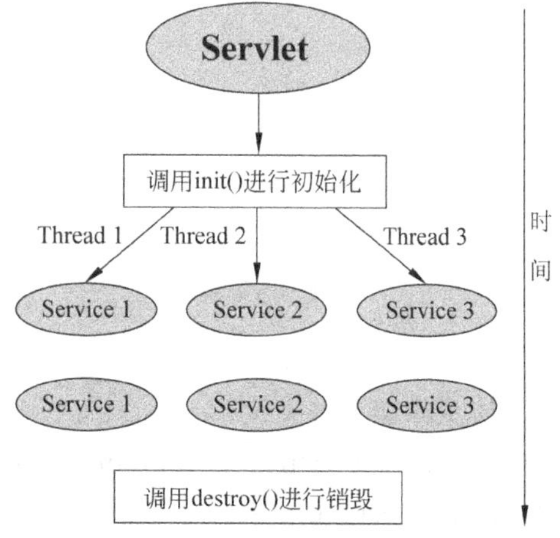

图 8-5 Servlet 从产生到结束的流程

Servlet 生命周期的定义，包括如何加载、实例化、初始化、处理客户端请求以及如何被删除。这个生命周期由 javax.servlet.Servlet 接口的 init、service 和 destroy 方法表达。

举例如下：

```
package sample;
```

```
import javax.servlet.*;
import javax.servlet.http.*;
import java.io.*;
import java.util.*;
public class LogServlet extends HttpServlet {
        private PrintWriter pw;
        public void init(ServletConfig conf) throws
                ServletException {
                super.init(conf);
                log("LogServlet.initialize: enter");
                String logFileName=getInitParameter("logFileName");
                System.out.println(logFileName);
                try {
                    pw=new PrintWriter(new OutputStreamWriter(new
                           FileOutputStream(logFileName,true)),true);
                }catch(Exception e) {throw new ServletException(e);}
                log("LogServlet:initialize:end ");
        }
        public void service(HttpServletRequest req,
                HttpServletResponse res) throws IOException {
                String data="Hello World from Lixin!";
                data=data+"haha";
                this.writeToFile(data);
        }
        private synchronized void writeToFile(String data) {
                pw.println(data);
        }
        public void destroy() {
                try {
                        pw.close();
                } catch(Exception e) {
                        e.getMessage();
                }
        }
}
```

具体步骤如下：

(1) 加载和实例化。当 Container 一开始启动，或是客户端发出请求服务时，Container 会负责加载和实例化一个 Servlet。

(2) 初始化。Servlet 加载并实例化后，Container 再来初始化 Servlet。初始化的过程主要是读取配置信息（例如 JDBC 连接）或其他须执行的任务。也可以借助 ServletConfig 对象取得 Container 的配置信息。例如：

```
<servlet>
    <servlet-name>logservlet</servlet-name>
```

```
        <servlet-class>sample.LogServlet</servlet-class>
        <init-param>
          <param-name>logFileName</param-name>
          <param-value>d:\temp\testdata</param-value>
        </init-param>
    </servlet>
```

其中 logFileName 为初始化的参数名称;d:\temp\testdata 为初始化的值。因此,可以在 LogServlet 程序中使用 ServletConfig 对象的 getInitParameter("logFileName")方法来取得。

(3) 处理请求。Servlet 被初始化后,就可以开始处理请求。每一个请求由 ServletRequest 对象来接收请求;而 ServletResponse 对象来响应该请求。

(4) 服务结束。当 Container 没有限定一个加载的 Servlet 能保存多长时间时,一个 Servlet 实例可能只在 Container 中存活几毫秒,或是其他更长的任意时间。一旦 destroy()方法被调用时,Container 将删除该 Servlet,那么它必须释放所有使用中的资源,若 Container 需要再使用该 Servlet 时,它必须重新建立新的实例。

特别需要指出的是 Servlet 是以多线程的方式工作的,Servlet 可以同时处理多个请求。作为开发人员,需要注意 Servlet 成员变量的线程安全,在 doGet()、doPost()中的局部域变量是线程安全的,而 Servlet 的成员变量则有线程安全的隐患。所以除非你有意需要应用这种特性,在一般情况下,不宜将变量定义成 Servlet 的成员变量,否则一定要采取线程同步的措施确保线程安全。

例如上例中的:

```
    private synchronized void writeToFile(String data) {
        pw.println(data);
    }
```

另外一个方法是采用单线程模型,对于 Servlet 实现 javax. single. SingleThreadModel 接口。这样的 Servlet 牺牲了多线程的速度优势,但保证了程序运行的正确性。

8.4 Servlet API

Java Servlet API 由两个软件包组成:一个是对应 HTTP 的软件包 javax. servlet. http;另一个是不对应 HTTP 的通用软件包 javax. servlet。这两个软件包的同时存在使得 Java Servlet API 能够适应将来的其他请求-响应的协议。

Servlet2. 5 版本 javax. servlet 中的接口包括 Filter; FilterChain; FilterConfig; RequestDispatcher; Servlet; ServletConfig; ServletContext; ServletContextAttributeListener; ServletContextListener; ServletRequest; ServletRequestAttributeListener; ServletRequestListener; ServletResponse; SingleThreadModel。

javax. servlet 中的类包括 GenericServlet; ServletContextAttributeEvent; ServletContextEvent; ServletInputStream; ServletOutputStreamServletRequestAttributeEvent; ServletRequestEvent; ServletRequestWrapper; ServletResponseWrapper; Servlet-

Exception；UnavailableException。

1. Filter接口

一个过滤器对象实现对资源请求的过滤、资源响应的过滤或者资源请求响应过滤。过滤器在doFilter方法中实现过滤，过滤器通过访问FilterConfig对象获得初始化参数，使用ServletContext引用加载完成过滤任务的资源。过滤器在Web应用的部署描述文件中进行配置。

Servlet过滤器的适用场合如下：

- 认证过滤；
- 登录和审核过滤；
- 图像转换过滤；
- 数据压缩过滤；
- 加密过滤；
- 令牌过滤；
- 资源访问触发事件过滤。

Servlet过滤器接口的构成：所有的Servlet过滤器类都必须实现javax.servlet.Filter接口。

这个接口含有3个过滤器类必须实现的方法：

- init(FilterConfig cfg)：这是Servlet过滤器的初始化方法，性质等同与Servlet的init方法。
- doFilter(ServletRequest，ServletResponse，FilterChain)：完成实际的过滤操作，当请求访问过滤器关联的URL时，Servlet容器将先调用过滤器的doFilter方法。FilterChain参数用于访问后续过滤器。
- destroy()：Servlet容器在销毁过滤器实例前调用该方法，这个方法中可以释放Servlet过滤器占用的资源。性质等同于Servlet的destroy方法。

Servlet过滤器的创建步骤如下：

(1) 实现javax.servlet.Filter接口的Servlet类。

(2) 实现init方法，读取过滤器的初始化函数。

(3) 实现doFilter方法，完成对请求或过滤的响应。

(4) 调用FilterChain接口对象的doFilter方法，向后续的过滤器传递请求或响应。

(5) 在web.xml中配置Filter。

2. FilterChain接口

FilterChain是一个由servlet容器提供给开发人员的对象，给出某资源的过滤请求的调用链视图。Filter使用FilterChain调用链中的下一个过滤器，如果调用过滤器是链中的最后一个过滤器，调用链尾部的资源。

doFilter(ServletRequest request, ServletResponse response)方法使得链中的下一个过滤器被调用，如果该调用过滤器已是链中的最后一个过滤器，那么使得链尾部的资源被调用。

3. FilterConfig 接口

一个过滤器配置对象，在初始化过程中由 Servlet 容器使用传递信息给过滤器。

4. RequestDispatcher 接口

定义一个对象，从客户端接收请求，然后将它发给服务器的可用资源（例如 Servlet、CGI、HTML 文件、JSP 文件）。Servlet 引擎创建 request dispatcher 对象，用于封装由一个特定的 URL 定义的服务器资源。这个接口是专用于封装 Servlet 的，但是一个 Servlet 引擎可以创建 request dispatcher 对象用于封装任何类型的资源。request dispatcher 对象是由 Servlet 引擎建立的，而不是由 Servlet 开发者建立的。

方法如下：

（1）forward 方法。

```
public void forward(ServletRequest request, ServletReponse response)
      throws ServletException, IOException;
```

被用来从这个 Servlet 向其他服务器资源传递请求。当一个 Servlet 对响应作了初步的处理，并要求其他的对象对此作出响应时，可以使用这个方法。

当 request 对象被传递到目标对象时，请求的 URL 路径和其他路径参数会被调整为反映目标对象的目标 URL 路径。

如果已经通过响应返回了一个 ServletOutputStream 对象或 PrintWriter 对象，这个方法将不能使用，否则，这个方法会抛出一个 IllegalStateException。

（2）include 方法。

```
public void include(ServletRequest request, ServletResponse response)
      throws ServletException, IOException
```

用来包括发送给其他服务器资源的响应的内容。从本质上说，这个方法反映了服务器端的内容。

请求对象传到目标对象后会反映调用请求的请求 URL 路径和路径信息。这个响应对象只能调用这个 Servlet 的 ServletOutputStream 对象和 PrintWriter 对象。

一个调用 include 的 Servlet 不能设置头域，如果这个 Servlet 调用了必须设置头域的方法（例如 Cookie），这个方法将不能保证正常使用。作为一个 Servlet 开发者，必须妥善地解决那些可能直接存储头域的方法。例如，即使使用会话跟踪，为了保证 session 的正常工作，必须在一个调用 include 的 Servlet 之外开始 session。

5. Servlet 接口

Servlet 接口是 Servlet 主要抽象的 API。所有 Servlet 都需要直接实现这一接口或者继承实现了该接口的类。Servlet API 中有两个类实现了 Servlet 接口，即 GenericServlet 和 HttpServlet。大多数情况下，开发人员只需要在这两个类的基础上扩展来实现他们自己的 Servlet。

方法：

1）init

语法：

```
public void init(ServletConfig config) throws ServletException;
```

Servlet引擎会在Servlet实例化之后，置入服务之前精确地调用init方法。在调用service方法之前，init方法必须成功退出。如果init方法抛出一个ServletException，不能将这个Servlet置入服务中，如果init方法在超时范围内没完成，也可以假定这个Servlet是不具备功能的，也不能置入服务中。

2）service

语法：

```
public void service(ServletRequest request, ServletResponse response)
        throws ServletException, IOException;
```

Servlet引擎调用这个方法以允许Servlet响应请求。这个方法在Servlet未成功初始化之前无法调用。在Servlet被初始化之前，Servlet引擎能够封锁未决的请求。在一个Servlet对象被卸载后，直到一个新的Servlet被初始化，Servlet引擎不能调用这个方法。

3）destroy

语法：

```
public void destroy();
```

当一个Servlet被从服务中去除时，Servlet引擎调用这个方法。在这个对象的service方法的所有线程未全部退出或者没被引擎认为发生超时操作时，destroy方法不能被调用。

4）getServletConfig

语法：

```
public ServletConfig getServletConfig();
```

返回一个ServletConfig对象，作为一个Servlet的开发者，应该通过init方法存储ServletConfig对象以便这个方法能返回这个对象。为了便利，GenericServlet在执行这个接口时，已经这样做了。

5）getServletInfo 语法

```
public String getServletInfo();
```

允许Servlet向主机的Servlet运行者提供有关它本身的信息。返回的字符串应该是纯文本格式的而不应有任何标志(例如HTML，XML等)。

6. ServletConfig 接口

ServletConfig接口用于描述Servlet本身的相关配置信息。

Servlet配置初始化参数，例如：

```
<servlet>
<servlet-name>XXX</servlet-name>
<servlet-class>Xxx</servlet-class>
```

```
<init-param>
<param-name>yyy</param-name>
<param-value>xxx</param-value>
</init-param>
</servlet>
```

这些初始化参数可以通过 this. getServletConfig. getInitParameter ( ) 获取，每一个 ServletConfig 对象对应着一个唯一的 Servlet。

方法：

1) getInitParameter

语法：

```
public String getInitParameter(String name);
```

这个方法返回一个包含 Servlet 指定的初始化参数的 String。如果这个参数不存在，返回空值。

2) getInitParameterNames

语法：

```
public Enumeration getInitParameterNames();
```

这个方法返回一个列表 String 对象，该对象包括 Servlet 的所有初始化参数名。如果 Servlet 没有初始化参数，则 getInitParameterNames 返回一个空的列表。

3) getServletContext

语法：

```
public ServletContext getServletContext();
```

这个方法返回这个 Servlet 的 ServletContext 对象。

7. ServletContext 接口

servletContext 接口是 Servlet 中最大的一个接口，呈现了 Web 应用的 Servlet 视图。ServletContext 实例是通过 getServletContext()方法获得的，通过这个对象，Servlet 引擎向 Servlet 提供环境信息。

方法：

1) getAttribute

语法：

```
public Object getAttribute(String name);
```

这个方法返回 Servlet 环境对象中指定的属性对象。如果该属性对象不存在，返回空值。这个方法允许访问有关这个 Servlet 引擎的在该接口的其他方法中尚未提供的附加信息。

2) getAttributeNames

语法：

```
public Enumeration getAttributeNames();
```

这个方法返回一个Servlet环境对象中可用的属性名的列表。

3) getContext

语法:

```
public ServletContext getContext(String uripath);
```

这个方法返回一个Servlet环境对象,这个对象包括了特定URI路径的Servlets和资源,如果该路径不存在,则返回一个空值。URI路径格式是/dir/dir/filename.ext。为了安全,如果通过这个方法访问一个受限制的Servlet的环境对象,会返回一个空值。

4) getMajorVersion

语法:

```
public int getMajorVersion();
```

这个方法返回Servlet引擎支持的Servlet API的主版本号。例如对于2.1版,这个方法会返回一个整数2。

5) getMinorVersion

语法:

```
public int getMinorVersion();
```

这个方法返回Servlet引擎支持的Servlet API的次版本号。例如对于2.1版,这个方法会返回一个整数2。

6) getMimeType

语法:

```
public String getMimeType(String file);
```

这个方法返回指定文件的MIME类型,如果这种MIME类型未知,则返回一个空值。MIME类型是由Servlet引擎的配置决定的。

7) getRealPath

语法:

```
public String getRealPath(String path);
```

一个符合URL路径格式的指定的虚拟路径的格式是:/dir/dir/filename.ext。用这个方法,可以返回与一个符合该格式的虚拟路径相对应的真实路径的String。这个真实路径的格式应该适合于运行这个Servlet引擎的计算机(包括其相应的路径解析器)。不管是什么原因,如果这一从虚拟路径转换成实际路径的过程不能执行,该方法将会返回一个空值。

8) getResource

语法:

```
public URL getResource(String uripath);
```

这个方法返回一个URL对象,该对象反映位于给定的URL地址(格式:/dir/dir/filename.ext)的Servlet环境对象已知的资源。无论URLStreamHandlers对于访问给定的环境是不是必须的,Servlet引擎都必须执行。如果给定的路径的Servlet环境没有已知的资源，该方法会返回一个空值。这个方法和 java.lang.Class 的 getResource 方法不完全相同，java.lang.Class 的 getResource 方法通过装载类来寻找资源，而这个方法允许服务器产生环境变量给任何资源的任何 Servlet，而不必依赖于装载类、特定区域等。

9) getResourceAsStream

语法：

```
public InputStream getResourceAsStream(String uripath);
```

这个方法返回一个 InputStream 对象，该对象引用指定的 URL 的 Servlet 环境对象的内容。如果没找到 Servlet 环境变量，就会返回空值，URL 路径的格式应该为/dir/dir/filename.ext。这个方法是一个通过 getResource 方法获得 URL 对象的方便的途径。请注意，当使用这个方法时，meta-information(例如内容长度、内容类型)会丢失。

10) getRequestDispatcher

语法：

```
public RequestDispatcher getRequestDispatcher(String uripath);
```

如果在这个指定的路径下能够找到活动的资源(例如一个 Servlet，JSP 页面，CGI 等)就返回一个特定 URL 的 RequestDispatcher 对象，否则，就返回一个空值，Servlet 引擎负责用一个 request dispatcher 对象封装目标路径。这个 request dispatcher 对象可以用来完成请求的传送。

11) getServerInfo

语法：

```
public String getServerInfo();
```

返回一个 String 对象，该对象至少包括 Servlet 引擎的名字和版本号。

12) log

语法：

```
public void log(String msg);
public void log(String msg, Throwable t);
public void log(Exception exception, String msg);              //这种用法将被取消
```

这个方法写指定的信息到一个 Servlet 环境对象的 log 文件中。被写入的 log 文件由 Servlet 引擎指定，但是通常这是一个事件 log。当这个方法被一个异常调用时，log 中将包括堆栈跟踪。

13) setAttribute

语法：

```
public void setAttribute(String name, Object o);
```

这个方法给予 Servlet 环境对象中用户所指定的对象一个名称。

14) removeAttribute

语法：

```
public void removeAttribute(String name);
```

这个方法从指定的 Servlet 环境对象中删除一个属性。

注意：以下几个方法将被取消。

15）getServlet

语法：

```
public Servlet getServlet(String name)throws ServletException;
```

这个方法最初用来返回一个指定名称的 Servlet，如果没找到就返回一个空值。如果这个 Servlet 能够返回，这就意味着它已经被初始化，而且已经可以接受 service 请求。这是一个危险的方法。当调用这个方法时，可能并不知道 Servlet 的状态，这就可能导致有关服务器状态的问题，而允许一个 Servlet 访问其他 Servlet 的这个方法也同样的危险。现在这个方法返回一个空值，为了保持和以前版本的兼容性，现在这个方法还没有被取消。在以后的 API 版本中，该方法将被取消。

16）getServletNames

语法：

```
public Enumeration getServletNames();
```

这个方法最初用来返回一个 String 对象的列表，该列表表示了在这个 Servlet 环境下所有已知的 Servlet 对象名。这个列表总是包含这个 Servlet 自身。基于与上一个方法同样的理由，这也是一个危险的方法。现在这个方法返回一个空的列表。为了保持和以前版本的兼容性，现在这个方法还没有被取消。在以后的 API 版本中，该方法将被取消。

17）getServlets

语法：

```
public Enumeration getServlets();
```

这个方法最初用来返回在这个 Servlet 环境下所有已知的 Servlet 对象的列表。这个列表总是包含这个 Servlet 自身。基于与 getServlet 方法同样的理由，这也是一个危险的方法。现在这个方法返回一个空列表。为了保持和以前版本的兼容性，现在这个方法还没有被取消。在以后的 API 版本中，该方法将被取消。

8. ServletContextAttributeListener 接口

此接口用于监听 Web 应用属性改变的事件，包括增加属性、删除属性和修改属性，监听器类需要实现 javax.servlet.ServletContextAttributeListener 接口。

方法：

void attributeAdded(ServletContextAttributeEvent scab)：若有对象加入 Application 的范围，通知正在收听的对象。

void attributeRemoved(ServletContextAttributeEvent scab)：若有对象从 Application 的范围移除，通知正在收听的对象。

void attributeReplaced(ServletContextAttributeEvent scab)：若在 Application 的范围中，有对象取代另一个对象时，通知正在收听的对象。

9. ServletContextListener 接口

此接口用于监听 Web 应用启动和销毁的事件，监听器类需要实现 javax.servlet.ServletContextListener 接口。

ServletContextListener 是 ServletContext 的监听者，如果 ServletContext 发生变化，如服务器启动时 ServletContext 被创建，服务器关闭时 ServletContext 将要被销毁。

方法：

void contextInitialized(ServletContextEvent sce)：通知正在接受的对象，应用程序已经被加载及初始化。

void contextDestroyed(ServletContextEvent sce)：通知正在接受的对象，应用程序已经被载出。

10. ServletRequest 接口

此接口定义一个 Servlet 引擎产生的对象，通过这个对象，Servlet 可以获得客户端请求的数据。这个对象通过读取请求体的数据提供包括参数的名称、值和属性以及输入流的所有数据。

方法：

1) getAttribute

语法：

```
public Object getAttribute(String name);
```

这个方法返回请求中指定属性的值，如果这个属性不存在，就返回一个空值。这个方法允许访问一些不提供给这个接口中其他方法的请求信息以及其他 Servlet 放置在这个请求对象内的数据。

2) getAttributeNames

语法：

```
public Enumeration getAttributeNames();
```

这个方法返回包含在这个请求中的所有属性名的列表。

3) getCharacterEncoding

语法：

```
public String getCharacterEncoding();
```

这个方法返回请求中输入内容的字符编码类型，如果没有定义字符编码类型就返回空值。

4) getContentLength

语法：

```
public int getContentLength();
```

这个方法请求内容的长度，如果长度未知就返回－1。

5) getContentType

语法:

```
public String getContentType();
```

这个方法返回请求数据体的 MIME 类型,如果类型未知则返回空值。

6) getInputStream

语法:

```
public ServletInputStream getInputStream() throws IOException;
```

这个方法返回一个输入流用来从请求体读取二进制数据。如果在此之前已经通过 getReader 方法获得了要读取的结果,这个方法会抛出一个 IllegalStateException。

7) getParameter

语法:

```
public String getParameter(String name);
```

这个方法以一个 String 返回指定的参数的值,如果这个参数不存在则返回空值。例如,在一个 HTTP Servlet 中,这个方法会返回一个指定的查询语句产生的参数的值或一个被提交的表单中的参数值。如果一个参数名对应着几个参数值,这个方法只能返回通过 getParameterValues 方法返回的数组中的第一个值。因此,如果这个参数有(或者可能有)多个值,只能使用 getParameterValues 方法。

8) getParameterNames

语法:

```
public Enumeration getParameterNames();
```

这个方法返回所有参数名的 String 对象列表,如果没有输入参数,该方法返回一个空值。

9) getParameterValues

语法:

```
public String[] getParameterValues(String name);
```

这个方法通过一个 String 对象的数组返回指定参数的值,如果这个参数不存在,该方法返回一个空值。

10) getProtocol

语法:

```
public String getProtocol();
```

这个方法返回这个请求所用的协议,其形式是"协议/主版本号.次版本号"。例如,对于一个 HTTP1.0 的请求,该方法返回 HTTP/1.0。

11) getReader

语法:

```
public BufferedReader getReader() throws IOException;
```

这个方法返回一个 buffered reader 用来读取请求体的实体，其编码方式依照请求数据的编码方式。如果这个请求的输入流已经被 getInputStream 调用获得，这个方法会抛出一个 IllegalStateException。

12) getRemoteAddr

语法：

```
public String getRemoteAddr();
```

这个方法返回发送请求者的 IP 地址。

13) getRemoteHost

语法：

```
public String getRemoteHost();
```

这个方法返回发送请求者的主机名称。如果引擎不能或者选择不解析主机名(为了改善性能)，这个方法会直接返回 IP 地址。

14) getScheme

语法：

```
public String getScheme();
```

这个方法返回请求所使用的 URL 的模式。例如，对于一个 HTTP 请求，这个模式就是 http。

15) getServerName

语法：

```
public String getServerName();
```

这个方法返回接收请求的服务器的主机名。

16) getServerPort

语法：

```
public int getServerPort();
```

这个方法返回接收请求的端口号。

17) setAttribute

语法：

```
public void setAttribute(String name, Object object);
```

这个方法在请求中添加一个属性，这个属性可以被其他可以访问这个请求对象的对象(例如一个嵌套的 Servlet)使用。

注意：以下方法将被取消。

18) getRealPath

语法：

```
public String getRealPath(String path);
```

这个方法返回与虚拟路径相对应的真实路径，如果因为某种原因，这一过程不能进行，该方法将返回一个空值。这个方法和 ServletContext 接口中的 getRealPath 方法重复。在 2.1 版中，ServletContext 接口将阐明一个 Servlet 所能用的所有的路径的映射。该方法执行的结果将会与 ServletContext 中 getRealPath 方法的结果完全一样。

11. ServletRequestAttributeListener 接口

开发者可以实现 ServletRequestAttributeListener 接口从而在请求对象属性发生变化时获得通知。属性改变的事件包括增加属性、删除属性和修改属性。

12. ServletRequestListener 接口

开发者可以实现 ServletRequestListener 接口从而在请求进入或退出 Web 组件的作用域时获得通知。当请求进入 Web 应用的第一个 servlet 或 filter 从而进入作用域时，以及当请求退出最后一个 Servlet 或者链中的第一个 filter 时，触发监听方法。

13. ServletResponse 接口

此接口定义一个 Servlet 引擎产生的对象，通过这个对象，Servlet 对客户端的请求作出响应。这个响应应该是一个 MIME 实体，可能是一个 HTML 页、图像数据或其他 MIME 的格式。

方法：

1）getCharacterEncoding

语法：

```
public String getCharacterEncoding();
```

这个方法返回 MIME 实体的字符编码。这个字符编码可以是指定的类型，也可以是与请求头域所反映的客户端所能接受的字符编码最匹配的类型。在 HTTP 协议中，这个信息被通过 Accept-Charset 传送到 Servlet 引擎。有关字符编码和 MIME 的更多信息请参看 RFC 2047。

2）getOutputStream

语法：

```
public ServletOutputStream getOutputStream() throws IOException;
```

这个方法返回一个记录二进制的响应数据的输出流。如果这个响应对象已经调用 getWriter，将会抛出 IllegalStateException。

3）getWriter

语法：

```
public PrintWriter getWriter throws IOException;
```

这个方法返回一个 PringWriter 对象用来记录格式化的响应实体。如果要反映使用的字符编码，必须修改响应的 MIME 类型。在调用这个方法之前，必须设定响应的 content 类型。如果没有提供这样的编码类型，会抛出一个 UnsupportedEncodingException，如果这个响应对象已调用 getOutputStream，会抛出一个 getOutputStream。

4) setContentLength

语法：

```
public void setContentLength(int length);
```

这个方法设置响应的内容的长度，会覆盖以前对内容长度的设定。为了保证成功地设定响应头的内容长度，在响应被提交到输出流之前必须调用这个方法。

5) setContentType

语法：

```
public void setContentType(String type);
```

这个方法用来设定响应的 content 类型。这个类型以后可能会在另外的一些情况下被隐式地修改，这里所说的另外的情况是当服务器发现有必要的情况下对 MIME 的字符设置。为了保证成功地设定响应头的 content 类型，在响应被提交到输出流之前必须调用这个方法。

14. SingleThreadModel 接口

这是一个空接口，它指定了系统如何处理对同一个 Servlet 的调用。如果一个 Servlet 被这个接口指定，那么在这个 Servlet 中的 service 方法中将不会有两个线程被同时执行。Servlet 可以通过维持一个各自独立的 Servlet 实例池，或者通过只让 Servlet 的 service 中只有一个线程的方法来实现这个保证。

15. GenericServlet 类

构造函数：

```
public abstract class GenericServlet implements Servlet,
        ServletConfig, Serializable;
```

这个类的存在使得编写 Servlet 更加方便。它提供了一个简单的方案，这个方案用来执行有关 Servlet 生命周期的方法以及在初始化时对 ServletConfig 对象和 ServletContext 对象进行说明。

方法：

1) destroy

语法：

```
public void destroy();
```

在这里 destroy 方法不做任何其他的工作。

2) getInitParameter

语法：

```
public String getInitParameter(String name);
```

这是一个简便的途径，它将会调用 ServletConfig 对象的同名的方法。

3) getInitParameterNames

语法：

```
public Enumeration getInitParameterNames();
```

这是一个简便的途径,它将会调用 ServletConfig 对象的同名的方法。

4) getServletConfig

语法:

```
public ServletConfig getServletConfig();
```

返回一个通过这个类的 init 方法产生的 ServletConfig 对象的说明。

5) getServletContext

语法:

```
public ServletContext getServletContext();
```

这是一个简便的途径,它将会调用 ServletConfig 对象的同名的方法。

6) getServletInfo

语法:

```
public String getServletInfo();
```

这个方法返回一个反映 Servlet 版本的 String。

7) init

语法:

```
public void init() throws ServletException;
public void init(ServletConfig config) throws ServletException;
```

init(ServletConfig config)方法是一个对这个 Servlet 的生命周期进行初始化的简便的途径。

init()方法是用来对 GenericServlet 类进行扩充的,使用这个方法时,不需要存储 config 对象,也不需要调用 super. init(config)。

init(ServletConfig config)方法会存储 config 对象然后调用 init()。如果重载了这个方法,必须调用 super. init(config),这样 GenericServlet 类的其他方法才能正常工作。

8) log

语法:

```
public void log(String msg);
public void log(String msg, Throwable cause);
```

这个方法通过 Servlet content 对象将 Servlet 的类名和给定的信息写入 log 文件中。

9) service

语法:

```
public abstract void service(ServletRequest request, ServletResponse
            response) throws ServletException, IOException;
```

这是一个抽象的方法,当扩展这个类时,为了执行网络请求,必须执行它。

16. ServletContextAttributeEvent 类

此类是 Web 应用程序的 Servlet 上下文属性发生变化时产生的通知事件类。

17. ervletContextEvent 类

此类是 Web 应用程序的 Servlet 上下文发生变化时产生的通知事件类。

18. ServletInputStream 类

这个类定义了一个用来读取客户端的请求信息的输入流。这是一个 Servlet 引擎提供的抽象类。一个 Servlet 通过使用 ServletRequest 接口获得了对一个 ServletInputStream 对象的说明。这个类的子类必须提供一个从 InputStream 接口读取有关信息的方法。

方法为 readLine。

语法：

```
public int readLine(byte[] b, int off, int len) throws IOException;
```

这个方法从输入流的指定的偏移量开始将指定长度的字节读入到指定的数组中。如果该行所有请求的内容都已被读取,这个读取的过程将结束。如果是遇到了新的一行,新的一行的首个字符也将被读入到数组中。

19. ServletOutputStream 类

这是一个由 Servlet 引擎使用的抽象类。Servlet 通过使用 ServletResponse 接口获得了对一个这种类型的对象的说明。利用这个输出流可以将数据返回到客户端。这个类的子类必须提供一个向 OutputStream 接口写入有关信息的方法。在这个接口中,当一个刷新或关闭的方法被调用时。所有数据缓冲区的信息将会被发送到客户端,也就是说响应被提交了。请注意,关闭这种类型的对象时不一定要关闭隐含的 socket 流。

方法：

1) print

语法：

```
public void print(String s) throws IOException;
public void print(boolean b) throws IOException;
public void print(char c) throws IOException;
public void print(int i) throws IOException;
public void print(long l) throws IOException;
public void print(float f) throws IOException;
public void print(double d) throws IOException;
```

这个方法输出变量到输出流中。

2) println

语法：

```
public void println() throws IOException;
public void println(String s) throws IOException;
public void println(boolean b) throws IOException;
```

```
public void println(char c) throws IOException;
public void println(int i) throws IOException;
public void println(long l) throws IOException;
public void println(float f) throws IOException;
public void println(double d) throws IOException;
```

这个方法输出变量到输出流中,并增加一个回车换行符。

20. ServletRequestAttributeEvent 类

此类是 Web 应用程序中 Servlet 请求属性发生变化时产生的通知事件类。

21. ServletRequestEvent 类

这类事件表明了一个 ServletRequest 生命周期事件。事件的来源是此 Web 应用的 ServletContext。

22. ServletRequestWrapper 类

此类提供了一种实现 ServletRequest 接口的便捷方式,开发人员想改写 Servlet 请求的话,可以对其子类化。该类实现了包装或装饰模式。

23. ServletResponseWrapper 类

此类提供了一种实现 ServletRsponse 接口的便捷方式,开发人员想改写 Servlet 响应的话,可以对其子类化。该类实现了包装或装饰模式。

24. ServletException 类

此类当 Servlet 遇到问题时抛出的一个异常。

构造函数:

```
public ServletException();
public ServletException(String message);
public ServletException(String message, Throwable cause);
public ServletException(Throwable cause);
```

构造一个新的 ServletException,如果这个构造函数包括一个 Throwable 参数,这个 Throwable 对象将被作为可能抛出这个异常的原因。

方法为 getRootCause。

语法:

```
public Throwable getRootCause();
```

如果配置了抛出这个异常的原因,这个方法将返回这个原因,否则返回一个空值。

25. UnavailableException 类

不论一个 Servlet 是永久的还是临时的无效,都会抛出这个异常。Servlet 会记录这个异常以及 Servlet 引擎所要采取的相应措施。

临时的无效是指 Servlet 在某一时间由于一个临时的问题而不能处理请求。例如,在另一个不同的应用层的服务(可能是数据库)无法使用。这个问题可能会自行纠正或者需要采取其他的纠正措施。

永久的无效是指除非管理员采取措施，这个 Servlet 将不能处理客户端的请求。例如，这个 Servlet 配置信息丢失或 Servlet 的状态被破坏。

Servlet 引擎可以安全地处理包括永久无效在内的这两种异常，但是对临时无效的正常处理可以使得 Servlet 引擎更健壮。特别的，这时对 Servlet 的请求只是被阻止(或者是被延期)一段时间，这显然要比在 service 自己重新启动前完全拒绝请求更为科学。

构造函数：

```
public UnavailableException(Servlet servlet, String message);
public UnavailableException(int seconds, Servlet servlet,
            String message);
```

这个构造函数构造一个包含指定的描述信息的新的异常。如果这个构造函数有一个关于秒数的参数，这将给出 Servlet 发生临时无效后，能够重新处理请求的估计时间。如果不包含这个参数，就意味着这个 Servlet 永久无效。

方法：

1) getServlet

语法：

```
public Servlet getServlet();
```

这个方法返回报告无效的 Servlet。这被 Servlet 引擎用来识别受到影响的 Servlet。

2) getUnavailableSeconds

语法：

```
public int getUnavailableSeconds();
```

这个方法返回 Servlet 预期的无效时间，如果这个 Servlet 是永久无效，返回－1。

3) isPermanent

语法：

```
public boolean isPermanent();
```

如果这个 Servlet 永久无效，返回布尔值 true，指示必须采取一些管理行动以使得这个 Servlet 可用。

软件包 javax. servlet. http 的接口包括 HttpServletRequest、HttpServletResponse、HttpSession、HttpSessionActivationListener、HttpSessionAttributeListerner、HttpSessionBindingListener、HttpSessionContext、HttpSessionListener。软件包 javax. servlet. http 的类包括 Cookie、HttpServlet、HttpServletRequestWrapper、HttpServletResponseWrapper、HttpSessionBindingEvent、HttpSessionEvent、HttpUtils。

javax. servlet. http 包定义的类和接口功能如下。

(1) HttpServletRequest 接口：继承了 ServletRequest 接口，为 HTTPServlet 提供请求信息。Servlet 容器产生一个 httpservletrequest 对象并将其作为一个参数传递给 Servlet 的 service 方法。

(2) HttpServletResponse 接口：继承了 ServletResponse 接口，为 HTTPServlet 输出

响应信息提供支持。Servlet 容器产生一个 httpservletresponse 对象并将其作为一个参数传递给 Servlet 的 service 方法。

(3) HttpSession 接口：为维护 HTTP 用户的会话状态提供支持。提供一种方法在对于一个 Web 应用的多次请求或访问之间标识一个用户，并且可以保存关于用户的相关信息。Servlet 容器使用该接口生成一个介于 http 客户端和 http 服务器之间的会话。会话会持续特定的时间段，跨越用户的多次连接或页面请求。一个会话经常对应一个用户，该用户可能多次访问一个站点。服务器可以通过多种方式维持一个会话，例如 Cookie 或 URL 重写。

(4) HttpSessionActivationListener 接口：绑定到会话的对象会监听会话钝化和激活的容器事件。在虚拟机之间迁移会话和维持会话的容器需要通知绑定到会话的实现了 HttpSessionActivationListener 接口的那些属性。

(5) HttpSessionAttributeListener 接口：该监听器接口的实现类可以捕获 Web 应用中会话属性列表的变化。

(6) HttpSessionBindingListener 接口：使得某对象在加入一个会话或从会话中删除时能够得到通知。

(7) HttpSessionContext 接口：由 Servlet 2.1 定义，该对象在新版本已不被支持。

(8) HttpSessionListener 接口：该接口的实现类会收到一个 Web 应用中活动会话列表的变化。为了获得通知事件，实现类必须在 Web 应用的部署描述中进行配置。

(9) Cookie 类：Cookie 是由 Servlet 发送给 Web 浏览器的一小段信息，该信息由浏览器保存并且后来再发送给服务器。一个 Cookie 的值可以唯一地标识一个客户，因此 Cookie 一般用来完成会话管理。一个 Cookie 有一个名字，一个单一的值，以及可选的属性，例如一个注释，路径和域的限定，最大生存期和版本号。

(10) HttpServlet 类：定义了一个抽象类，继承 GenericServlet 抽象类。提供一个抽象类使子类可以创建一个适合 Web 站点的 HTTP Servlet。HttpServlet 的子类至少应该覆盖下面列出的方法中的一个：

- doGet：Servlet 支持 HTTP GET 请求。
- doPost：支持 HTTP POST 请求。
- doPut：支持 HTTP PUT 请求。
- doDelete：支持 HTTP DELETE 请求。
- init and destroy：管理 Servlet 生命周期中保持的资源。
- getServletInfo：用来提供自身的信息。

没有理由需要重写 service 方法。service 处理标准 HTTP 请求，将每种 HTTP 请求类型转发至不同的处理方法(上面列出的 doXXXmethods)同样，也没有理由重写 doOptions 和 doTrace 方法。

Servlet 通常运行在多线程的服务器上，因此 Servlet 必须处理并发请求，小心地同步化访问共享资源。共享资源包括内存中的数据比如实例或类变量，和外部对象比如文件、数据库连接以及网络连接。

(11) HttpServletRequestWrapper 类：提供 HttpServletRequest 接口的简便实现，开发者可以定义该类的子类以实现一个特定 Servlet 的请求。

(12) HttpServletResponseWrapper 类：提供 HttpServletResponse 接口的简便实现，开发者可以定义该类的子类以实现一个特定 Servlet 的响应。

(13) HttpSessionBindingEvent 类：定义了一种对象，当某一个实现了 HttpSessionBindingListener 接口的对象被加入会话或从会话中删除时，会收到该类对象的一个句柄。

(14) HttpSessionEvent 类：代表 Web 应用中会话发生变化的通知事件。

(15) HttpUtils 类：提供了一系列便于编写 HTTPServlet 的方法。

关于 javax. servlet. http 包中接口和类中方法的具体定义，请参考 Servlet API 文档。

8.5 重定向与转发技术

当 Web 容器接收到客户端的请求后，它负责创建 request 对象和 response 对象，然后将这两个对象以参数的形式传递给与请求 URL 地址相关联的 Servlet 的 service()方法进行处理。但对于复杂的处理过程，仅仅通过一个 Servlet 来实现对于请求的处理比较困难，这时经常需要几个资源间共同协作完成对于请求的处理。资源间的协作包括转发与重定向。

在 Servlet 中调用转发、重定向的语句如下：

```
request.getRequestDispatcher("new.jsp").forward(request, response);   //转发
response.sendRedirect("new.jsp");                                      //重定向
```

转发是服务器行为，重定向是客户端行为。具体工作流程如下：

转发过程：客户浏览器发送 http 请求，Web 服务器接受此请求，调用内部的一个方法在容器内部完成请求处理和转发动作，将目标资源发送给客户；在这里，转发的路径必须是同一个 Web 容器下的 url，不能转向到其他的 Web 路径上去，中间传递的是自己的容器内的 request。在客户浏览器路径栏显示的仍然是其第一次访问的路径，也就是说客户是感觉不到服务器做了转发的。转发行为是浏览器只做了一次访问请求。

重定向过程：客户浏览器发送 http 请求，Web 服务器接受后发送 302 状态码响应及对应新的 location 给客户浏览器，客户浏览器发现是 302 响应，则自动再发送一个新的 http 请求，请求 url 是新的 location 地址，服务器根据此请求寻找资源并发送给客户。在这里 location 可以重定向到任意 URL，既然是浏览器重新发出了请求，则就没有什么 request 传递的概念了。在客户浏览器路径栏显示的是其重定向的路径，客户可以观察到地址的变化。重定向行为是浏览器做了至少两次的访问请求。

尽管 HttpServletResponse. sendRedirect 方法和 RequestDispatcher. forward 方法都可以让浏览器获得另外一个 URL 所指向的资源，但两者的内部运行机制有着很大的区别。下面是 HttpServletResponse. sendRedirect 方法实现的请求重定向与 RequestDispatcher. forward 方法实现的请求转发的比较。

(1) RequestDispatcher. forward 方法只能将请求转发给同一个 Web 应用中的组件；而 HttpServletResponse. sendRedirect 方法不仅可以重定向到当前应用程序中的其他资源，还可以重定向到同一个站点上的其他应用程序中的资源，甚至是使用绝对 URL 重定向

到其他站点的资源。如果传递给 HttpServletResponse. sendRedirect 方法的相对 URL 以“/”开头，它是相对于整个 Web 站点的根目录；如果创建 RequestDispatcher 对象时指定的相对 URL 以“/”开头，它是相对于当前 Web 应用程序的根目录。

(2) 调用 HttpServletResponse. sendRedirect 方法重定向的访问过程结束后，浏览器地址栏中显示的 URL 会发生改变，由初始的 URL 地址变成重定向的目标 URL；而调用 RequestDispatcher. forward 方法的请求转发过程结束后，浏览器地址栏保持初始的 URL 地址不变。

(3) HttpServletResponse. sendRedirect 方法对浏览器的请求直接作出响应，响应的结果就是告诉浏览器去重新发出对另外一个 URL 的访问请求，这个过程好比有个绰号叫“浏览器”的人写信找张三借钱，张三回信说没有钱，让“浏览器”去找李四借，并将李四现在的通信地址告诉给了“浏览器”。于是，“浏览器”又按张三提供的通信地址向李四写信借钱，李四收到信后就把钱汇给了“浏览器”。可见，“浏览器”一共发出了两封信和收到了两次回复，“浏览器”也知道他借到的钱出自李四之手。RequestDispatcher. forward 方法在服务器端内部将请求转发给另外一个资源，浏览器只知道发出了请求并得到了响应结果，并不知道在服务器程序内部发生了转发行为。这个过程好比绰号叫“浏览器”的人写信找张三借钱，张三没有钱，于是张三找李四借了一些钱，甚至还可以加上自己的一些钱，然后再将这些钱汇给了“浏览器”。可见，“浏览器”只发出了一封信和收到了一次回复，他只知道从张三那里借到了钱，并不知道有一部分钱出自李四之手。

(4) RequestDispatcher. forward 方法的调用者与被调用者之间共享相同的 request 对象和 response 对象，它们属于同一个访问请求和响应过程；而 HttpServletResponse. sendRedirect 方法的调用者与被调用者使用各自的 request 对象和 response 对象，它们属于两个独立的访问请求和响应过程。对于同一个 Web 应用程序的内部资源之间的跳转，特别是跳转之前要对请求进行一些前期预处理，并要使用 HttpServletRequest. setAttribute 方法传递预处理结果，那就应该使用 RequestDispatcher. forward 方法。不同 Web 应用程序之间的重定向，特别是要重定向到另外一个 Web 站点上的资源的情况，都应该使用 HttpServletResponse. sendRedirect 方法。

(5) 无论是 RequestDispatcher. forward 方法，还是 HttpServletResponse. sendRedirect 方法，在调用它们之前，都不能有内容已经被实际输出到了客户端。如果缓冲区中已经有了一些内容，这些内容将被从缓冲区中清除。

8.6 在 Servlet 中使用 JDBC

在 Servlet 中可以使用 JDBC 来连接数据库和读取数据，为了提高性能，应使用前面介绍过的连接池(Connection Pool)和数据源(Data Source)技术。下面重点介绍一下如何在 Tomcat 服务器上配置连接池和数据源。

(1) 修改./conf/context. xml 文件，添加以下信息到该文件：

```
<Resource
    name="jdbc/mysql"
    type="javax.sql.DataSource"
```

```
driverClassName="com.mysql.jdbc.Driver"
password=""
maxIdle="20"
maxWait="100"
username="root"
url="jdbc:mysql://localhost:3306/ascentweb"
maxActive="20"/>
```

(2) <Resource />标签常用属性说明。

name：表示你的连接池的名称也就是你要访问连接池的地址。

auth：连接池管理权属性，Container 表示容器管理。

type：对象的类型。

driverClassName：数据库驱动的名称。

url：数据库的地址。

username：登录数据库的用户名。

password：登录数据库的密码。

maxIdle：最大空闲数，数据库连接的最大空闲时间。超过空闲时间，数据库连接将被标记为不可用，然后被释放。设为 0 则表示无限制。

maxActive：连接池的最大数据库连接数。设为 0 则表示无限制。

maxWait：最大建立连接等待时间(单位为 ms)。如果超过此时间将接到异常。设为 −1 则表示无限制。

(3) 在./lib 目录下添加 MySQL 数据库驱动程序。这样当 Tomcat 创建数据源对象时就可以获得 MySQL 数据库的驱动程序。

完成了数据源的配置后，就可以在 Servlet 中使用了，举例如下：

```
package sample;
import javax.servlet.*;
import javax.servlet.http.*;
import java.io.*;
import java.util.*;
import javax.sql.*;
import java.sql.*;
import javax.naming.*;
public class DBServlet extends HttpServlet {
  public void doGet(HttpServletRequest req,HttpServletResponse res)
          throws ServletException, IOException
   {
      try {
        Context initCtx=new InitialContext();
        Context envCtx= (Context) initCtx.lookup("java:comp/env");
        DataSource ds= (DataSource)envCtx.lookup("jdbc/mysql ");
        Connection con=ds.getConnection()
```

```
            PrintWriter out=res.getWriter();
            Statement stmt=con.createStatement();
            String query="SELECT * "+"FROM usr";
            ResultSet rs=stmt.executeQuery(query);
            dispResultSet(rs, out);
            rs.close();
            stmt.close();
            con.close();
          }catch(Exception e){e.printStackTrace();}
    }

    private void dispResultSet(ResultSet rs, PrintWriter out) throws SQLException
    {
         out.println("<html><head><title>Students</title><head><body>");
         while(rs.next()) {
                 out.println("id: "+rs.getString(1));
                 out.println("name: "+rs.getString(2));
                 out.println("<p>");
         }
        out.println("</body></html>");
    }
}
```

注意：上面的代码中使用了JNDI来访问数据源。JNDI需要特定的配置环境，所以必须把这个类部署在Tomcat环境下它才会工作。

8.7 项目案例

8.7.1 学习目标

(1) 掌握Servlet应用程序的开发、编译、部署、运行的整个过程。

(2) 理解Servlet应用程序的运行原理。

(3) 理解JNDI及数据源的配置和使用。

8.7.2 案例描述

在艾斯医药系统中含有浏览商品的功能，管理员可以对商品进行查询并对信息进行维护；普通用户可以查询商品并对商品进行购买；也可以通过关键字对商品进行检索，查找自己喜爱的商品，这样的功能是系统中常见功能，可根据Servlet+JavaBean(JDBC)的开发方式来完成此项功能。

8.7.3 案例要点

需要理解Servlet的访问方式、映射配置、单例运行、线程安全、生命周期等特性。

8.7.4 案例实施

(1) 创建数据库 ascentweb 及 usr 表,创建表脚本参照第 2 章 SQL 脚本。

(2) 创建 com. ascent. bean. Usr. java 类,参照第 6 章项目案例。

(3) 创建 com. ascent. util. DataAccess. java 类:(首先在 Tomcat 上配置好数据源)

```
import java.sql.Connection;
import javax.naming.Context;
import javax.naming.InitialContext;
import javax.sql.DataSource;

public class DataAccess {
    public static Connection getConnection() {
        Connection con=null;
        try {
            Context ctx=new InitialContext();
//在Tomcat的./conf/context.xml中配置数据源,JNDI绑定的数据源名称为jdbc/mysql
DataSource ds= (DataSource) ctx.lookup("java:comp/env/jdbc/mysql");
            con=ds.getConnection();
        }catch(Exception e) {
            e.printStackTrace();
        }
        return con;
    }
}
```

(4) 创建 com. ascent. dao. UserManagerDAO. java 类。

```
import java.sql.*;
import java.util.*;
import com.ascent.bean.Usr;
import com.ascent.util.DataAccess;

public class UserManagerDAO {

    /**
     * 查询所有用户对象
     * @return 所有用户对象
     */
    public List<Usr>getAllProductUser() {
        Connection con=DataAccess.getConnection();
        String sql="select * from usr p order by p.id ";
        List<Usr>list=new ArrayList<Usr>();
        Statement stmt=null;
        ResultSet rs=null;
        try {
```

```
            stmt=con.createStatement();
            rs=stmt.executeQuery(sql);
            while(rs.next()) {
                Usr pu=new Usr();
                pu.setId(rs.getInt("id"));
                pu.setUsername(rs.getString("username"));
                pu.setPassword(rs.getString("password"));
                pu.setFullname(rs.getString("fullname"));
                pu.setTitle(rs.getString("title"));
                pu.setCompanyname(rs.getString("companyname"));
                pu.setCompanyaddress(rs.getString("companyaddress"));
                pu.setCity(rs.getString("city"));
                pu.setJob(rs.getString("job"));
                pu.setTel(rs.getString("tel"));
                pu.setEmail(rs.getString("email"));
                pu.setCountry(rs.getString("country"));
                pu.setZip(rs.getString("zip"));
                pu.setSuperuser(rs.getString("superuser"));
                pu.setDelsoft(rs.getString("delsoft"));
                pu.setNote(rs.getString("note"));
                list.add(pu);
            }
        } catch(SQLException e) {
            e.printStackTrace();
        } finally{
            try {
                if(rs!=null){
                    rs.close();
                }
                if(stmt!=null){
                    stmt.close();
                }
                if(con!=null){
                    con.close();
                }
            } catch(Exception e2) {
                e2.printStackTrace();
            }
        }
        return list;
    }
}
```

（5）创建 com. ascent. servlet. FindAllUsrServlet. java 类。

```
package com.ascent.servlet;
```

```
import java.io.IOException;
import java.io.PrintWriter;
import java.util.List;
import javax.servlet.ServletException;
import javax.servlet.http.HttpServlet;
import javax.servlet.http.HttpServletRequest;
import javax.servlet.http.HttpServletResponse;

import com.ascent.bean.Usr;
import com.ascent.dao.UserManagerDAO;

public class FindAllUsrServlet extends HttpServlet {

    /**
     * Constructor of the object.
     */
    public FindAllUsrServlet() {
        super();
    }

    /**
     * Initialization of the servlet. <br>
     * @throws ServletException if an error occurs
     */
    public void init() throws ServletException {
        //Put your code here
    }

    /**
     * Destruction of the servlet. <br>
     */
    public void destroy() {
        super.destroy();                    //Just puts "destroy" string in log
        //Put your code here
    }

    /**
     * The doGet method of the servlet. <br>
     * This method is called when a form has its tag value method equals to get.
     * @param request the request send by the client to the server
     * @param response the response send by the server to the client
     * @throws ServletException if an error occurred
     * @throws IOException if an error occurred
     */
    public void doGet(HttpServletRequest request, HttpServletResponse response)
```

```
            throws ServletException, IOException {

        response.setContentType("text/html;charset=gb2312");
        PrintWriter out=response.getWriter();

        out.println("<!DOCTYPE HTML PUBLIC \"-//W3C//DTD HTML 4.01 Transitional//
        EN\">");
        out.println("<HTML>");
        out.println("<HEAD><TITLE>A Servlet</TITLE></HEAD>");
        out.println("<BODY><center><table border=1>");
        out.println("<tr><td>编号</td><td>用户名</td><td>公司名称</td><td>公
        司地址</td><td>电话</td><td>电子邮件</td></tr>");
        UserManagerDAO dao=new UserManagerDAO();
        List<Usr>usrs=dao.getAllProductUser();
        for(Usr u: usrs){
    out.println("<tr><td>"+u.getId()+"</td><td>"+u.getUsername()+"</td><td
    >"+u.getCompanyname()+"</td><td>"+u.getCompanyaddress()+"</td><td>"+u.
    getTel()+"</td><td>"+u.getEmail()+"</td></tr>");
        }
        out.println("</table></center></BODY>");
        out.println("</HTML>");
        out.flush();
        out.close();
    }

    /**
     * The doPost method of the servlet. <br>
     * This method is called when a form has its tag value method equals to post.
     * @param request the request send by the client to the server
     * @param response the response send by the server to the client
     * @throws ServletException if an error occurred
     * @throws IOException if an error occurred
     */
    public void doPost(HttpServletRequest request, HttpServletResponse response)
    throws ServletException, IOException {
        this.doGet(request, response);
    }
}
```

(6) 在 web.xml 文件中配置映射。

```
<servlet>
<servlet-name>FindAllUsrServlet</servlet-name>
<servlet-class>com.ascent.servlet.FindAllUsrServlet</servlet-class>
</servlet>
<servlet-mapping>
```

```
  <servlet-name>FindAllUsrServlet</servlet-name>
  <url-pattern>/findAllUsr</url-pattern>
</servlet-mapping>
```

(7) 部署应用程序到 Tomcat 服务器,在地址栏里输入:

```
http://localhost:8080/ProjectExample/findAllUsr
```

(8) 输出结果,如图 8-6 所示。

编号	用户名	公司名称	公司地址	电话	电子邮件
1	admin	ascent	501B	13315266854	admin@163.com
2	lixin	ascent	501B	13315266853	lixin@163.com
3	ascent	ascent	501B	13315266852	ascent@163.com
4	shang	ascent	501B	13315266851	test@163.com

图 8-6 查询结果

8.7.5 特别提示

DataAccess.java 中连接数据库的方式是通过 JNDI 的方式来查找数据源对象,该程序不能通过 Main 方法进行测试。因为查找数据源对象时必须初始化上下文环境。

8.7.6 拓展与提高

Servlet+JavaBean(JDBC)的开发方式有什么缺点?如何改进?

8.8 本章总结

Servlet 在 Web 应用开发中具有重要地位,而且是学习 JSP 编程的基础。在理解 Servlet 的基本概念、工作原理的基础上,熟练掌握 Servlet API 的具体应用。

8.9 习题

(1) 什么是 Servlet?
(2) 描述 Servlet 的工作过程。
(3) 描述客户端请求、会话与 Servlet 上下文之间的关系。

第9章 Session状态持久化技术

学习目的与要求

Session即会话，会话是客户为实现特定应用目的与系统的多次请求交互。本章将对Session作出相应解释，重点是对会话跟踪技术作详细介绍，最后讲解Java Servlet会话跟踪API。通过本章的学习，应理解会话跟踪的几种技术，掌握会话跟踪API的具体使用。

本章主要内容

- 会话跟踪技术；
- 会话跟踪的基本步骤；
- 会话跟踪API。

9.1 会话跟踪技术

9.1.1 什么是Session

首先要说明的是，HTTP协议是一种无状态的协议，客户端每打开一个Web页面，它就会与服务器建立一个新连接，发送新请求到服务器，服务器处理请求将该请求返回给客户端，服务器不记录任何客户端信息，这样每次客户端发送的请求都是独立的，这样的方式在现实中是不可用的。而Session(会话)恰恰是一种能将信息保存在服务器端的技术，它能记录特定的客户端到服务器的一系列请求。

9.1.2 会话跟踪技术

上面已经提到过，Web应用程序使用HTTP协议通信，而HTTP协议是无状态协议，服务器一旦响应完客户端的请求后就断开连接，下次请求会重新建立连接，各次连接之间相互独立，不能维护客户的上下文信息。然而，在开发 Web 应用时，有时必须考虑一些问题：如何把相关的请求联系起来，即怎样维护用户在服务器中的状态？这种维护对 Web 应用所提请求之间的状态的概念就称为“会话跟踪”。例如，用户进行网上购物对应一个会话，用户完成网上购物需要与服务器进行多次交互，每次选购特定的商品，服务器必须识别相应的请求，将商品放入与客户相对应的购物车。

会话跟踪允许服务器跟踪同一个客户端作出的连续请求，使得服务器应用程序可以保持客户应用的相关信息。会话跟踪常用的方法包括使用 Cookie、URL 重写、隐藏表单域等技术。

1. Cookie 实现会话跟踪

Cookie 是一小块可以嵌入在 HTTP 请求和应答中的数据。典型情况下，Web 服务器将 Cookie 值嵌入到应答的头文件中，而浏览器则在其以后的请求中都将携带同样的 Cookie。Cookie 的信息中可以有一部分用来存储会话 ID，这个 ID 被服务器用来将某些 HTTP 请求绑定在会话中。Cookie 由浏览器保存在客户端，通常保存在一个名为 Cookie. txt 的文件。Cookie 还含有一些其他属性，诸如可选的注释、版本号以及最长生存期。下面显示了使用 Cookie 的 Servlet 代码，它显示了当前请求的首部所包含的所有 Cookie 的一些信息。

```
    package sample;
    import javax.servlet. * ;
    import javax.servlet.http. * ;
    /**
  * <p>This is a simple servlet that displays all of the
  * cookies present in the request
  * /
public class CookiesTest extends HttpServlet
{
   /**
   * <p>Performs the HTTP GET operation
   *
   * @param req The request from the client
   * @param resp The response from the servlet
   * /
   public void doGet (HttpServletRequest req,
    HttpServletResponse resp)
    throws ServletException, java.io.IOException
   {
     //Set the content type of the response
     resp.setContentType ("text/html");
     //Get the PrintWriter to write the response
     java.io.PrintWriter out=resp.getWriter ();
     //Get an array containing all of the cookies
     Cookie cookies[]=req.getCookies ();
     //Write the page header
     out.println ("<html>");
```

```
        out.println("<head>");
        out.println("<title>Servlet Cookie Information</title>");
        out.println("</head>");
        out.println("<body>");
            if((cookies==null)||(cookies.length==0)){
         out.println("No cookies found");
        }
        else {
            out.println("<center><h1>Cookies found in the request</h1>");
         //Display a table with all of the info
         out.println("<table border>");
         out.println("<tr><th>Name</th><th>Value</th>" +
          "<th>Comment</th><th>Max Age</th></tr>");
       for(int i=0; i <cookies.length; i++) {
            Cookie c=cookies[i];
            out.println("<tr><td>"+c.getName()+"</td><td>" +
            c.getValue()+"</td><td>" +
            c.getComment()+"</td><td>"+
            c.getMaxAge()+"</td></tr>");
         }
        out.println("</table></center>");
       }
        //Wrap up
        out.println("</body>");
        out.println("</html>");
        out.flush();
    }
}
```

值得注意的是 HttpServletRequest 对象有一个 getCookies 方法,它可以返回当前请求中的 Cookie 对象的一个数组。

关于是否应当使用 Cookie 有很多的争论,因为一些人认为 Cookie 可能会造成对隐私权的侵犯。有鉴于此,大部分浏览器允许用关闭 Cookie 功能,然而这使得跟踪会话变得更加困难。如果不能依赖 Cookie 的支持又该怎么办呢? 那么将不得不使用 URL rewriting,这种方法很久以前就被 CGI 所使用了。

2. URL 重写实现会话跟踪

如何面对那些必须关闭 Cookie 支持以满足有进一步安全要求的用户,以及那些使用没有 Cookie 支持的浏览器上网的用户呢? 不得不使用 URL Rewriting 技术。Servlet 创建的所有链接的重定向都必须将会话 ID 编码为 URL 的一部分。在服务器指定的 URL 编码的方法中,最可能的一种是给 URL 加入一些参数或者附加的路径信息。

为了说明 URL Rewriting 技术,编写 Servlet 实现访问记数。下面代码为 CounterRewrite Servlet 的源程序,它使用 URL Rewriting 技术来在 HTTP 请求之间维护会话信息。

```
package sample;
import javax.servlet. * ;
import javax.servlet.http. * ;
public class CounterRewrite extends HttpServlet
{
static final String COUNTER_KEY="CounterRewrite.count";
public void doGet (HttpServletRequest req,
HttpServletResponse resp)
throws ServletException, java.io.IOException
{
 resp.setContentType ("text/html");
 java.io.PrintWriter out=resp.getWriter();
 HttpSession session=req.getSession(true);
 int count=1;
 Integer i= (Integer) session.getValue(COUNTER_KEY);
 if(i !=null) {
 count=i.intValue()+1;
 }
session.putValue(COUNTER_KEY, new Integer(count));
out.println("<html>");
out.println("<head>");
out.println("<title>Session Counter " +"with URL rewriting</title>");
out.println("</head>");
out.println("<body>");
out.println("Your session ID is <b>" +session.getId());
out.println("</b>and you have hit this page <b>" +count +
"</b>time(s) during this browser session");
String url=req.getRequestURI()+";"+SESSION_KEY +session.getId();
out.println("<form method=POST action=\"" +resp.encodeUrl(url)+"\">");
out.println("<input type=submit " +"value=\"Hit page again\">");
out.println("</form>");
out.println("</body>");
out.println("</html>");
out.flush();
}
public void doPost(HttpServletRequest req, HttpServletResponse resp)
throws ServletException, java.io.IOException
{
doGet(req, resp);
}
}
```

注意：encodeURL 方法被用来修改 URL，使 URL 包含会话 ID；encodeRedirectURL 被用来重定向页面。

3. 隐藏表单域实现会话跟踪

隐藏表单域将字段隐藏在 HTML 表单中，但不在客户端显示。比如在第一张页面中输入用户名和密码登录，服务器生成响应返回第二张页面。当第二张页面提交时可能仍然需要知道来自第一张页面中的用户名。

那么就可以通过隐藏表单域来实现这一连续的过程。当第一张页面提交后，服务器端作出响应返回第二张页面，此页面中用隐藏域记录了来自登录时的用户名。通俗说就是服务器回发给客户端的响应时，同时把用户名再次回发到客户端，用隐藏域隐藏起来，是不可见的。当第二张页面提交时，此隐藏域中的用户名一并随表单提交。这样服务器就仍然可以判断此用户是否与以前的用户相同。于是，再次处理完结果后继续将响应回发给客户端，且此响应中也仍然包含了用户名，在客户端中仍然用隐藏域将这一信息隐藏。这样就完成了一个连续请求的动作，但是对于用户，这是不可见的。

以下这个例子就是一个购物车的例子：

```
import javax.servlet.*;
import javax.servlet.http.*;
import java.io.*;
import java.util.*;
public class SessionServlet extends HttpServlet {
  private static final String CONTENT_TYPE="text/html; charset=GBK";
  public void doGet(HttpServletRequest request, HttpServletResponse response)
  throws ServletException, IOException {
     response.setContentType(CONTENT_TYPE);
    PrintWriter out=response.getWriter();
     out.println("<html><head><title>当前购物车中的商品</title></head>");
    out.println("<body>");
     request.setCharacterEncoding("GBK");
      String[] items=request.getParameterValues("item");????
    out.println("当前,在你的购物车中有下列商品:");
   if(items==null) {
    out.println("没有商品!");
          }
  else {
      out.println("<UL>");
      for(int i=0; i<items.length; i++){
        out.println("<LI>");
        out.println(items[i]);
      }
      out.println("</UL>");
    }
            out.println("<form action=/SessionModule/sessionservlet method=
            post>");
     if(items !=null) {
      for(int i=0; i<items.length; i++) {
```

```
        System.out.println(
           out.println("<input type=\"hidden\" name=item value=\"" +
                              items[i]+"\">");
        }
    }
    System.out.println("随机数,模拟添加一个商品!");
    int i=new Random().nextInt(100);
    out.println("<input type=\"hidden\" name=\"item\" value=\"商品:");
    out.println(String.valueOf(i));
    out.println("\"/>");
     out.println("<br>你愿意");
    out.println("<input type=\"submit\" value=\"添加商品\" />");?
     out.println("</form>");
    out.println("</body>");
    out.println("</html>");
    out.close();
  }
   public  void  doPost  ( HttpServletRequest  request,  HttpServletResponse
   response)throws
   ServletException, IOException {
   doGet(request, response);
  }
}
```

9.2 Java Servlet 会话跟踪 API

在 Servlet 中使用会话信息是相当简单的,主要的操作包括:查看和当前请求关联的会话对象,必要的时候创建新的会话对象,查看与某个会话相关的信息,在会话对象中保存信息,以及会话完成或中止时释放会话对象。

1. 查看当前请求的会话对象

要查看当前请求的会话对象可通过调用 HttpServletRequest 的 getSession 方法实现。如果 getSession 方法返回 null,可以创建一个新的会话对象。但更经常地,通过指定参数使得在不存在现成的会话时自动创建一个会话对象,即指定 getSession 的参数为 true。因此,访问当前请求会话对象的第一个步骤通常如下所示:

```
HttpSession session=request.getSession(true);
```

2. 查看和会话有关的信息

HttpSession 对象生存在服务器上,通过 Cookie 或者 URL 这类后台机制自动关联到请求的发送者。会话对象提供一个内建的数据结构,在这个结构中可以保存任意数量的键一值对。

getAttribute:取一个 session 相联系的信息。

getID：该方法返回会话的唯一标识。有时该标识被作为键-值对中的键使用，比如会话中只保存一个值时，或保存上一次会话信息时。

isNew：如果客户(浏览器)还没有绑定到会话则返回true，通常意味着该会话刚刚创建，而不是引用自客户端的请求。对于早就存在的会话，返回值为false。

getCreationTime：该方法返回建立会话的以毫秒计的时间，从1970.01.01(GMT)算起。要得到用于打印输出的时间值，可以把该值传递给Date构造函数，或者GregorianCalendar的setTimeInMillis方法。

getLastAccessedTime：该方法返回客户最后一次发送请求的以毫秒计的时间，从1970.01.01(GMT)算起。

getMaxInactiveInterval：返回以秒计的最大时间间隔，如果客户请求之间的间隔不超过该值，Servlet引擎将保持会话有效。负数表示会话永远不会超时。

3. 在会话对象中保存数据

setAttribute提供一个关键词和一个值。会替换掉任何以前的值。

4. 废弃会话数据

调用removeAttriBute废弃指定的属性，调用invalidate废弃整个会话。

9.3 项目案例

9.3.1 学习目标

(1) 掌握会话HttpSession的创建。

(2) 掌握会话HttpSession保存信息的方法。

(3) 掌握会话HttpSession的invalidate方法，实现注销功能。

(4) 掌握会话HttpSession的使用场景。

9.3.2 案例描述

本案例实现了用户登录功能。登录用户的信息被保存在HttpSession对象中，在整个会话过程中，任意页面或Servlet程序都可以获取该信息，同时还实现了系统注销功能。

9.3.3 案例要点

本案例要在用户登录成功的情况下，将用户的信息保存在会话HttpSession中，用户信息可以在会话过程中任意页面或Servlet中被获取显示，使用HttpSession的invalidate()方法实现系统的注销功能。一旦Session对象被销毁，该用户信息丢失，那么用户需要重新登录才能够访问系统。

9.3.4 案例实施

1. 编写LoginServlet.java

Login Serdet.java文件代码如下：

```
package com.ascent.servlet;

import java.io.IOException;
import java.io.PrintWriter;
import java.sql.Connection;
import java.sql.PreparedStatement;
import java.sql.ResultSet;
import java.sql.SQLException;
import javax.naming.Context;
import javax.naming.InitialContext;
import javax.naming.NamingException;
import javax.servlet.ServletException;
import javax.servlet.http.HttpServlet;
import javax.servlet.http.HttpServletRequest;
import javax.servlet.http.HttpServletResponse;
import javax.sql.DataSource;
import javax.servlet.http.HttpSession;

public class LoginServlet  extends  HttpServlet {
    public void doPost(HttpServletRequest request, HttpServletResponse response)
    throws ServletException, IOException {
        doGet(request, response);
    }

    public void doGet(HttpServletRequest request, HttpServletResponse response)
    throws ServletException, IOException {
        //1.如果请求有中文的话  要先设置请求 request 编码,获取请求参数
        //request.setCharacterEncoding("utf-8");
        String username=request.getParameter("username");
        String password=request.getParameter("password");

        /**
         * 2.调用 JDBC 功能处理请求
         *     <1>使用 JNDI 获取数据源
         *     <2>使用 JDBC 完成登录功能
         */
        boolean flag=false;             //表示 登录是否成功字段 true 成功  false 失败
        String superuser="";            //表示权限字段   "3"管理员   "1"普通用户
        int uid=0;                      //表示用户 ID
        try {
            Context context=new InitialContext();
            DataSource ds=(DataSource)context.lookup("java:/comp/env/jdbc/mysql");
            Connection con=ds.getConnection();
            PreparedStatement ps=con.prepareStatement("select * from usr where
            username=? and password=? and delsoft='0'");
```

```
        ps.setString(1,username);
        ps.setString(2,password);
        ResultSet rs=ps.executeQuery();
        if(rs.next()){                                          //登录成功
            flag=true;
            uid=rs.getInt("id");
            superuser=rs.getString("superuser");
        }
        rs.close();
        ps.close();
        con.close();
    } catch(NamingException e) {
        e.printStackTrace();
    } catch(SQLException e) {
        e.printStackTrace();
    }
    //3.判断第2步返回值(保存数据   进行跳转)进行响应
    //设置响应编码   一定要在创建out流之前进行编码设置
    response.setCharacterEncoding("UTF-8");
    response.setContentType("text/html");
    PrintWriter out=response.getWriter();
    out.println("<!DOCTYPE HTML PUBLIC \"-//W3C//DTD HTML 4.01 Transitional//
    EN\">");
    out.println("<HTML>");
    out.println("<HEAD><TITLE>A Servlet</TITLE></HEAD>");
    out.println("<BODY>");

    if(flag){                                               //flag为true登录成功
        //创建会话HttpSession,并将用户信息保存起来
    /**
     *《1》HttpSession session=request.getSession(boolean bl);
     * true有HttpSession对象就直接返回这个对象,如果没有,创建一个新的session
     * false有HttpSession对象就直接返回这个对象,如果没有,返回null
     *《2》HttpSession session=request.getSession();
     * 无参数方法默认为true
     */
        HttpSession session=request.getSession();
                                        //相当于request.getSession(true);
        session.setAttribute("uid",new Integer(uid));    //保存登录用户ID
        session.setAttribute("username",username);       //保存登录用户名

        if("1".equals(superuser)){                        //普通用户权限
            out.print("恭喜,登录成功!您是普通用户,信息已经保存在会话Session中,
            请打开userInfo.html查看!");
        }else{
```

```
                out.print(" 恭喜,登录成功!您是管理员!信息已经保存在会话 Session 中,
                请打开 userInfo.html 查看!");
            }
        }else{                                                //登录失败
            out.print("用户名或密码错误,登录失败!");
        }
        out.println("</BODY>");
        out.println("</HTML>");
        out.flush();
        out.close();
    }
}
```

2. 添加页面

(1) 查看用户信息页面 userInfo.html 代码如下：

```
<!DOCTYPE HTML PUBLIC "-//W3C//DTD HTML 4.01 Transitional//EN">
<html>
  <head>
    <title>userInfo.html</title>
    <meta http-equiv="keywords" content="keyword1,keyword2,keyword3">
    <meta http-equiv="description" content="this is my page">
    <meta http-equiv="content-type" content="text/html; charset=UTF-8">
    <!--<link rel="stylesheet" type="text/css" href="./styles.css">-->
  </head>
  <body>
    <a href="loginUserInfoServlet">登录用户信息查看</a>
  </body>
</html>
```

(2) 登录页面 login.html 代码如下：

```
<!DOCTYPE HTML PUBLIC "-//W3C//DTD HTML 4.01 Transitional//EN">
<html>
  <head>
    <title>login.html</title>
    <meta http-equiv="keywords" content="keyword1,keyword2,keyword3">
    <meta http-equiv="description" content="this is my page">
    <meta http-equiv="content-type" content="text/html; charset=UTF-8">
    <!--<link rel="stylesheet" type="text/css" href="./styles.css">-->
  </head>
  <body>
    <form action="loginServlet" method="post">
        用户名:<input type="text" name="username"><br>
        密     码:<input type="password" name="password"><br>
        <input type="submit" value="登录"/>
```

```
    </form>
  </body>
</html>
```

3. 获取登录用户信息 LoginUserInfoServlet.java

LoginUserInfoServlet.java 文件代码如下：

```
package com.ascent.servlet;

import java.io.IOException;
import java.io.PrintWriter;
import javax.servlet.ServletException;
import javax.servlet.http.HttpServlet;
import javax.servlet.http.HttpServletRequest;
import javax.servlet.http.HttpServletResponse;
import javax.servlet.http.HttpSession;

public class LoginUserInfoServlet extends HttpServlet {
    public void doGet(HttpServletRequest request, HttpServletResponse response)
    throws ServletException, IOException {
        this.doPost(request, response);
    }

    public void doPost(HttpServletRequest request, HttpServletResponse response)
            throws ServletException, IOException {
        //创建会话 session,获取登录用户信息
        HttpSession session=request.getSession();
        int uid=0;
        //获取登录用户名
        String  username=(String)session.getAttribute("username");

        String result="";
        if(username==null){            //登录用户注销或没有登录
            result="您没有登录或已经注销!";
        }else{
            //获取登录用户 ID
            uid=((Integer)session.getAttribute("uid")).intValue();
            result="您已经登录,信息为:ID:"+uid+" USERNAME:"+username+" 
             <a href='logout'>注销</a>";
        }
        response.setCharacterEncoding("UTF-8");
        response.setContentType("text/html");
        PrintWriter out=response.getWriter();
        out.println("<!DOCTYPE HTML PUBLIC \"-//W3C//DTD HTML 4.01 Transitional//
        EN\">");
```

```
        out.println("<HTML>");
        out.println("<HEAD><TITLE>A Servlet</TITLE></HEAD>");
        out.println("<BODY>");
        out.print(result);
        out.println("</BODY>");
        out.println("</HTML>");
        out.flush();
        out.close();
    }
}
```

4. 注销 LogoutServlet. java

LogoutServlet. java 文件代码如下：

```
package com.ascent.servlet;

import java.io.IOException;
import javax.servlet.ServletException;
import javax.servlet.http.HttpServlet;
import javax.servlet.http.HttpServletRequest;
import javax.servlet.http.HttpServletResponse;
import javax.servlet.http.HttpSession;

public class LogoutServlet extends HttpServlet {
    public void doGet(HttpServletRequest request, HttpServletResponse response)
throws ServletException, IOException {
        this.doPost(request, response);
    }

    public void doPost(HttpServletRequest request, HttpServletResponse response)
throws ServletException, IOException {
        //创建会话 session
        HttpSession session=request.getSession();
        //注销 session
        session.invalidate();
        //跳转到首页面
        response.sendRedirect(request.getContextPath()+"/login.html");
    }
}
```

5. web. xml 文件 Servlet 映射配置

```
<servlet>
    <servlet-name>LoginUserInfoServlet</servlet-name>
    <servlet-class>com.ascent.servlet.LoginUserInfoServlet
</servlet-class>
```

```
</servlet>
<servlet-mapping>
    <servlet-name>LoginUserInfoServlet</servlet-name>
    <url-pattern>/loginUserInfoServlet</url-pattern>
</servlet-mapping>

<servlet>
    <servlet-name>LoginServlet</servlet-name>
    <servlet-class>com.ascent.servlet.LoginServlet</servlet-class>
</servlet>
<servlet-mapping>
    <servlet-name>LoginServlet</servlet-name>
    <url-pattern>/loginServlet</url-pattern>
</servlet-mapping>

<servlet>
    <servlet-name>LogoutServlet</servlet-name>
    <servlet-class>com.ascent.servlet.LogoutServlet</servlet-class>
</servlet>
<servlet-mapping>
    <servlet-name>LogoutServlet</servlet-name>
    <url-pattern>/logout</url-pattern>
</servlet-mapping>
```

6. 测试

启动Tomcat服务器,按照以下步骤测试:

(1) 在地址栏中输入 http://localhost:8080/AscentWeb/login.html,输入用户名ascent,密码ascent登录,成功后界面如图9-1所示。

图9-1 登录成功

(2) 在地址栏中输入 http://localhost:8080/AscentWeb/userInfo.html 并回车,显示如图9-2所示信息。

单击链接显示如图9-3所示信息。

(3) 单击"注销"超链接,注销登录用户,返回登录页面,之后再次直接访问 http://localhost:8080/AscentWeb/userInfo.html,单击页面中的"登录用户信息查看"超链接,结果如图9-4所示。

图9-2 用户信息查看

注销后,展现用户的LoginUserInfoServlet类的HttpSession实例已经没有了登录用

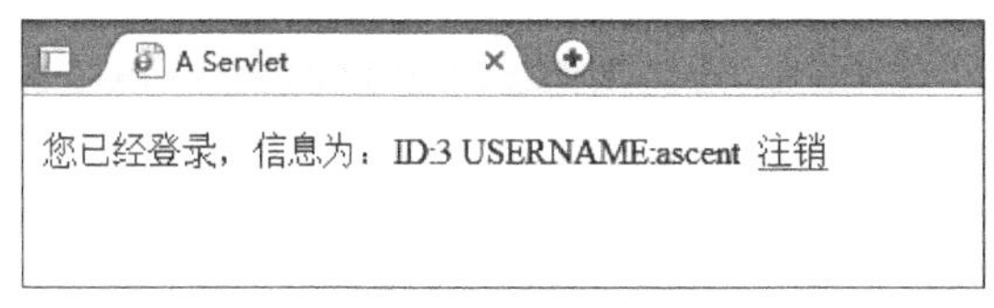

图 9-3 登录用户信息显示

图 9-4 注销后用户信息查看

户信息。

9.3.5 特别提示

(1) 创建 HttpSession 实例的两种方式的区别。

(2) 如果需要保存登录用户的多个属性信息，可以直接保存登录用户对象。

9.3.6 拓展与提高

HttpSession 会话使用的经典场景为项目中的购物车的实现，大家现在可以尝试开发购物车功能。

9.4 本章总结

HTTP 协议是一种无状态的协议，服务器不记录关于客户的任何信息。但是对于许多 Web 应用而言，服务器需要记录特定客户端与服务器之间一系列请求响应之间的特定信息。会话跟踪技术实现了相应信息的记录和保留。

9.5 习题

(1) 什么是 session?

(2) 为什么要进行会话跟踪?

(3) 会话跟踪技术有哪些?

第10章 过滤器和监听器

学习目的与要求

本章将接着介绍 Servlet 过滤器和监听器的相关知识以及在实际开发中如何使用这些技术。通过本章的学习，理解过滤器与监听器的工作机制，掌握过滤器与监听器在实际开发中的应用。

本章主要内容

- 过滤器；
- 监听器。

10.1 使用 Servlet 过滤器

10.1.1 什么是 Servlet 过滤器

Servlet 过滤器(Filter)是小型的 Web 组件，它们拦截请求和响应，以便查看、提取或以某种方式操作正在客户机和服务器之间交换的数据。过滤器是封装了一些功能的 Web 组件，这些功能虽然很重要，但是对于处理客户机请求或发送响应来说不是决定性的。典型的例子包括记录关于请求和响应的数据、处理安全协议、管理会话属性等。过滤器提供一种面向对象的模块化机制，用以将公共任务封装到可插入的组件中，这些组件通过一个配置文件来声明，并动态地处理。

Servlet 过滤器中结合了许多元素，从而使得过滤器成为独特、强大和模块化的 Web 组件。Servlet 过滤器具有如下特点：

(1) 声明式的：过滤器通过 Web 部署描述符(web.xml)中的 XML 标签来声明。这样允许添加和删除过滤器，而无须改动任何应用程序代码或 JSP 页面。

(2) 动态的：过滤器在运行时由 Servlet 容器调用来拦截和处理请求和响应。

(3) 灵活的：过滤器在 Web 处理环境中的应用很广泛，涵盖诸如日志记录和安全等许多公共的辅助任务。过滤器还是灵活的，因为它们可用于对来自客户机的直接调用执行预处理和后期处理，以及处理在防火墙之后的 Web 组件之间调度的请求。最后，可以将过滤器链接起来以提供必需的功能。

(4) 模块化的：通过把应用程序处理逻辑封装到单个类文件中，过滤器实现了向请求/响应链中添加删除模块单元的方法。

(5) 可移植的：与 Java 平台的其他许多方面一样，Servlet 过滤器是跨平台和跨容器可移植的，从而进一步支持了 Servlet 过滤器的模块化和可重用本质。

(6) 可重用的：归功于过滤器实现类的模块化设计，以及声明式的过滤器配置方式，过滤器可以容易地跨越不同的项目和应用程序使用。

(7) 透明的：在请求/响应链中包括过滤器，这种设计是为了补充(而不是以任何方式替代)servlet 或 JSP 页面提供的核心处理。因而，过滤器可以根据需要添加或删除，而不会破坏 servlet 或 JSP 页面。

所以 Servlet 过滤器是通过一个配置文件来灵活声明的模块化可重用组件。过滤器动态地处理传入的请求和传出的响应，并且无须修改应用程序代码就可以透明地添加或删除它们。最后，过滤器独立于任何平台或者 Servlet 容器，从而允许将它们容易地部署到任何相容的 J2EE 环境中。

10.1.2 Servlet 过滤器体系结构

正如其名称所暗示的，Servlet 过滤器用于拦截传入的请求和/或传出的响应，并监视、修改或以某种方式处理正在通过的数据流。过滤器是自包含、模块化的组件，可以将它们添加到请求/响应链中，或者在无须影响应用程序中其他 Web 组件的情况下删除它们。过滤器仅只是改动请求和响应的运行时处理，因而不应该将它们直接嵌入 Web 应用程序框架，除非是通过 Servlet API 中良好定义的标准接口来实现。

Web 资源可以配置为没有过滤器与之关联(这是默认情况)、与单个过滤器关联(这是典型情况)，甚至是与一个过滤器链相关联。那么过滤器究竟做什么呢？像 Servlet 一样，它接受请求并响应对象，然后过滤器会检查请求对象，并决定将该请求转发给链中的下一个组件，或者中止该请求并直接向客户机发回一个响应。如果请求被转发了，它将被传递给链中的下一个资源(另一个过滤器、Servlet 或 JSP 页面)。在这个请求设法通过过滤器链并被服务器处理之后，一个响应将以相反的顺序通过该链发送回去。这样就给每个过滤器都提供了根据需要处理响应对象的机会。

当过滤器在 Servlet 2.3 规范中首次引入时，它们只能过滤 Web 客户机与其所访问的指定 Web 资源之间的内容。如果该资源将请求调度给其他 Web 资源，那就不能向幕后委托的任何请求应用过滤器。2.4 规范消除了这个限制。Servlet 过滤器现在可以应用于 J2EE Web 环境中存在请求和响应对象的任何地方。因此，Servlet 过滤器可以应用在客户机和 Servlet 之间、Servlet 和 Servlet 或 JSP 页面之间，以及所包括的每个 JSP 页面之间。

10.1.3 实现一个 Servlet 过滤器

实现一个 Servlet 过滤器需经历三个步骤：

(1) 编写过滤器实现类。

(2) 把该过滤器添加到 Web 应用程序中(通过在 Web 部署描述符/web.xml 中声明它)。

(3) 把过滤器与应用程序一起打包并部署它。

1. 编写实现类

3 个接口：分别为 Filter、FilterChain 和 FilterConfig 接口。

从编程的角度看，过滤器类将实现 Filter 接口，然后使用 FilterChain 和 FilterConfig 接口。该过滤器类的一个引用将传递给 FilterChain 对象，以允许过滤器把控制权传递给链中的下一个资源。FilterConfig 对象将由容器提供给过滤器，以允许访问该过滤器的初始化数据。

过滤器生命周期方法包括：

init()：这个方法在容器实例化过滤器时被调用，它主要设计用于使过滤器为处理做准备。该方法接受一个 FilterConfig 类型的对象作为输入。

doFilter()：与 servlet 拥有一个 service()方法(这个方法又调用 doPost()或者 doGet())来处理请求一样，过滤器拥有单个用于处理请求和响应的方法——doFilter()。这个方法接受三个输入参数：一个 ServletRequest、一个 ServletResponse 和一个 FilterChain 对象。

destroy()：正如想象的那样，这个方法执行任何清理操作，这些操作可能需要在自动垃圾收集之前进行。

以下是一个完成字符集转换的过滤器实例。

首先完成过滤器代码，在 init 方法中读取配置参数，在 doFilter 中完成字符集的转换。

```
package myproj.filter;
import java.io.IOException;
import javax.servlet.Filter;
import javax.servlet.FilterChain;
import javax.servlet.FilterConfig;
import javax.servlet.ServletException;
import javax.servlet.ServletRequest;
import javax.servlet.ServletResponse;
public class SetCharacterEncodingFilter implements Filter{
 //定义替换后的字符集,从过滤器的配置参数中读取
 String newCharSet;
 public void destroy(){}
   public void doFilter (ServletRequest request, ServletResponse response,
   FilterChain chain) throws IOException, ServletException
  {
    //处理请求字符集
```

```
    request.setCharacterEncoding(newCharSet);
    //处理响应字符集
    response.setContentType("text/html;charset="+newCharSet);
      //传递给下一个过滤器,如果没有 filter 那就是请求的资源
      chain.doFilter(request,response);
  }
 public void init(FilterConfig filterConfig)hrows ServletException?
 {
   //从过滤器的配置中获得初始化参数,如果没有就使用默认值
    if(filterConfig.getInitParamter("newcharset")!=null)
    {
    newCharSet=filterConfig.getInitParamter("newcharset");
   }
   else
    newCharSet="GB2312";
 }
}
```

以上过滤器代码中包含初始化、过滤、机构方法,功能如下:

- 初始化:当容器第一次加载该过滤器时,init()方法将被调用。该类在这个方法中包含了一个指向 FilterConfig 对象的引用。通过 FilterConfig 对象获得配置文件中设定的字符集。
- 过滤:过滤器的大多数时间都消耗在这里。doFilter()方法被容器调用,同时传入分别指向这个请求/响应链中的 ServletRequest 、ServletResponse 和 FilterChain 对象的引用。在这里完成响应页面字符集的设定。
- 析构:容器紧跟在垃圾收集之前调用 destroy()方法,以便能够执行任何必需的清理代码。

2. 配置过滤器

在定义过滤器之后、需要在 web. xml 文件中配置过滤器:

```
<!--过滤器配置-->
<filter>
    <filter-name>Encoder</filter-name>
    <filter-class>myproj.filter.SetCharacterEncodingFilter</filter-class>
    <!--初始化参数-->
    <init-param>
       param-name>newcharset</param-name>
       <param-value>gb2312</param-value>
    </init-param>
</filter>
<!--过滤器与 URL 关联-->
<filter-mapping>
    <filter-name>Encoder</filter-name>
    <url-pattern>/*</url-pattern>
```

```
</filter-mapping>
```

3. 部署过滤器

编译 SetCharacterEncodingFilter 类，编译时，需要将 Java Servlet API 的包 servlet-api.jar 放到类路径中，编译后的类放到 Web 应用的 WEB-INF\classes 目录下，并且目录结构要与包的结构一致。

10.1.4 过滤器的应用

过滤器主要的应用场景包括：

- 设置字符编码的过滤器：通过配置参数 encoding 指明使用何种字符编码，以处理页面的中文问题。
- 使用 Filter 实现 URL 级别的权限认证：在实际开发中经常把一些执行敏感操作的 Servlet 映射到一些特殊目录中，并用 filter 把这些特殊目录保护起来，限制只能拥有相应访问权限的用户才能访问这些目录下的资源。
- 实现用户自动登录的过滤器：在用户登录成功后，发送一个名为 user 的 Cookie 给客户端，Cookie 的值为用户名和加密后的密码。可以通过过滤器检查请求是否带有名称为 user 的 Cookie。如果有，则进行验证。
- 实现应用访问的日志：对于到达系统的所有请求，过滤器收集诸如浏览器类型、一天中的时间、转发 URL 等相关信息，并对它们进行日志记录。
- XSLT 转换：不管是使用移动客户端还是使用基于 XML 的 Web 服务，无需把逻辑嵌入应用程序就在 XML 语法之间执行转换的能力都绝对是无价的。

10.2 使用 Listener 来处理 Servlet 生命周期事件

Servlet 监听器用于监听一些重要事件的发生，监听器对象可以在事情发生前、发生后做一些必要的处理。

目前 Servlet2.4 和 JSP2.0 总共有 8 个监听器接口和 6 个 Event 类，Listener 与对应的 Event 如下所示：

```
ServletContextListener——ServletContextEvent
ServletContextAttributeListener——ServletContextAttributeEvent
HttpSessionListener——HttpSessionEvent
HttpSessionActivationListener——HttpSessionEvent
HttpSessionAttributeListener——HttpSessionBindingEvent
HttpSessionBindingListener——HttpSessionBindingEvent
ServletRequestListener—— ServletRequestEvent
ServletRequestAttributeListener——ServletRequestAttributeEvent
```

分别介绍如下：

1. ServletContext 相关监听接口

通过 ServletContext 的实例可以存取应用程序的全局对象以及初始化阶段的变量。

在 JSP 文件中，application 是 ServletContext 的实例，由 JSP 容器默认创建。Servlet 中调用 getServletContext()方法得到 ServletContext 的实例。

注意：全局对象即 Application 范围对象，初始化阶段的变量是指在 web. xml 中经由<context-param>元素所设定的变量，它的范围也是 Application 范围，例如：

```
<context-param>
    <param-name>Name</param-name>
    <param-value>browser</param-value>
</context-param>
```

当容器启动时，会建立一个 Application 范围的对象，若要在 JSP 网页中取得此变量时：

```
String name=(String)application.getInitParameter("Name");
```

或者使用 EL 时：

```
${initPara.name}
```

若是在 Servlet 中，取得 Name 的值方法：

```
String name=(String)ServletContext.getInitParameter("Name");
```

(1) ServletContextListener：用于监听 Web 应用启动和销毁的事件，监听器类需要实现 javax. servlet. ServletContextListener 接口。ServletContextListener 是 ServletContext 的监听者，如果 ServletContext 发生变化，如服务器启动时 ServletContext 将被创建，服务器关闭时 ServletContext 将被销毁。

ServletContextListener 接口的方法如下：

- void contextInitialized(ServletContextEvent sce)：通知正在接受的对象，应用程序已经被加载及初始化。
- void contextDestroyed(ServletContextEvent sce)：通知正在接受的对象，应用程序已经被载出。

ServletContextEvent 中的方法为 ServletContext getServletContext()，用于取得 ServletContext 对象。

(2) ServletContextAttributeListener：用于监听 Web 应用属性改变的事件，包括增加属性、删除属性和修改属性，监听器类需要实现 javax. servlet. ServletContextAttributeListener 接口。

ServletContextAttributeListener 接口方法如下：

- void attributeAdded(ServletContextAttributeEvent scab)：若有对象加入 Application 的范围，通知正在收听的对象。
- void attributeRemoved(ServletContextAttributeEvent scab)：若有对象从 Application 的范围移除，通知正在收听的对象。
- void attributeReplaced(ServletContextAttributeEvent scab)：若在 Application 的范围中，有对象取代另一个对象时，通知正在收听的对象。

ServletContextAttributeEvent 中的方法如下：

- java.lang.String getName()：回传属性的名称。
- java.lang.Object getValue()：回传属性的值。

2. HttpSession 相关监听接口

通过 HttpSession 的实例可以实现会话跟踪，HttpSession 相关监听接口定义了与会话相关的处理。

(1) HttpSessionBindingListener 接口

注意：HttpSessionBindingListener 接口是唯一不需要在 web.xml 中设定的 Listener。

当类实现了 HttpSessionBindingListener 接口后，只要对象加入 Session 范围（即调用 HttpSession 对象的 setAttribute 方法的时候）或从 Session 范围中移出（即调用 HttpSession 对象的 removeAttribute 方法的时候或 Session Time out 的时候）时，容器分别会自动调用下列两个方法：void valueBound(HttpSessionBindingEvent event)或 void valueUnbound(HttpSessionBindingEvent event)。

(2) HttpSessionAttributeListener 接口

HttpSessionAttributeListener 监听 HttpSession 中的属性的操作。

当在 Session 增加一个属性时，激发 attributeAdded(HttpSessionBindingEvent se)方法；当在 Session 删除一个属性时，激发 attributeRemoved(HttpSessionBindingEvent se)方法；当在 Session 属性被重新设置时，激发 attributeReplaced(HttpSessionBindingEvent se)方法。这和 ServletContextAttributeListener 比较类似。

(3) HttpSessionListener 接口

HttpSessionListener 监听 HttpSession 的操作。当创建一个 Session 时，激发 session Created(HttpSessionEvent se)方法；当销毁一个 Session 时，激发 sessionDestroyed (HttpSessionEvent se)方法。

(4) HttpSessionActivationListener 接口

此接口主要用于同一个 Session 转移至不同的 JVM 的情形。

3. ServletRequest 监听接口

(1) ServletRequestListener 接口：和 ServletContextListener 接口类似，该接口定义 ServletRequest 对象相关的操作。

(2) ServletRequestAttributeListener 接口：和 ServletContextAttributeListener 接口类似，只是该接口监听 ServletRequest 的属性变化。

以下实例 MySessionListener 用来监控会话(session)的变化。

```
package sample;

import javax.servlet.ServletContext;
import javax.servlet.ServletContextEvent;
import javax.servlet.ServletContextListener;
import javax.servlet.http.HttpSessionAttributeListener;
import javax.servlet.http.HttpSessionBindingEvent;
import javax.servlet.http.HttpSessionEvent;
import javax.servlet.http.HttpSessionListener;
```

```
import javax.servlet.http.HttpSessionActivationListener;
import javax.servlet.http.HttpSessionBindingListener;
import java.io.PrintWriter;
import java.io.FileOutputStream;

public final class MySessionListener
    implements HttpSessionActivationListener,HttpSessionBindingListener,
                HttpSessionAttributeListener,
HttpSessionListener,ServletContextListener{

   ServletContext context;
   int users=0;

   //HttpSessionActivationListener
   public void sessionDidActivate(HttpSessionEvent se)
   {
        logout("sessionDidActivate("+se.getSession().getId()+")");
   }


   public void sessionWillPassivate(HttpSessionEvent se)
   {
        logout("sessionWillPassivate("+se.getSession().getId()+")");
   }//HttpSessionActivationListener


   //HttpSessionBindingListener
   public void valueBound(HttpSessionBindingEvent event)
   {
        logout("valueBound("+event.getSession().getId()+event.getValue()+")");
   }
   public void valueUnbound(HttpSessionBindingEvent event)
   {
        logout("valueUnbound("+event.getSession().getId()+event.getValue()+")");
   }

   //HttpSessionAttributeListener
    public void attributeAdded(HttpSessionBindingEvent event) {

        logout("attributeAdded('"+event.getSession().getId()+"', '" +
            event.getName()+"', '"+event.getValue()+"')");

    }

    public void attributeRemoved(HttpSessionBindingEvent event) {
```

```
        logout("attributeRemoved('"+event.getSession().getId()+"', '" +
            event.getName()+"', '"+event.getValue()+"')");

    }

    public void attributeReplaced(HttpSessionBindingEvent se)
    {
        logout("attributeReplaced('"+se.getSession().getId()+",'"+se.getName()
        +"','"+se.getValue()+"')");
    }//HttpSessionAttributeListener


     //HttpSessionListener
    public void sessionCreated(HttpSessionEvent event) {

        users++;
        logout("sessionCreated('"+event.getSession().getId()+"'),目前有"+users
        +"个用户");
        context.setAttribute("users",new Integer(users));
    }

    public void sessionDestroyed(HttpSessionEvent event) {

        users--;
        logout("sessionDestroyed('"+event.getSession().getId()+"'),目前有"+
       users+"个用户");
        context.setAttribute("users",new Integer(users));

    }//HttpSessionListener

    //ServletContextListener
    public void contextDestroyed(ServletContextEvent sce) {

        logout("contextDestroyed()-->ServletContext 被销毁");
        this.context=null;

    }

    public void contextInitialized(ServletContextEvent sce) {

        this.context=sce.getServletContext();
        logout("contextInitialized()-->ServletContext 初始化了");

    }//ServletContextListener
```

```
    private void logout(String message) {

            PrintWriter out=null;
            try
            {
                    out=new PrintWriter(new FileOutputStream("d:\\temp\\session.
                    txt",true));
                    out.println(new java.util.Date().toLocaleString()+"::Form
                    MySessionListener: "+message);
                    out.close();
            }
            catch(Exception e)
            {
                    out.close();
                    e.printStackTrace();
            }
    }
}
```

10.3 项目案例

10.3.1 学习目标

(1) 掌握 Filter 过滤器类的开发和生命周期。

(2) 掌握 Filter 过滤器的配置。

(3) 掌握 Filter 过滤器的应用范围。

10.3.2 案例描述

在艾斯医药系统中只有管理员具备对于用户管理模块、商品管理模块、订单管理模块、邮件管理模块的访问权限，普通用户和游客是不能够访问它们的，对于这一功能的使用限制可以通过过滤器来实现。

本案例是在系统中增加权限验证的过滤器 AuthorityFilter，使用该过滤器可以保护管理员页面及管理员所使用的功能 Servlet，使得普通用户无法非法操作管理员功能。

10.3.3 案例要点

本案例使用过滤器来实现管理员功能不被非法访问。实现该权限验证的过滤器必须对登录后才允许访问的资源进行过滤保护，对这一功能的实现必须保证用户登录成功后将用户信息保存会话 session 中，当用户对系统资源进行访问时，过滤器会根据会话 session 中是否含有登录用户信息来判断用户身份的合法性，过滤器过滤路径一定不能包含登录路径，否则系统登录无法完成。

10.3.4 案例实施

案例实施过程如下：

(1) 修改第 9 章中的 LoginServlet 类。该修改需要在登录 LoginServlet 中登录成功后保存用户信息地方加入下面一行代码：

```
session.setAttribute("superuser", superuser);                //保存登录用户权限
```

用户权限验证的过滤器需要从会话 session 中获取登录用户权限信息，进行判断用户权限。

(2) 权限验证过滤器 AuthorityFilter.java 的开发：

```
package com.ascent.util;
import java.io.IOException;
import javax.servlet.Filter;
import javax.servlet.FilterChain;
import javax.servlet.FilterConfig;
import javax.servlet.ServletException;
import javax.servlet.ServletRequest;
import javax.servlet.ServletResponse;
import javax.servlet.http.HttpServletRequest;
import javax.servlet.http.HttpServletResponse;
import javax.servlet.http.HttpSession;
/**
 * 权限验证的过滤器
 * /
public class AuthorityFilter implements Filter {
    public void destroy() {

    }
    public void doFilter(ServletRequest req, ServletResponse resp,
            FilterChain chain) throws IOException, ServletException {
        HttpServletRequest request= (HttpServletRequest)req;
        HttpServletResponse response= (HttpServletResponse)resp;
        HttpSession session=request.getSession();
        //从 session 中获取登录用户的权限
        String superuser= (String)session.getAttribute("superuser");
        if(superuser==null){                        //没有登录,session 中没有保存信息
            //没有登录访问管理员的资源,跳转到登录页面
            response.sendRedirect(request.getContextPath()+"/login.html");
        }else{                                      //登录用户
            if(superuser.equals("3")){              //管理员
                //是管理员,权限通过,请求可以通过
                chain.doFilter(req, resp);
```

```
            }else{                                    //普通用户
                //普通用户访问管理员资源,跳转到一个权限错误的提示页面
                response.sendRedirect(request.getContextPath()+"/authError.html");
            }
        }
    }
    public void init(FilterConfig arg0) throws ServletException {
    }
}
```

(3) web. xml 文件配置过滤器：

```
<filter>
    <filter-name>authority_filter</filter-name>
    <filter-class>com.ascent.util.AuthorityFilter</filter-class>
</filter>
<filter-mapping>
    <filter-name>authority_filter</filter-name>
    <url-pattern>/admin/*</url-pattern>
</filter-mapping>
```

(4) 在工程的 WebRoot 下创建文件夹 admin，在 admin 文件夹下创建一个管理页面 admin. html，模拟管理员资源，代码如下：

```
<!DOCTYPE HTML PUBLIC "-//W3C//DTD HTML 4.01 Transitional//EN">
<html>
  <head>
    <title>admin.html</title>
    <meta http-equiv="keywords" content="keyword1,keyword2,keyword3">
    <meta http-equiv="description" content="this is my page">
    <meta http-equiv="content-type" content="text/html; charset=UTF-8">
    <!--<link rel="stylesheet" type="text/css" href="./styles.css">-->
  </head>
  <body>
    <h1>管理页面</h1>
    <a href="#">用户管理</a>  <a href="#">商品管理</a>  <a
    href="#">订单管理</a>
  </body>
</html>
```

(5) 在工程的 WebRoot 下创建 authError. html，权限验证失败后的提示页面如下：

```
<!DOCTYPE HTML PUBLIC "-//W3C//DTD HTML 4.01 Transitional//EN">
<html>
  <head>
    <title>authError.html</title>
    <meta http-equiv="keywords" content="keyword1,keyword2,keyword3">
```

```
        <meta http-equiv="description" content="this is my page">
        <meta http-equiv="content-type" content="text/html; charset=UTF-8">
        <!--<link rel="stylesheet" type="text/css" href="./styles.css">-->
    </head>
    <body>
        您的权限不够,无法访问管理员资源。<br>
    </body>
</html>
```

(6) 测试。正确启动服务器 Tomcat,执行如下步骤测试权限验证过滤器:

① 未登录用户直接访问管理页面,访问 http://localhost:8080/AscentWeb/admin/admin.html,看到的结果是展现了登录页面。

② 访问 http://localhost:8080/AscentWeb/login.html,打开登录页面,使用普通用户名 ascent、密码 ascent 登录,登录成功后再访问 http://localhost:8080/AscentWeb/admin/admin.html,结果如图 10-1 所示。

③ 访问 http://localhost:8080/AscentWeb/login.html,打开登录页面,使用管理员 admin、密码 123456 登录,登录成功后再访问 http://localhost:8080/AscentWeb/admin/admin.html,结果如图 10-2 所示。

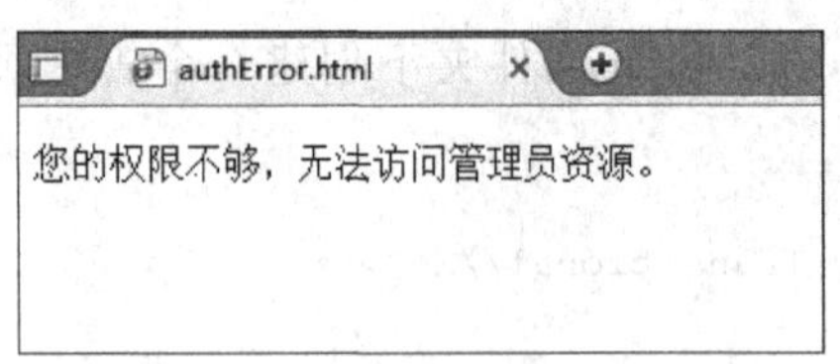

图 10-1 普通用户登录访问管理页面

图 10-2 管理员登录访问管理页面

10.3.5 特别提示

(1) 权限验证过滤器的过滤路径设置/admin/*,代表过滤所有访问 http://localhost:8080/AscentWeb/admin 下路径的资源,包括页面及 Servlet 路径。

(2) 项目开发结构设计的所有管理员资源需要在 admin 路径下,普通用户资源不能在 admin 路径下。

10.3.6 拓展与提高

大家可以在项目中模拟开发编码设置的过滤器,注意过滤器过滤路径的设置。

10.4 本章总结

过滤器使得 Servlet 开发者能够在请求到达 Servlet 之前截取请求,在 Servlet 处理请求之后修改应答;而 Servlet 监听器可以监听客户端的请求、服务端的操作,通过监听器,可以自动触发一些操作,完成特定的操作。

10.5 习题

(1) 过滤器可以实现哪些常用功能?

(2) 什么要使用监听器?

(3) 利用 Servlet 实现一个简单的聊天室,并利用监听器动态显示在线用户列表。

(4) 编写一个登录验证的过滤器实现禁止不通过登录就访问系统。

(5) 如何实现记录网站的客户登录日志,统计在线人数?

第五部分

JSP

第 11 章 JSP 概述及基本原理

学习目的与要求

JavaServer Pages(JSP)技术是一个基于纯 Java 平台的技术,它主要用来产生动态网页内容。JavaServer Pages 技术能够让网页开发人员较容易地建立起功能强大、有弹性的动态内容,实现了将静态内容(如 HTML,Javascript 等)和动态内容(如 Java 代码)混合编码的技术。通过本章的学习,应掌握 JSP 语法及内置对象,并能够使用 JSP 开发 Web 页面。

本章主要内容

- JSP 基础;
- JSP 语法;
- JSP 内置对象;
- JSP 中使用 JavaBean。

11.1 JSP 基础

JSP(Java Server Pages)是由 Sun 公司倡导、许多别的公司参与建立的一种新动态网页技术标准,它与其他技术标准类似,如 ASP、PHP 或是 ColdFusion 等。

在传统的网页 HTML 文件(*.htm, *.html)中加入 Java 程序片段(Scriptlet)和 JSP 标签,构成了 JSP 网页(*.jsp)。Servlet/JSP Container 收到客户端发出的请求时,首先执行其中的程序片段,然后将执行结果以 HTML 格式响应给客户端。其中程序片段可以是操作数据库、重新定向网页以及发送 E-mail 等,这些都是建立动态网站所需要的功能。所有程序操作都在服务器端执行,网络上传送给客户端的仅是得到的结果,与客户端的浏览器无关,因此，JSP 称为服务器端语言(Server-Side Language)。

JSP 与 Java Servlet 一样，是在服务器端执行的，通常返回给客户端的就是一个 HTML 文本，因此客户端只要有浏览器就能浏览。

自 JSP 推出后，众多大公司都推出支持 JSP 技术的服务器，如 IBM、Oracle、Bea 公司等，所以 JSP 迅速成为商业应用的服务器端语言。

1. JSP 的技术优点

1) 一次编写，各处执行(Write Once, Run Anywhere)特性

作为 Java 平台的一部分，Java Server Pages 技术拥有 Java 语言“一次编写，各处执行”的特点。随着越来越多的供货商将 Java Server Pages 技术添加到他们的产品中，用户可以针对自己公司的需求，做出审慎评估后，选择符合公司成本及规模的服务器，假若未来的需求有所变更时，更换服务器平台并不影响之前所投入的成本和人力所开发的应用程序。

2) 搭配可重复使用的组件

Java Server Pages 技术可依赖于重复使用跨平台的组件(如 JavaBean 或 Enterprise JavaBean 组件)来执行更复杂的运算、数据处理。开发人员能够共享开发完成的组件，或者能够加强这些组件的功能，让更多用户或是客户团体使用。基于利用组件的方法，可以加快整体开发过程，也大大降低公司的开发成本和人力。

3) 采用标签化页面开发

Web 网页开发人员不一定都是熟悉 Java 语言的程序员。因此，JSP 技术能够将许多功能封装起来，成为一个自定义的标签，这些功能是完全根据 XML 的标准来制订的，即 JSP 技术中的标签库(Tag Library)。因此，Web 页面开发人员可以运用自定义好的标签来达成工作需求，而无须再写复杂的 Java 语法，让 Web 页面开发人员也能快速开发出动态内容网页。

今后，第三方开发人员和其他人员可以为常用功能建立自己的标签库，让 Web 网页开发人员能够使用熟悉的开发工具、如同 HTML 一样的标签语法来执行特定功能的工作。后面将详细地为读者介绍如何制作标签。

4) N-tier 企业应用架构的支持

因为网络的发展，为适应未来服务越来越繁杂的要求，且不再受地域的限制，我们必须放弃以往 Client-Server 的 Two-tier 架构，进而转向更具威力、弹性的分布式对象系统。Java Server Page 技术是 Java 2 Platform Enterprise Edition(J2EE)集成中的一部分，它主要是负责前端显示经过复杂运算后的结果，而分布式的对象系统则是主要依赖 EJB (Enterprise JavaBean)和 JNDI(Java Naming and Directory Interface)构建而成。

2. JSP 与 Servlet 的比较

Sun 公司首先推出的是 Servlet，其功能非常强大，且体系设计也很完善，但是它输出 HTML 语法时，必须使用 out.println()一句一句地输出，例如下面一段简单的程序：

```
out.println("<html>");
out.println("<head><title>demo1</title></head>");
out.println(" Hello World <br>");
out.println("<body>");
```

```
out.println("大家好");
out.println("</body>");
out.println("</html>");
```

由于这是一段简单的 Hello World 程序,还看不出来其复杂性,但是当整个网页内容非常复杂时,那么用户的 Servlet 程序可能大部分都是用 out. println()输出 HTML 的标签了!

因此,Sun 公司推出类似于 ASP 的嵌入型 Scripting Language,并且给它一个新的名称——Java Server Pages,简称为 JSP。于是上面那段程序可以改为:

```
<html>
<head><title>欢迎你</title></head>
<body>
<%
out.println("Hello World <br>");
out.println("大家好");
%>
</body>
</html>
```

这样就简化了 Web 程序员的负担,不用为了网页内容编排的更动而做大量复杂的修改。

3. JSP 的执行过程

在介绍 JSP 语法之前,先向读者说明一下 JSP 的执行过程,如图 11-1 所示。

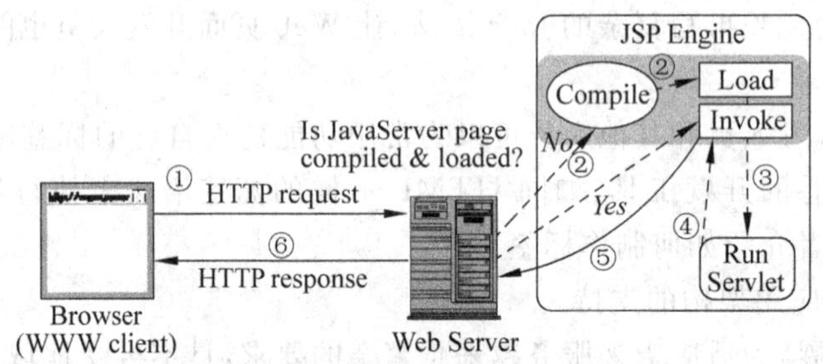

图 11-1　JSP 的执行过程

(1) 客户端发出 Request(请求)。

(2) JSP Container 将 JSP 转译成 Servlet 的源代码。

(3) 将产生的 Servlet 的源代码编译后,并加载到内存执行。

(4) 把结果 Response(响应)至客户端。

一般人都会以为 JSP 的执行性能会和 Servlet 相差很多,其实执行性能上的差别只在第一次的执行。因为 JSP 在执行第一次后,会被编译成 Servlet 的类文件,即为 XXX. class,当再重复调用执行时,就直接执行第一次所产生的 Servlet,而不用再重新把 JSP 编译成 Servlet。因此,除了第一次的编译会花较长的时间之外,之后 JSP 和 Servlet 的执行速度就几乎相同了。

在执行 JSP 网页时，通常可分为两个时期：转译时期（Translation Time）和请求时期（Request Time），如图 11-2 所示。

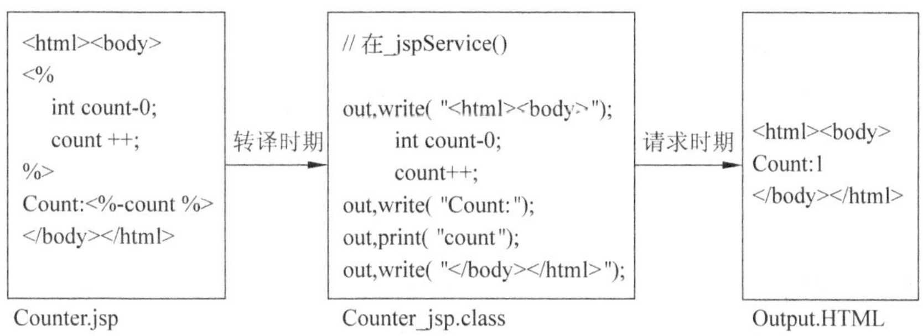

图 11-2 转译时期与请求时期程序图

在转译时期，JSP 网页转译成 Servlet 类。转译期间主要做了两件事情，将 JSP 网页转译为 Servlet 源代码（. java），此段称为转译时期（Translation time）；将 Servlet 源代码（. java）编译成 Servlet 类（. class），此段称为编译时期（Compilation time）。

在请求时期，Servlet 类执行后，响应结果至客户端。

接下来我们来看第一个 JSP 程序——helloWorld. jsp。

```
<%@page info="a hello world example" %>
<%!String greetingStr="Hello World!"; %>
<html>
<head><title>Hello World</title></head>
<body bgcolor="#ffffff" background="background.gif">
<center>
<h1><%=greetingStr%></h1>
</center>
</body>
</html>
```

之后是 JSP 的部署和运行。我们将开发好的 JSP 部署在%TOMCAT_HOME/webapps/examples 下，其中 examples 是这个 Web 应用的名字，然后启动 Tomcat 服务器。

```
%TOMCAT_HOME/bin/startup
```

之后启动浏览器，输入 URI 如下：

```
http://localhost:8080/examples/helloWorld.jsp
```

将会在浏览器中看到“Hello World!”。

11.2 JSP 语法

JSP 文件由静态 HTML 与动态元素组成。静态 HTML 体现页面结构及内容的显示方式，动态元素体现页面的动态信息。

许多时候，JSP 页面的很大一部分都由静态 HTML 构成，这些静态 HTML 也称为“模板文本”。模板文本和普通HTML几乎完全相同,它们都遵从相同的语法规则,而且模板文本也是被Servlet直接发送到客户端。此外,模板文本也可以用任何现有的页面制作工具,如DreamWeaver、FrontPage等来编写。

除了普通HTML代码之外,可以还可以看到注释。JSP可以使用<%--comment--%>来表示注释;JSP转换成Servlet时注释会被忽略。如果要把注释嵌入到结果HTML文档中,应使用普通的HTML注释标记<--comment-->。

嵌入JSP页面的其他成分主要有三种,即脚本元素(Scripting Element)、指令(Directive)和动作(Action)。

- 脚本元素用来嵌入Java代码,这些Java代码将成为转换得到的Servlet的一部分。
- JSP指令用来从整体上控制Servlet的结构。
- 动作用来引入现有的组件或者控制JSP引擎的行为。

11.2.1 脚本元素

JSP脚本元素用来插入Java代码,这些Java代码将出现在由当前JSP页面生成的Servlet中。脚本元素有三种格式:

- 表达式格式<%=expression%>:计算表达式并输出其结果。
- Scriptlet格式<%code%>:把代码插入到Servlet的service方法。
- 声明格式<%!code%>:把声明加入到Servlet类(在任何方法之外)。

下面就详细说明它们的用法。

1. JSP表达式

JSP表达式用来把Java数据直接插入到输出。其语法如下:

```
<%=Java Expression %>
```

注意:%与=之间不能有空格并且表达式后面不加分号,表达式中的变量必须是以前声明过的变量。

计算Java表达式得到的结果被转换成字符串,然后插入到页面。计算在运行时进行(页面被请求时),因此可以访问和请求有关的全部信息。

例如,下面的代码显示页面被请求的日期/时间:

```
Current time: <%=new java.util.Date() %>
```

为简化这些表达式,JSP预定义了一组可以直接使用的对象变量。后面我们将详细介绍这些隐含声明的对象,但对于JSP表达式来说,最重要的几个对象及其类型如下:

- request: HttpServletRequest。
- response: HttpServletResponse。
- session: 和request关联的HttpSession。
- out: PrintWriter(带缓冲的版本,JspWriter),用来把输出发送到客户端。

下面是一个例子:

```
Your hostname: <%=request.getRemoteHost() %>
```

2. JSP Scriptlet

如果要完成的任务比插入简单的表达式更加复杂，可以使用 JSP Scriptlet。JSP Scriptlet 允许把任意的 Java 代码插入 Servlet。

JSP Scriptlet 语法如下：

```
<%Java Code %>
```

和 JSP 表达式一样，Scriptlet 也可以访问所有预定义的变量。例如，如果要向结果页面输出内容，可以使用 out 变量：

```
<%
String queryData=request.getQueryString();
out.println("Attached GET data: "+queryData);
%>
```

注意：Scriptlet 中的代码将被照搬到 Servlet 内，而 Scriptlet 前面和后面的静态 HTML 将被转换成 println 语句。这就意味着，Scriptlet 内的 Java 语句并非一定要是完整的，没有关闭的块将影响 Scriptlet 外的静态 HTML。

例如，下面的 JSP 片断混合了模板文本和 Scriptlet：

```
<%if(Math.random()<0.5) {%>
Have a<B>nice</B>day!
<%} else {%>
Have a<B>lousy</B>day!
<%} %>
```

上述 JSP 代码将被转换成如下 Servlet 代码：

```
if(Math.random()<0.5) {
out.println("Have a<B>nice</B>day!");
} else {
out.println("Have a<B>lousy</B>day!");
}
```

3. JSP 声明

JSP 声明用来定义插入 Servlet 类的方法和成员变量，当然也可以插入类。其语法如下：

```
<%!Java Code %>
```

注意：JSP 声明的变量在整个 JSP 页面有效，但在方法内定义的变量只有在该方法中有效。

由于声明不会有任何输出，因此它们往往和 JSP 表达式或 Scriptlet 结合在一起使用。例如，下面的 JSP 代码片断输出自从服务器启动(或 Servlet 类被改动并重新装载以来)当前页面被请求的次数：

```
<%!private int accessCount=0; %>
```

自从服务器启动以来页面访问次数为：

```
<%=++accessCount %>
```

11.2.2 指令元素

JSP 指令影响 Servlet 类的整体结构，它的语法一般如下：

```
<%@directive attribute="value" %>
```

另外，也可以把同一指令的多个属性结合起来，例如：

```
<%@directive attribute1="value1"
attribute2="value2"
…
attributeN="valueN" %>
```

JSP 指令分为两种类型：第一是 page 指令，用来完成导入指定的类、自定义 Servlet 的超类等任务；第二是 include 指令，用来在 JSP 文件转换成 Servlet 时引入其他文件。JSP 规范也提到了 taglib 指令，其目的是让 JSP 开发者能够自己定义标记。

1. page 指令

page 指令的作用是定义下面一个或多个属性，这些属性大小写敏感。

- import＝"package. class"，或者 import＝"package. class1，…，package. classN"：用于指定导入哪些包。例如<%@page import＝"java. util. ＊"%>，import 是唯一允许出现一次以上的属性。
- contentType＝"MIME-Type"或 contentType＝"MIME-Type；charset＝Character-Set"：该属性指定输出的 MIME 类型。默认是 text/html。

例如，下面这个指令：

```
<%@page contentType="text/plain" %>
```

和下面的 Scriptlet 效果相同：

```
<%response.setContentType("text/plain"); %>
```

- isThreadSafe＝"true|false"：默认值 true 表明 Servlet 按照标准的方式处理，即假定开发者已经同步对实例变量的访问，由单个 Servlet 实例同时地处理多个请求。如果取值 false，表明 Servlet 应该实现 SingleThreadModel，请求或者是逐个进入，或者多个并行的请求分别由不同的 Servlet 实例处理。
- session＝"true|false"：默认值 true 表明预定义变量 session(类型为 HttpSession)应该绑定到已有的会话，如果不存在已有的会话，则新建一个并绑定 session 变量。如果取值 false，表明不会用到会话，试图访问变量 session 将导致 JSP 转换成 Servlet 时出错。
- buffer＝"size kb|none"：该属性指定 JspWrite out 的缓存大小。默认值和服务器有关，但至少应该是 8 KB。
- autoflush＝"true|false"：默认值 true 表明如果缓存已满则刷新它。autoflush 很

少取 false 值，false 值表示如果缓存已满则抛出异常。如果 buffer＝"none"，autoflush 不能取 false 值。

- extends＝"package.class"：该属性指出将要生成的 Servlet 使用哪个超类。使用该属性应当十分小心，因为服务器可能已经在用自定义的超类。
- info＝"message"：该属性定义一个可以通过 getServletInfo 方法提取的字符串。
- errorPage＝"url"：该属性指定一个 JSP 页面，所有未被当前页面捕获的异常均由该页面处理。
- isErrorPage＝"true|false"：该属性指示当前页面是否可以作为另一 JSP 页面的错误处理页面。默认值为 false。
- language＝"java"：该属性用来指示所使用的语言。目前没有必要关注这个属性，因为默认的 Java 是当前唯一可用的语言。

2. include 指令

include 指令用于 JSP 页面转换成 Servlet 时引入其他文件。该指令语法如下：

```
<%@include file="relative url" %>
```

这里所指定的 URL 是和发出引用指令的 JSP 页面相对的 URL，然而，与通常意义上的相对 URL 一样，可以利用以"/"开始的 URL 告诉系统把 URL 视为从 Web 服务器根目录开始。包含文件的内容也是 JSP 代码，即包含文件可以包含静态 HTML、脚本元素、JSP 指令和动作。例如，许多网站的每个页面都有一个小小的导航条。由于 HTML 框架存在不少问题，导航条往往用页面顶端或左边的一个表格制作，同一份 HTML 代码重复出现在整个网站的每个页面上。include 指令是实现该功能的非常理想的方法。使用 include 指令，开发者不必再把导航 HTML 代码复制到每个文件中，从而可以更轻松地完成维护工作。

由于 include 指令是在 JSP 转换成 Servlet 的时候引入文件的，因此如果导航条改变了，所有使用该导航条的 JSP 页面都必须重新转换成 Servlet。如果导航条改动不频繁，而且希望包含操作具有尽可能好的效率，使用 include 指令是最好的选择。然而，如果导航条改动非常频繁，可以使用 jsp:include 动作。jsp:include 动作在出现对 JSP 页面请求的时候才会引用指定的文件，请参见本文后面的具体说明。

3. taglib 指令

所谓标记库(tag library)，是指由在 JSP 页面中使用的标记所组成的库。JSP 容器推出时带有一个小型的、默认的标记库。而自定义标记库是人们为了某种特定的用途或者目的，将一些标记放到一起而形成的一种库。在一个团队中协同工作的开发者可能会为各自的项目创建一些非常特定化的自定义标记库，同时也会创建一个通用自定义标记库，以供当前使用。

JSP 标记替代了 scriptlet，并缓解了由 scriptlet 所招致的所有令人头痛的事情。例如，可以看到这样的标记：

```
<store:shoppingCart id="1097629"/>
```

或者这样的标记：

```
<tools:usageGraph/>
```

每个标记都包含了指向一个Java类的引用,但是类中的代码仍然在它该在的地方:在标签之外,一个编译好的类文件之中。自定义标签将在第13章进行介绍。

11.2.3 动作元素

在JSP中的动作指令包括Include、Forward、UseBean、GetProperty、SetProperty和Plugin。

1. include指令

<jsp:include>标签表示包含一个静态的或者动态的文件。

语法:

```
<jsp:include page="path" flush="true" />
```

或

```
<jsp:include page="path" flush="true">
    <jsp:param name="paramName" value="paramValue"? />
</jsp:include>
```

注意:

(1) page="path" 为相对路径,或者代表相对路径的表达式。

(2) flush="true" 必须使用flush为true,默认值是false。

(3) <jsp:param>子句能让你传递一个或多个参数给动态文件,也可在一个页面中使用多个<jsp:param>来传递多个参数给动态文件。

2. forward指令

<jsp:forward>标签表示重定向一个静态html/jsp文件,或者是一个程序段。

语法:

```
<jsp:forward page="path"} />
```

或者

```
jsp:forward page="path"}>
    <jsp:param name="paramName" value="paramValue"? />…
</jsp:forward>
```

注意:

(1) page="path"为一个表达式,或者一个字符串。

(2) <jsp:param> name指定参数名,value指定参数值。参数被发送到一个动态文件,参数可以是一个或多个值,而这个文件却必须是动态文件。要传递多个参数,则可以在一个JSP文件中使用多个<jsp:param>将多个参数发送到一个动态文件中。

3. useBean指令

<jsp:useBean>标签表示用来在JSP页面中创建一个Bean实例并指定它的名字以

及作用范围。

语法：

```
<jsp:useBean id="name" scope="page|request|session|application" typeSpec/>
```

其中 typeSpec 有以下几种可能的情况：

```
class="className"|class="className" type="typeName"|beanName="beanName" type=
"typeName"|type="typeName"
```

注意：必须使用 class 或 type，而不能同时使用 class 和 beanName。beanName 表示 Bean 的名字，其形式为 a. b. c。

4. GetProperty 指令

<jsp:getProperty>标签表示获取 Bean 的属性的值并将之转化为一个字符串，然后将其插入到输出的页面中。

语法：

```
<jsp:getProperty name="name" property="propertyName"/>
```

注意：

(1) 在使用<jsp:getProperty>之前，必须用<jsp:useBean>来创建它。

(2) 不能使用<jsp:getProperty>来检索一个已经被索引了的属性。

(3) 能够和 JavaBeans 组件一起使用<jsp:getProperty>，但是不能与 Enterprise Java Bean 一起使用。

5. setProperty 指令

<jsp:setProperty>标签表示用来设置 Bean 中的属性值。

语法：

```
<jsp:setProperty name="beanName" prop_expr />
```

其中 prop_expr 有以下几种可能的情形：

```
property="*"|property="propertyName"|property="propertyName"
param="parameterName"|property="propertyName" value="propertyValue"
```

注意：使用 jsp:setProperty 来为一个 Bean 的属性赋值；可以使用两种方式来实现。

(1) 在 jsp:useBean 后使用 jsp:setProperty：

```
<jsp:useBean id="myUser" … />
…
<jsp:setProperty name="user" property="user" … />
```

在这种方式中，jsp:setProperty 将被执行。

(2) jsp:setProperty 出现在 jsp:useBean 标签内：

```
<jsp:useBean id="myUser" …>
…
```

```
<jsp:setProperty name="user" property="user" … />
</jsp:useBean>
```

在这种方式中，jsp:setProperty只会在新的对象被实例化时才将被执行。

<jsp:setProperty>中的name值应当和<jsp:useBean>中的id值相同。

6. Plugin指令

<jsp:plugin>标签表示执行一个Applet或Bean，有可能的话还要下载一个Java插件用于执行它。

语法：

```
<jsp:plugin
     type="bean|applet"?
     code="classFileName"?
     codebase="classFileDirectoryName"?
     [name="instanceName"]?
     [archive="URIToArchive,..."]?
     [align="bottom|top|middle|left|right"]?
     [height="displayPixels"]
     [width="displayPixels"]
     [hspace="leftRightPixels"]
     [vspace="topBottomPixels"]
     [jreversion="JREVersionNumber|1.1"]
     [nspluginurl="URLToPlugin"]
     [iepluginurl="URLToPlugin"]>
     [<jsp:params>
     [<jsp:param name="parameterName" value="{parameterValue|<%=exdivssion %
     >}" />]+?
     </jsp:params>]?
     [<jsp:fallback>text message for user</jsp:fallback>]
</jsp:plugin>
```

注意：<jsp:plugin>元素用于在浏览器中播放或显示一个对象(典型的就是Applet和Bean)，而这种显示需要在浏览器的Java插件中。

当Jsp文件被编译，送往浏览器时，<jsp:plugin>元素将会根据浏览器的版本替换成<object>或者<embed>元素。注意，<object>用于HTML 4.0，<embed>用于HTML 3.2。

一般来说，<jsp:plugin>元素会指定对象是Applet还是Bean，同样也会指定class的名字，还有位置，另外还会指定从哪里下载这个Java插件。

11.3 JSP内置对象

JSP的一个重要特征就是它自带了9个功能强大的内置对象，包括request、response、session、application、out、page、pagecontext、exception和config。

11.3.1 request 对象

该对象封装了用户提交的信息，通过调用该对象相应的方法可以获取封装的信息，即使用该对象可以获取用户提交信息。它是 HttpServletRequest 类的实例，常用方法见表 11-1 所示。

表 11-1 request 对象

序 号	方 法	说 明
1	Object getAttribute(String name)	返回指定属性的属性值
2	Enumeration getAttributeNames()	返回所有可用属性名的枚举
3	String getCharacterEncoding()	返回字符编码方式
4	int getContentLength()	返回请求体的长度(以字节数)
5	String getContentType()	得到请求体的 MIME 类型
6	ServletInputStream getInputStream()	得到请求体中一行的二进制流
7	String getParameter(String name)	返回 name 指定参数的参数值
8	Enumeration getParameterNames()	返回可用参数名的枚举
9	String[] getParameterValues(String name)	返回包含参数 name 的所有值的数组
10	String getProtocol()	返回请求用的协议类型及版本号
11	String getScheme()	返回请求用的计划名，如 http. https 及 ftp 等
12	String getServerName()	返回接受请求的服务器主机名
13	int getServerPort()	返回服务器接受此请求所用的端口号
14	BufferedReader getReader()	返回解码过了的请求体
15	String getRemoteAddr()	返回发送此请求的客户端 IP 地址
16	String getRemoteHost()	返回发送此请求的客户端主机名
17	void setAttribute(String key,Object obj)	设置属性的属性值
18	String getRealPath(String path)	返回一虚拟路径的真实路径

举例如下：

(1) request 对象可以使用 getParameter(string s)方法获取该表单通过 text 提交的信息。如：

```
request.getParameter("user")
```

例如：

① request1.jsp 的代码如下。

```
<%@page contentType="text/html;charset=GB2312" %>
<HTML>
<BODY bgcolor=green><FONT size=1>
```

```
    <FORM action="test.jsp" method=post name=form>
      <INPUT type="text" name="user">
      <INPUT TYPE="submit" value="Enter" name="submit">
    </FORM>
  </FONT>
  </BODY>
  </HTML>
```

② test.jsp 的代码如下。

```
<%@page contentType="text/html;charset=GB2312" %>
<HTML>
<BODY bgcolor=green><FONT size=1>
<P>获取文本框提交的信息:
  <%String textContent=request.getParameter("user");
  %>
<BR>
  <%=textContent%>
<P>获取按钮的名字:
  <%String buttonName=request.getParameter("submit");
  %>
<BR>
  <%=buttonName%>
</FONT>
</BODY>
</HTML>
```

使用 request 对象获取信息要格外小心，要避免使用空对象，否则会出现 NullPointerException 异常，所以可以作以下处理。

③ request3.jsp 的代码如下。

```
<%@page contentType="text/html;charset=GB2312" %>
<HTML>
<BODY bgcolor=cyan><FONT size=5>
  <FORM action="" method=post name=form>
     <INPUT type="text" name="price">
     <INPUT TYPE="submit" value="Enter" name="submit">
  </FORM>
  <%String textContent=request.getParameter("price");
   double number=0,r=0;
   if(textContent==null)
    {textContent="";
    }
   try{number=Double.parseDouble(textContent);
     if(number>=0)
       {r=Math.sqrt(number);
       out.print("<BR>"+String.valueOf(number)+"的平方根:");
```

```
        out.print("<BR>"+String.valueOf(r));
        }
      else
        {out.print("<BR>"+"请输入一个正数");
        }
    }
   catch(NumberFormatException e)
    {out.print("<BR>"+"请输入数字字符");
    }
  %>
</FONT>
</BODY>
</HTML>
```

(2) 处理汉字信息：当 request 对象获取客户提交的汉字字符时，会出现乱码问题，必须进行特殊处理。首先，将获取的字符串用 ISO－8859－1 进行编码，并将编码存放到一个字节数组中，然后再将这个数组转化为字符串对象即可。

如：

```
String textContent=request.getParameter("user");
byte b[]=textContent.getBytes("ISO-8859-1");
textContent=new String(b);
```

例如，request2.jsp 的代码如下：

```
<%@page contentType="text/html;charset=GB2312" %>
<HTML>
<BODY bgcolor=green><FONT size=1>
  <FORM action="test2.jsp" method=post name=form>
    <INPUT type="text" name="user">
    <INPUT TYPE="submit" value="提交" name="submit">
  </FORM>
</FONT>
</BODY>
</HTML>
```

test2.jsp 的代码如下

```
<%@page contentType="text/html;charset=GB2312" %>
<MHML>
<BODY>
<P>获取文本框提交的信息：
  <%String textContent=request.getParameter("user");
   byte b[]=textContent.getBytes("ISO-8859-1");
   textContent=new String(b);
  %>
<BR>
  <%=textContent%>
```

```
<P>获取按钮的名字:
  <%String buttonName=request.getParameter("submit");
   byte c[]=buttonName.getBytes("ISO-8859-1");
   buttonName=new String(c);
  %>
<BR>
  <%=buttonName%>
</BODY>
</HTML>
```

(3) 常用方法有 getProtocol()、getServletPath()、getContentLength()、getMethod()、getRemoteAddr()、getRemoteHost()、getServerName()、getParameterName()。

例如:

```
<%@page contentType="text/html;charset=GB2312" %>
<%@page import="java.util.*" %>
<HTML>
<BODY bgcolor=cyan>
<Font size=5>
<BR>客户使用的协议是:
  <%String protocol=request.getProtocol();
   out.println(protocol);
  %>
<BR>获取接受客户提交信息的页面:
  <%String path=request.getServletPath();
   out.println(path);
  %>
<BR>接受客户提交信息的长度:
  <%int length=request.getContentLength();
   out.println(length);
  %>
<BR>客户提交信息的方式:
  <%String method=request.getMethod();
   out.println(method);
  %>
<BR>获取 HTTP 头文件中 User-Agent 的值:
  <%String header1=request.getHeader("User-Agent");
   out.println(header1);
  %>
<BR>获取 HTTP 头文件中 accept 的值:
  <%String header2=request.getHeader("accept");
   out.println(header2);
  %>
<BR>获取 HTTP 头文件中 Host 的值:
  <%String header3=request.getHeader("Host");
   out.println(header3);
```

```
%>
<BR>获取 HTTP 头文件中 accept-encoding 的值:
  <%String header4=request.getHeader("accept-encoding");
   out.println(header4);
  %>
<BR>获取客户的 IP 地址:
  <%String IP=request.getRemoteAddr();
   out.println(IP);
  %>
<BR>获取客户机的名称:
  <%String clientName=request.getRemoteHost();
   out.println(clientName);
  %>
<BR>获取服务器的名称:
  <%String serverName=request.getServerName();
   out.println(serverName);
  %>
<BR>获取服务器的端口号:
  <%int serverPort=request.getServerPort();
   out.println(serverPort);
  %>
<BR>获取客户端提交的所有参数的名字:
  <%Enumeration enum=request.getParameterNames();
    while(enum.hasMoreElements())
      {String s=(String)enum.nextElement();
       out.println(s);
      }
   %>
<BR>获取头名字的一个枚举:
  <%Enumeration enum_headed=request.getHeaderNames();
   while(enum_headed.hasMoreElements())
      {String s=(String)enum_headed.nextElement();
       out.println(s);
      }
  %>
<BR>获取头文件中指定头名字的全部值的一个枚举:
  <%Enumeration enum_headedValues=request.getHeaders("cookie");
   while(enum_headedValues.hasMoreElements())
      {String s=(String)enum_headedValues.nextElement();
       out.println(s);
      }
  %>
<BR>
</Font>
</BODY>
</HTML>
```

(4) 获取 HTML 表单提交的数据。

① 单选框 radio 的应用。

例如,radio.jsp 的代码如下:

```
<HTML>
<%@page contentType="text/html;charset=GB2312" %>
<BODY bgcolor=cyan><Font size=1>
<P>诗人白居易是中国历史上哪个朝代的人:
  <FORM action="answer.jsp" method=post name=form>
    <INPUT type="radio" name="R" value="a" checked="ok">宋朝
    <INPUT type="radio" name="R" value="b">唐朝
    <INPUT type="radio" name="R" value="c">明朝
    <INPUT type="radio" name="R" value="d">元朝
    <BR>
        <P>小说红楼梦的作者是:
    <BR>
    <INPUT type="radio" name="P" value="a">曹雪芹
    <INPUT type="radio" name="P" value="b">罗贯中
    <INPUT type="radio" name="P" value="c">白居易
    <INPUT type="radio" name="P" value="d">贾宝玉
    <BR>
    <INPUT TYPE="submit" value="提交答案" name="submit">
  </FORM>
</FONT>
</BODY>
</HTML>
```

```
answer.jsp:
<HTML>
<%@page contentType="text/html;charset=GB2312" %>
<BODY bgcolor=cyan><Font size=1>
<%int n=0;
  String s1=request.getParameter("R");
  String s2=request.getParameter("P");
   if(s1==null)
    {s1="";}
   if(s2==null)
    {s2="";}
   if(s1.equals("b"))
    {n++;}
   if(s2.equals("a"))
    {n++;}
%>
<P>您得了<%=n%>分
</FONT>
```

```
</BODY>
</HTML>
```

② 列表框<select><Option>的应用。

例如，select.jsp 的代码如下：

```
<HTML>
<%@page contentType="text/html;charset=GB2312" %>
<BODY bgcolor=cyan><Font size=1>
<P>选择计算和的方式
  <FORM action="sum.jsp" method=post name=form>
    <Select name="sum" size=2>
     <Option Selected value="1">计算 1 到 n 的连续和
     <Option value="2">计算 1 到 n 的平方和
     <Option value="3">计算 1 到 n 的立方和
    </Select>
    <P>选择 n 的值:<BR>
    <Select name="n">
     <Option value="10">n=10
     <Option value="20">n=20
     <Option value="30">n=30
     <Option value="40">n=40
     <Option value="50">n=50
     <Option value="100">n=60
    </Select>
    <BR><BR>
   <INPUT TYPE="submit" value="提交你的选择" name="submit">
  </FORM>
</FONT>
</BODY>
</HTML>
```

sum.jsp 的代码如下：

```
<HTML>
<%@page contentType="text/html;charset=GB2312" %>
<BODY bgcolor=cyan><Font size=1>
<%long sum=0;
  String s1=request.getParameter("sum");
  String s2=request.getParameter("n");
   if(s1==null)
    {s1="";}
   if(s2==null)
    {s2="0";}
  if(s1.equals("1"))
    {int n=Integer.parseInt(s2);
     for(int i=1;i<=n;i++)
```

```
        {sum=sum+i;
        }
      }
    else if(s1.equals("2"))
      {int n=Integer.parseInt(s2);
       for(int i=1;i<=n;i++)
        {sum=sum+i*i;
        }
      }
    else if(s1.equals("3"))
      {int n=Integer.parseInt(s2);
       for(int i=1;i<=n;i++)
        {sum=sum+i*i*i;
        }
      }
%>
<P>您的求和结果是<%=sum%>
</FONT>
</BODY>
</HTML>
```

11.3.2 response对象

对客户的请求做出动态的响应,向客户端发送数据。它是HttpServletResponse类的实例,常用方法见表11-2所示。

表11-2 response对象

序　号	方　　法	说　　明
1	String getCharacterEncoding()	返回响应用的是何种字符编码
2	ServletOutputStream getOutputStream()	返回响应的一个二进制输出流
3	PrintWriter getWriter()	返回可以向客户端输出字符的一个对象
4	void setContentLength(int len)	设置响应头长度
5	void setContentType(String type)	设置响应的MIME类型
6	sendRedirect(java.lang.String location)	重新定向客户端的请求

举例如下:

1. 动态响应contenType属性

当一个用户访问一个JSP页面时,如果该页面用page指令设置页面的contentType属性是text/html,那么JSP引擎将按照这种属性值作出反映。如果要动态改变这个属性值来响应客户,就需要使用response对象的setContentType(String s)方法来改变contentType的属性值。

格式:

```
response.setContentType(String s)
```

其中参数 s 可取 text/html、application/x-msexcel、application/msword 等。

例如，response1.jsp 的代码如下：

```
<%@page contentType="text/html;charset=GB2312" %>
<HTML>
<BODY bgcolor=cyan><Font size=1>
<P>我正在学习 response 对象的
<BR>setContentType 方法
<P>将当前页面保存为 Word 文档吗?
<FORM action="" method="get" name=form>
   <INPUT TYPE="submit" value="yes" name="submit">
  </FORM>
<%String str=request.getParameter("submit");
   if(str==null)
     {
       str="";
     }
   if(str.equals("yes"))
     {
       response.setContentType("application/msword;charset=GB2312");
     }
%>
</FONT>
</BODY>
</HTML>
```

2. response 重定向

在某些情况下，当响应客户时，需要将客户重新引导至另一个页面，可以使用 response 的 sendRedirect(URL)方法实现客户的重定向。

例如，response2.jsp 的代码如下：

```
<%@page contentType="text/html;charset=GB2312" %>
<html>
<head><title>重定向测试</title></head>
<body>
<%
String address=request.getParameter("where");
if(address!=null){
if(address.equals("AscentTech"))
  response.sendRedirect("http://www.ascenttech.com.cn");
else if(address.equals("Microsoft"))
   response.sendRedirect("http://www.microsoft.com");
  else if(address.equals("Sun"))
   response.sendRedirect("http://www.sun.com");
```

```
}
%>
<b>Please select:</b><br>
<form action="" method="GET">
<select name="where">
  <option value="AscentTech" selected>go to Ascent Tech
  <option value="Sun">go to Sun
  <option value="Microsoft">go to Microsoft
</select>
<input type="submit" value="go">
</form>
</body>
</html>
```

11.3.3 session 对象

1. 什么是 session 对象

这里的 session 是一个 JSP 内置对象，它在第一个 JSP 页面被装载时自动创建，完成会话期管理。它是 HttpSession 的对象。

从一个客户打开浏览器并连接到服务器开始，到客户关闭浏览器离开这个服务器结束，被称为一个会话。当一个客户访问一个服务器时，可能会在这个服务器的几个页面之间反复连接，反复刷新一个页面，服务器应当通过某种办法知道这是同一个客户，这就需要 session 对象。

2. session 对象的 ID

当一个客户首次访问服务器上的一个 JSP 页面时，JSP 引擎产生一个 session 对象，同时分配一个 String 类型的 ID 号，JSP 引擎同时将这个 ID 号发送到客户端，存放在 Cookie 中，这样 session 对象和客户之间就建立了一一对应的关系。当客户再访问连接该服务器的其他页面时，不再分配给客户新的 session 对象，直到客户关闭浏览器后，服务器端该客户的 session 对象才取消，并且和客户的会话对应关系消失。当客户重新打开浏览器并且再连接到该服务器时，服务器为该客户再创建一个新的 session 对象。

3. session 对象常用方法

session 对象常用方法见表 11-3 所示。

表 11-3　session 对象

序号	方　法	说　明
1	long getCreationTime()	返回 SESSION 创建时间
2	public String getId()	返回 SESSION 创建时 JSP 引擎为它设的唯一 ID 号
3	long getLastAccessedTime()	返回此 SESSION 里客户端最近一次请求时间
4	int getMaxInactiveInterval()	返回两次请求间隔多长时间此 SESSION 被取消(ms)

续表

序号	方　　法	说　　明
5	String[] getValueNames()	返回一个包含此SESSION中所有可用属性的数组
6	void invalidate()	取消SESSION，使SESSION不可用
7	boolean isNew()	返回服务器创建的一个SESSION，客户端是否已经加入
8	void removeValue(String name)	删除SESSION中指定的属性
9	void setMaxInactiveInterval()	设置两次请求间隔多长时间此SESSION被取消(ms)
10	public void setAttribute(String key, Object obj)；	将参数Object指定的对象obj添加到session对象中，并为添加的对象指定一个索引关键字
11	public Object getAttribute(String key)；	获取session对象中含有关键字的对象

例如，session1.jsp的代码如下：

```
<%@page contentType="text/html;charset=GB2312" %>
<HTML>
<BODY bgcolor=cyan><FONT Size=5>
<%String s=session.getId();%>
<P>您的 session 对象的 ID 是:
<BR>
<%=s%>
</BODY>
</HTML>
```

例如，session2.jsp的代码如下：

```
<%@page contentType="text/html;charset=GB2312" %>
<HTML>
<BODY>
  <%! int number=0;
   synchronized void countPeople()
    {
         number++;
     }
  %>
  <%
   if(session.isNew())
    {
     countPeople();
     String str=String.valueOf(number);
     session.setAttribute("count",str);
    }
  %>
<P>您是第<%=(String)session.getAttribute("count")%>个访问本站的人。
</BODY>
</HTML>
```

11.3.4 application 对象

1. 什么是 application

服务器启动后就产生了这个 application 对象，当客户在所访问的网站的各个页面之间浏览时，这个 application 对象是同一个，直到服务器关闭。但是与 session 不同的是，所有客户的 application 对象都是同一个，即所有客户共享这个内置的 application 对象。它是 ServletContext 类的实例。

2. application 对象常用方法

application 对象常用方法见表 11-4 所示。

表 11-4　application 对象

序号	方　法	说　明
1	Object getAttribute(String name)	返回给定名的属性值
2	Enumeration getAttributeNames()	返回所有可用属性名的枚举
3	void setAttribute(String name,Object obj)	设定属性的属性值
4	void removeAttribute(String name)	删除一属性及其属性值
5	String getServerInfo()	返回 JSP(SERVLET)引擎名及版本号
6	String getRealPath(String path)	返回一虚拟路径的真实路径
7	ServletContext getContext(String uripath)	返回指定 WebApplication 的 application 对象
8	Int getMajorVersion()	返回服务器支持的 Servlet API 的最大版本号
9	Int getMinorVersion()	返回服务器支持的 Servlet API 的最大版本号
10	String getMimeType(String file)	返回指定文件的 MIME 类型
11	URL getResource(String path)	返回指定资源(文件及目录)的 URL 路径
12	InputStream getResourceAsStream(String path)	返回指定资源的输入流
13	RequestDispatcher getRequestDispatcher(String uripath)	返回指定资源的 RequestDispatcher 对象
14	Servlet getServlet(String name)	返回指定名的 Servlet
15	Enumeration getServlets()	返回所有 Servlet 的枚举
16	Enumeration getServletNames()	返回所有 Servlet 名的枚举
17	void log(String msg)	把指定消息写入 Servlet 的日志文件
18	void log(Exception exception,String msg)	把指定异常的栈轨迹及错误消息写入 Servlet 的日志文件
19	void log(String msg,Throwable throwable)	把栈轨迹及给出的 Throwable 异常的说明信息 写入 Servlet 的日志文件

例如，application.jsp 的代码如下：

```
<%@page contentType="text/html;charset=GB2312" %>
```

```
<HTML>
<HEAD>
<TITLE>application 变量的使用</TITLE>
</HEAD>
<BODY>
<CENTER>
<FONT SIZE=5 COLOR=blue>application 变量的使用</FONT>
</CENTER>
<HR>
<P></P>
<%
Object obj=null;
String strNum=(String)application.getAttribute("Num");
int Num=0;
//检查 Num 变量是否可取得
if(strNum !=null)
Num=Integer.parseInt(strNum)+1;                         //将取得的值增加 1
application.setAttribute("Num", String.valueOf(Num));    //起始 Num 变量值
%>
application 对象中的<Font color=blue>Num</Font>变量值为
<Font color=red><%=Num %></Font><BR>
</BODY>
</HTML>
```

11.3.5 out 对象

out 对象是一个输出流，用来向客户端输出数据。out 对象用于各种数据的输出，常用方法见表 11-5 所示。

表 11-5 out 对象

序 号	方 法	说 明
1	void clear()	清除缓冲区的内容
2	void clearBuffer()	清除缓冲区的当前内容
3	void flush()	清空流
4	int getBufferSize()	返回缓冲区以字节数的大小，如不设缓冲区则为 0
5	int getRemaining()	返回缓冲区还剩余多少可用
6	boolean isAutoFlush()	返回缓冲区满时，是自动清空还是抛出异常
7	void close()	关闭输出流
8	out. print()；	输出各种类型数据
9	out. newLine()；	输出一个换行符

例如，vk，out. jsp 的代码如下：

```
<%@page contentType="text/html;charset=GB2312" %>
<%@page import="java.util.Date"%>
<HTML>
<HEAD>
<%
Date now=new Date();
String hours=String.valueOf(now.getHours());
String mins=String.valueOf(now.getMinutes());
String secs=String.valueOf(now.getSeconds());
%>
现在是
<%out.print(String.valueOf(now.getHours()));%>
点
<%out.print(String.valueOf(now.getMinutes()));%>
分
<%out.print(String.valueOf(now.getSeconds()));%>
秒
</FONT>
</BODY>
</HTML>
```

11.3.6 page对象

page对象就是指向当前JSP页面本身，有点像类中的this指针，它是java.lang.Object类的实例，常用方法见表11-6所示。

表11-6 page对象

序 号	方 法	说 明
1	class getClass	返回此Object的类
2	int hashCode()	返回此Object的hash码
3	boolean equals(Object obj)	判断此Object是否与指定的Object对象相等
4	void copy(Object obj)	把此Object复制到指定的Object对象中
5	Object clone()	克隆此Object对象
6	String toString()	把此Object对象转换成String类的对象
7	void notify()	唤醒一个等待的线程
8	void notifyAll()	唤醒所有等待的线程
9	void wait(int timeout)	使一个线程处于等待直到timeout结束或被唤醒
10	void wait()	使一个线程处于等待直到被唤醒
11	void enterMonitor()	对Object加锁
12	void exitMonitor()	对Object开锁

11.3.7 pageContext 对象

pageContext 对象提供了对 JSP 页面内所有的对象及名字空间的访问，也就是说它可以访问到本页所在的 session，也可以取本页面所在的 application 的某一属性值，它相当于页面中所有功能的集大成者，它的本类名也叫 PageContext，其中常用方法见表 11-7 所示。

表 11-7 pageContext 对象

序号	方　法	说　明
1	JspWriter getOut()	返回当前客户端响应被使用的 JspWriter 流(out)
2	HttpSession getSession()	返回当前页中的 HttpSession 对象(session)
3	Object getPage()	返回当前页的 Object 对象(page)
4	ServletRequest getRequest()	返回当前页的 ServletRequest 对象(request)
5	ServletResponse getResponse()	返回当前页的 ServletResponse 对象(response)
6	Exception getException()	返回当前页的 Exception 对象(exception)
7	ServletConfig getServletConfig()	返回当前页的 ServletConfig 对象(config)
8	ServletContext getServletContext()	返回当前页的 ServletContext 对象(application)
9	void setAttribute(String name,Object attribute)	设置属性及属性值
10	void setAttribute(String name,Object obj,int scope)	在指定范围内设置属性及属性值
11	public Object getAttribute(String name)	取属性的值
12	Object getAttribute(String name,int scope)	在指定范围内取属性的值
13	public Object findAttribute(String name)	寻找一属性，返回其属性值或 NULL
14	void removeAttribute(String name)	删除某属性
15	void removeAttribute(String name,int scope)	在指定范围内删除某属性
16	int getAttributeScope(String name)	返回某属性的作用范围
17	Enumeration getAttributeNamesInScope(int scope)	返回指定范围内可用的属性名枚举
18	void release()	释放 pageContext 所占用的资源
19	void forward(String relativeUrlPath)	使当前页面重导到另一页面
20	void include(String relativeUrlPath)	在当前位置包含另一文件

11.3.8 exception 对象

exception 对象是异常对象，当一个页面在运行过程中发生了异常，就产生这个对象。如果一个 JSP 页面要应用此对象，就必须把 isErrorPage 设为 true，否则无法编译。它实际上是 java.lang.Throwable 的对象，常用方法见表 11-8 所示。

表 11-8 exception 对象

序号	方 法	说 明
1	String getMessage()	返回描述异常的消息
2	String toString()	返回关于异常的简短描述消息
3	void printStackTrace()	显示异常及其栈轨迹
4	Throwable FillInStackTrace()	重写异常的执行栈轨迹

这里补充一下在 Web 应用中对异常的处理，即错误处理页面 error.jsp。Web 应用程序一般都有一个或多个统一的错误处理 JSP 页面，以便在功能性的 JSP 页面发生错误时，能以一种友好的形式向用户反馈。友好而统一的错误页面是 Web 展现层不可忽略的一个重要方面。

下面，创建错误处理 error.jsp 文件，其代码如下所示：

```
<%@page contentType="text/html; charset=GBK" isErrorPage="true" %>
<html>
<head>
<title>error</title>
</head>
<body bgcolor="#ffffff">
抱歉,系统发生异常,请单击<a href="login.jsp">这里</a>返回首页
</body>
</html>
```

错误处理 JSP 页面的 page 指令标签中的 isErrorPage 属性应该设置为 true，如第 1 行所示，这样 JSP 页面中就可以访问 exception 隐含对象了。在第 7 行，用一种 graceful（优雅）的方式向用户报告程序错误并提供一个返回到登录页面的链接。

现在回过头去，通过＜%@ page errorPage="错误处理 JSP"%＞将 error.jsp 指定为 switch.jsp 和 login.jsp 的错误处理页面。

为 switch.jsp 页面添加错误处理页面后，其代码如下：

```
<%@page contentType="text/html; charset=GBK" errorPage="error.jsp"%>
<%@page import="bookstore.*"%>
<%@page import="java.sql.*"%>
...
```

11.3.9 config 对象

config 对象是在一个 Servlet 初始化时，JSP 引擎向它传递信息用的，此信息包括 Servlet 初始化时所要用到的参数（通过属性名和属性值构成）以及服务器的有关信息（通过传递一个 ServletContext 对象），如表 11-9 所示。

表 11-9 config 对象

序号	方　　法	说　　明
1	ServletContext getServletContext()	返回含有服务器相关信息的 ServletContext 对象
2	String getInitParameter(String name)	返回初始化参数的值
3	Enumeration getInitParameterNames()	返回 Servlet 初始化所需所有参数的枚举

以上介绍了 JSP 的基本语法。可以看到,最简单的 JSP 就是将 Java 代码嵌套在 HTML 模板中。这样虽然直观和易于理解,但是也存在明显的缺点——混乱。Java 代码和 HTML 代码混在一起,逻辑上很不清晰,维护起来也不方便。另外,其中的 Java 代码也不能重用,违背了面向对象的重要原理——可重用性。

所以需要改进 JSP 的开发。主要有以下方法:

(1) 使用 JavaBean 组件模型增加代码的重用性。

(2) 使用自定义标签 Custome Tag 来减少 sctiptlet(脚本代码)。

以下我们将具体展开这些技术,首先来看如何在 JSP 中使用 JavaBean。

11.4 JSP 中使用 JavaBean

JavaBeans 被称为是 Java 组件技术的核心。JavaBeans 的结构必须满足一定的命名约定。JavaBeans 类似于 Windows 下的 ActiveX 控件,它们都能提供常用功能并且可以重复使用。JavaBeans 可以在 JSP 程序应用中给开发人员带来很大的方便,这使得开发人员可以把某些关键功能和核心算法提取出来封装成为一个组件对象,这样就增加了代码的重用性和系统的安全性。比如我们可以将访问数据库的数据处理功能编写封装为 JavaBeans 组件,然后在某几个 JSP 程序中加以调用。

JavaBeans 技术与 ActiveX 相比有着很大的优越性,例如 JavaBeans 的与平台无关性使得 JavaBeans 组件不但可以运行于 UNIX 平台,还可以运行于 Windows 平台,而且 JavaBeans 从一个平台移植到另外的平台上时代码不需要修改,甚至不需要重新编译。但是 ActiveX 就不同了,它只能够应用于 Windows 平台而且它的代码移植性很差,从 Windows 98 平台移植到 NT 平台就需要重新编译代码甚至要大幅度改写程序。另一方面 JavaBeans 比 ActiveX 要容易编写得多,用起来也方便得多,起码 JavaBeans 组件在使用以前不需要注册而 ActiveX 控件在使用以前必须在操作系统中注册,否则在运行的时候系统将会报错。

本节将介绍在 JSP 程序中如何使用 JavaBeans 组件。要想在 JSP 程序中使用 JavaBeans 组件必须应用<jsp:useBean>、<jsp:setProperty>、<jsp:getProperty>等 JSP 的操作指令。在这一节中会结合实际的例子详细介绍这三个操作指令的用法,顺便帮助读者复习一下 JSP 的基础知识。

11.4.1 <jsp:useBean>

1. JSP 动作元素 useBean 的语法

<JSP:useBean>操作指令用于在 JSP 页面中实例化一个 JavaBean 组件。这个实例

化的JavaBean组件对象将可以在这个JSP程序的其他地方被调用。

JSP动作元素useBean的语法如下：

```
jsp:useBean
    id="beanInstanceName"
    scope="page|request|session|application"
    {
        class="package.class"|
        type="package.class"|
        class="package.class" type="package.class"|
        beanName="{package.class|<%=expression %>}"
    type="package.class"
    }
    {
        />|
        >other elements</jsp:useBean>
    }
```

2. <jsp:useBean>元素各属性解析

1）id="beanInstanceName"

id是一个用来标识你指定作用域的变量。可以在JSP文件的表达式或脚本小应用程序中使用该变量名称。该名称大小写敏感，必须符合JSP页面中脚本语言的命名规则。假如你使用的是Java语言，则该名称遵守的是Java命名规范。假如该Bean对象已由其他<jsp:useBean>元素创建，则该值必须和实例化该Bean对象的<jsp:useBean>元素id属性值一致，才能实现定位到该Bean对象。

2）scope="page|request|session|application"

scope是Bean对象存在的作用范围，默认值为page。不同作用域解释如下：

(1) page：可以在<jsp:useBean>元素所在JSP页面或其静态包含页面使用该JavaBean对象，直到该页面发送响应回客户端或跳转(forwards)至其他页面。

(2) request：可以在处理同一个请求的任意一个页面使用该JavaBean对象，直到该页面发送响应回客户端或产生新的请求。可以使用request对象访问该JavaBean对象，例如：

```
request.getAttribute(beanInstanceName).
```

(3) session：可以在同一次会话的任意一个页面使用该JavaBean对象，该JavaBean对象在整个会话期间一直存在。使用<jsp:useBean/>创建JavaBean对象的页面的<%@page%>指令元素的session属性值必须设置为true。

(4) application：可以在创建该JavaBean对象的同一个应用的任意一个页面使用该JavaBean对象，该JavaBean对象在整个应用期间一直存在。应用中任意一个页面均可使用它。

3）class="package.class"

从一个class实例化Bean对象，使用new关键字调用class的构造方法完成。该class不能是抽象的，必须有一个public、无参的构造器。包名和类名称大小写敏感。

4) type="package. class"

type 用来指定该 Bean 对象的数据类型，假如没有指定 class 或 beanBean，没有 Bean 对象能被实例化。包和类名称大小写敏感。

5) class="package. class" type="package. class"

使用 class 属性指定的类实例化 JavaBean 对象，并声明其数据类型为 typc 属性指定的类型；type 属性值可和 class 属性值相同，或为其超类、接口。class 属性中所指定类名称不能为抽象的，必须包含有 public、无参的构造方法。class 和 type 属性所指定的包名、类名均大小写敏感。

6) beanName="{package. class|<%= expression %>}" type="package. class"

使用 java. beans. Beans. instantiate 方法实例化 beanName 属性指定的类或序列化模板对应的 Bean 对象，赋予 JavaBean 对象 type 属性指定的数据类型。Beans. instantiate 方法会检查 beanName 属性指定的名称是类名称还是序列化模板的名称。假如该 JavaBean 对象已被序列化，则 Beans. instantiate 使用类加载器读取序列化的内容。beanName 属性值要么是一个完整类名，要么是一个可以转化为完整类名的表达式。用来传给 Beans. instantiate 方法。type 属性值可和 beanName 属性值相同，或为其超类、接口。beanName 和 type 属性所指定的包名、类名均大小写敏感。

3. JSP 动作元素 useBean 使用示例

```
<jsp:useBean id="cart" scope="session" class="session.Carts" />
<jsp:setProperty name="cart" property="*" />
<jsp:useBean id="checking" scope="session" class="bank.Checking">
<jsp:setProperty name="checking" property="balance" value="0.0" />
</jsp:useBean>
```

4. JSP 动作元素 useBean 的执行步骤

<jsp:useBean>元素用来定位或初始化一个 JavaBeans 组件。<jsp:useBean>首先会尝试定位 Bean 实例，如果其不存在，则会依据 class 名称(class 属性指定)或序列化模板(beanName 属性指定)进行实例化。

进行定位或初始化 Bean 对象时，<jsp:useBean>按照以下步骤执行。

(1) 尝试在 scope 属性指定的作用域使用你指定的名称(id 属性值)定位 Bean 对象。

(2) 使用你指定的名称(id 属性值)定义一个引用类型变量。

(3) 假如找到 Bean 对象，将其引用给步骤 2 定义的变量。假如你指定类型(type 属性)，赋予该 Bean 对象该类型。

(4) 假如没找到，则实例化一个新的 Bean 对象，并将其引用给步骤 2 定义的变量。假如该类名(由 beanName 属性指定的类名)代表的是一个序列化模板(serialized template)，该 Bean 对象由 java. beans. Beans. instantiate 初始化。

(5) 假如<jsp:useBean>此次是实例化 Bean 对象而不是定位 Bean 对象，且它有体标记(body tags)或元素(位于<jsp:useBean>和</jsp:useBean>之间的内容)，则执行该体标记。

<jsp:useBean>和</jsp:useBean>之间经常包含<jsp:setProperty>，用来设置该

Bean的属性值。正如步骤5所描述的,该元素仅在<jsp:useBean>实例化Bean对象时处理。假如Bean对象早已存在,<jsp:useBean>是定位到它,则体标记毫无用处。

可以使用<jsp:useBean>元素来定位或实例化一个JavaBean对象,但不能是EJB。对于EJB,可以通过创建自定义标记来直接调用或采用其他方式。

11.4.2 <jsp:setProperty>

<jsp:setProperty>操作指令被用于指定JavaBeans的某个属性的值它的语法形式如下所示:

```
<jsp:setProperty name="BeanName" PropertyExpr/>
PropertyExpr::=property="*"|
property="PropertyName"|
property="PropertyNamevalue="PropertyValue"|
property="PropertyName" param="ParameterName"
```

- name:name属性是必需的。它表示要设置属性的哪个Bean对象。
- property:property属性是必需的。它表示要设置哪个属性。有一个特殊用法:如果property的值是"*",表示所有名字和Bean属性名字匹配的请求参数都将被传递给相应的属性set方法。
- Value:value属性是可选的。该属性用来指定Bean属性的值。
- Param:param是可选的。它指定用哪个请求参数作为Bean属性的值。如果当前请求没有参数,则什么事情也不做,系统不会把null传递给Bean属性的set方法。因此,你可以让Bean自己提供默认属性值,只有当请求参数明确指定了新值时才修改默认属性值。例如,下面的代码片断表示:如果存在numItems请求参数的话,numberOfItems属性的值设置为请求参数numItems的值;否则什么也不做。

```
<jsp:setProperty name="orderBean"
property="numberOfItems"
param="numItems"/>
```

value和param不能同时使用,但可以使用其中任意一个。

jsp:setProperty用来设置已经实例化的Bean对象的属性,有两种用法。

首先,可以在jsp:useBean元素的外面(后面)使用jsp:setProperty,如下所示:

```
<jsp:useBean id="myName".../>
...
<jsp:setProperty name="myName" property="someProperty".../>
```

此时,不管jsp:useBean是找到了一个现有的Bean,还是新创建了一个Bean实例,jsp:setProperty都会执行。

第二种用法是把jsp:setProperty放入jsp:useBean元素的内部,如下所示:

```
<jsp:useBean id="myName"...>
 ...
 <jsp:setProperty name="myName"
```

```
    property="someProperty".../>
</jsp:useBean>
```

此时,jsp:setProperty 只有在新建 Bean 实例时才会执行,如果是使用现有实例则不执行 jsp:setProperty。

下面是一个利用 JavaBean 计算素数的例子。如果请求中有一个 numDigits 参数,则该值被传递给 Bean 的 numDigits 属性;numPrimes 也类似。

```
     JspPrimes.jsp
<! DOCTYPE HTML PUBLIC "-//W3C//DTD HTML 4.0 Transitional//EN">
<HTML>
<HEAD>
<TITLE>在 JSP 中使用 JavaBean</TITLE>
</HEAD>
<BODY>
<CENTER>
<TABLE BORDER=5>
  <TR><TH CLASS="TITLE">
     在 JSP 中使用 JavaBean</TABLE>
</CENTER>
<P>
<jsp:useBean id="primeTable" class="hall.NumberedPrimes"/>
<jsp:setProperty name="primeTable" property="numDigits" />
<jsp:setProperty name="primeTable" property="numPrimes" />
Some <jsp:getProperty name="primeTable" property="numDigits" />
digit primes:
<jsp:getProperty name="primeTable" property="numberedList" />
</BODY>
</HTML>
```

11.4.3 <jsp:getProperty>

<jsp:getProperty>用来获取 Bean 对象的属性值,用于显示在页面中。

JSP 语法:

```
<jsp:getProperty name="beanInstanceName" property="propertyName"/>
```

例如:

```
<jsp:useBean id="calendar" scope="page" class="employee.Calendar" />
<h2>
Calendar of <jsp:getProperty name="calendar" property="username" />
</h2>
```

描述:

这个<jsp:getProperty>元素将获得 Bean 的属性值,并可以将其使用或显示在 JSP 页面中。在使用<jsp:getProperty>之前,必须用<jsp:useBean>创建它。

<jsp:getProperty>元素有一些限制：

(1) 不能使用<jsp:getProperty>来检索一个已经被索引了的属性

(2) 能够和 JavaBeans 组件一起使用<jsp:getProperty>，但是不能与 Enterprise Bean 一起使用。

属性：

name="beanInstanceName"，bean 的名字，由<jsp:useBean>指定。

property="propertyName"，所指定的 Bean 的属性名。

技巧：

在 SUN 的 JSP 参考中提到，如果使用<jsp:getProperty>来检索的值是空值，那么 NullPointerException 将会出现，同时如果使用程序段或表达式来检索其值，那么在浏览器上出现的是 null(空)。

使用 JavaBean 实现的计算器实例如下。

calculate.jsp 代码如下：

```
<%@page contentType="text/html; charset=gb2312" language="java"
    import="java.sql.* " errorPage="" %>
<jsp:useBean id="calculator" scope="request" class="sample.SimpleCalculator">
<jsp:setProperty name="calculator" property="* "/>
</jsp:useBean>
<html>
<head><title>Untitled Document</title>
<meta http-equiv="Content-Type" content="text/html; charset=gb2312">
</head>
<body>
Result:<%
try{
     calculator.calculate();
out.println (calculator. getFirst ( ) + calculator. getOperator ( ) + calculator.
getSecond()+"="
     +calculator.getResult());
}catch(Exception e){
out.println(e.getMessage());
}
%>
<form action="calculate.jsp" method=get>
<table width="75%" border="1" bordercolor="#003300">
    <tr><td>first param:</td>
    <td><input type=text name="first"></td></tr>
    <tr><td>operator:</td>
    <td><select name="operator">
              <option value="+">+</option>
              <option value="-">-</option>
              <option value="* ">*</option>
              <option value="/">/</option>
```

```
        </select>
    </td></tr>
  <tr><td>second param:</td>
    <td><input type=text name="second"></td></tr>
  <tr><td colspan="2" bgcolor="#CCCCCC"><input type=submit value=计算></td>
  </tr>
</table>
</form>
</body>
</html>
```

JavaBean：SimpleCalculator.java 代码如下。

```
package sample;
public class SimpleCalculator{
        private String first;
        private String second;
        private double result;
        private String operator;
        public void setFirst(String first) { this.first=first;}
        public void setSecond(String second) { this.second=second; }
        public void setOperator(String operator) { this.operator=operator; }
        public String getFirst() { return this.first;}
        public String getSecond(){ return this.second;}
        public String getOperator() { return this.operator;}
        public double getResult() { return this.result; }
        public void calculate(){
                double one=Double.parseDouble(first);
                double two=Double.parseDouble(second);
                try {
                        if(operator.equals("+")) result=one+two;
                        else if(operator.equals("-"))result=one-two;
                              else if(operator.equals("*"))result=one*two;
                              else if(operator.equals("/"))result=one/two;
              } catch(Exception e) { e.printStackTrace(); }
          }
}
```

11.5 项目案例

11.5.1 学习目标

(1) 掌握 JSP 基本语法的使用。

(2) 掌握 JSP 中如何使用 JavaBean。

(3) 掌握 JSP 中使用 JDBC。

(4) 掌握 JSP 内置对象的使用。

(5) 掌握标准 JavaBean 的编写。

11.5.2 案例描述

本案例使用 JSP 开发页面及业务功能的处理，实现了用户注册功能，并将注册成功的用户对象保存在会话 session 中，可以在任意 JSP 页面使用内置对象 session 获取用户信息。

11.5.3 案例要点

本案例使用 JSP 页面设计注册页面，注册表单提交后处理注册功能也是使用 JSP 页面完成的，在该页面中使用 JavaBean 及 JSP 基本脚本语法编写完成注册，并保存注册信息到会话 session 中，然后编写了 JSP 直接使用内置对象 session 获取用户信息进行展现。

11.5.4 案例实施

1. 编写用户的 JavaBean 类 Usr. java

参考第 6 章项目案例。

2. 创建注册页面 register. jsp

```
<%@page language="java" import="java.util.*" contentType="text/html; charset=
UTF-8" pageEncoding="UTF-8"%>
<%
String path=request.getContextPath();
String basePath=request.getScheme()+
"://"+request.getServerName()+":"+request.getServerPort()+path+"/";
%>
<!DOCTYPE HTML PUBLIC "-//W3C//DTD HTML 4.01 Transitional//EN">
<html>
  <head>
    <base href="<%=basePath%>">
    <title>My JSP 'register.jsp' starting page</title>
    <meta http-equiv="pragma" content="no-cache">
    <meta http-equiv="cache-control" content="no-cache">
    <meta http-equiv="expires" content="0">
    <meta http-equiv="keywords" content="keyword1,keyword2,keyword3">
    <meta http-equiv="description" content="This is my page">
    <!--
    <link rel="stylesheet" type="text/css" href="styles.css">
    -->
  </head>
  <body>
    <center>
        <h1>注册页面</h1>
        <form action="registerHandler.jsp" method="post">
```

```
            用户名:<input type="text" name="username"/><br/>
            全名:<input type="text" name="fullname"/><br/>
            密码:<input type="password" name="password"/><br/>
            电话:<input type="text" name="tel"/><br/>
            邮箱:<input type="text" name="email"/><br/>
            国家:<input type="text" name="country"/><br/>
            城市:<input type="text" name="city"/><br/>
            邮编:<input type="text" name="zip"/><br/>
            公司名:<input type="text" name="companyname"/><br/>
            公司地址:<input type="text" name="companyaddress"/><br/>
            工作:<input type="text" name="job"/><br/>
            职称:<input type="text" name="title"/><br/>
            备注:<input type="text" name="note"/><br/>
            <input type="submit" value="注册"/>
        </form>
      </center>
   </body>
</html>
```

3. 处理注册的页面 registerHandler.jsp

```
<%@page language="java" import="java.util.*,com.ascent.bean.Usr"
pageEncoding="UTF-8"%>
<%@page import="javax.naming.*,java.sql.*,javax.sql.*" %>
<%
String path=request.getContextPath();
String basePath=request.getScheme()+
"://"+request.getServerName()+":"+request.getServerPort()+path+"/";
%>
<!DOCTYPE HTML PUBLIC "-//W3C//DTD HTML 4.01 Transitional//EN">
<html>
  <head>
    <base href="<%=basePath%>">
    <title>My JSP 'registerHandler.jsp' starting page</title>
    <meta http-equiv="pragma" content="no-cache">
    <meta http-equiv="cache-control" content="no-cache">
    <meta http-equiv="expires" content="0">
    <meta http-equiv="keywords" content="keyword1,keyword2,keyword3">
    <meta http-equiv="description" content="This is my page">
    <!--
    <link rel="stylesheet" type="text/css" href="styles.css">
    -->
  </head>
  <body>
      <jsp:useBean id="user" class="com.ascent.bean.Usr" scope="session">
</jsp:useBean>
```

```
<jsp:setProperty property="*" name="user"/>
<%
        boolean flag=false;                      //标识注册用户是否成功字段
        Connection con=null;
        Context context=null;
        DataSource ds=null;
        PreparedStatement pst=null;
        try{
            context=new InitialContext();
            ds=(DataSource)context.lookup("java:/comp/env/jdbc/mysql");
            con=ds.getConnection();
            con.setAutoCommit(false);
            String sql="insert into usr (username,password,fullname,title,
            companyname, companyaddress, city, job, tel, email, country, zip,
            superuser,delsoft, note) values (?,?,?,?,?,?,?,?,?,?,?,?,'1',
            '0',?)";
            pst=con.prepareStatement(sql);
            pst.setString(1, user.getUsername());
            pst.setString(2, user.getPassword());
            pst.setString(3, user.getFullname());
            pst.setString(4, user.getTitle());
            pst.setString(5, user.getCompanyname());
            pst.setString(6, user.getCompanyaddress());
            pst.setString(7, user.getCity());
            pst.setString(8, user.getJob());
            pst.setString(9, user.getTel());
            pst.setString(10, user.getEmail());
            pst.setString(11, user.getCountry());
            pst.setString(12, user.getZip());
            pst.setString(13, user.getNote());
            pst.executeUpdate();
            con.commit();
            flag=true;
            pst.close();
            con.close();
        } catch (NamingException e) {
            e.printStackTrace();
        } catch (SQLException e) {
            e.printStackTrace();
            try {
                con.rollback();
            } catch (SQLException sqlexp) {
                e.printStackTrace();
            }
        }
```

```
            if(flag){                                    //注册用户成功

                out.print("用户注册成功,用户信息已经保存在会话 session 中.<br>下面
                显示信息取自内置对象 session:<br>");
                Usr p=(Usr)session.getAttribute("user");
                out.print("用户名: "+p.getUsername()+"Email: "+p.getEmail());
            }else{                                       //失败
                out.print("用户注册失败,请重新注册!");
            }
        %>
    </body>
</html>
```

4. 测试

访问注册页面 http://localhost:8080/AscentWeb/register.jsp,如图 11-3 所示。

输入注册信息后,单击"注册"按钮,注册结果如图 11-4 所示。

图 11-3 注册页面

图 11-4 注册结果显示

11.5.5 特别提示

(1) JSP 中使用 JavaBean 标签,要求 Usr.java 类必须符合 JavaBean 规范。

(2) 使用<jsp:setProperty property="*" name="user"/>设置 JavaBean 对象属性要求提交请求表单的输入域的 name 名称必须在 JavaBean 中含有它们的 setter 方法。

11.5.6 拓展与提高

虽然本案例可以实现注册功能,但关于业务功能的代码及数据操作的代码全部都编写在 JSP 中这会使 JSP 难于维护,不利于程序的扩展,如何改进?

11.6 本章总结

JavaServer Pages (JSP)技术为创建显示动态生成内容的Web页面提供了一个简捷而快速的方法。JSP技术的设计目的是使得构造基于Web的应用程序更加容易和快捷，而这些应用程序能够与各种Web服务器、应用服务器、浏览器和开发工具共同工作。

11.7 习题

(1) request、session与application对象的作用域是什么？有什么区别？

(2) 编写用户登录页面login.html，输入用户名与密码信息，提交给validate.jsp进行用户验证，如果验证为合法用户则转到success.html页面，否则转到login.html页面重新登录。

第12章 MVC基础

学习目的与要求

MVC是一种设计模式，目的就是实现Web系统的职能分工。Model层实现系统中的业务逻辑，通常可以用JavaBean或EJB来实现。View层用于与用户的交互，通常用JSP来实现。Controller层是Model与View之间沟通的桥梁，它可以分派用户的请求并选择恰当的视图以用于显示，同时它也可以解释用户的输入并将它们映射为模型层可执行的操作，通常用Servlet来实现。通过本章的学习，理解MVC设计模式，在应用开发中使用MVC模式进行软件设计。

本章主要内容

- MVC的需求与模式；
- 使用JSP、Servlet、JavaBean实现MVC。

12.1 MVC的需求与模式

MVC是一种目前广泛流行的软件设计模式，早在20世纪70年代，IBM就推出了Sanfronscisico项目计划，其实就是MVC设计模式的研究。近来，随着J2EE的成熟，MVC正在成为在J2EE平台上推荐的一种设计模型，也是广大Java研发者非常感兴趣的设计模型。MVC模式也逐渐在PHP和ColdFusion研发者中运用，并有增长趋势。随着网络应用的快速增加，MVC模式对于Web应用的研发无疑是一种非常先进的设计思想，无论你选择哪种语言，无论应用多复杂，都能为你理解分析应用模型时提供最基本的分析方法，为你构造产品提供清晰的设计框架，为你的软件工程提供规范的依据。

12.1.1 MVC的需求

大部分用过程语言比如ASP、PHP开发出来的Web应用，初始的开发模板就是混合层的数据编程。例如，直接向数据库发送请求并用HTML显示，开发速度往往比较快，但由于数据页面的分离不是非常直接，因而非常难体现出业务模型的样子或模型的重用性。产品设计弹性力度非常小，非常难满足用户的变化性需求。MVC需求对应用分层，虽然要花费额外的工作，但产品的结构清晰，产品的应用通过模型能得到更好地体现。

首先，最重要的是应该有多个视图对应一个模型的能力。在目前用户需求的快速变化下，可能有多种方式访问应用的需求。例如，订单模型可能有本系统的订单，也有网上订单，或其他系统的订单，但对于订单的处理都是相同的，也就是说订单的处理是一致的。按MVC设计模式，一个订单模型及多个视图即可解决问题。这样减少了代码的复制，即减少了代码的维护量，一旦模型发生改动，也易于维护。

其次，由于模型返回的数据不带所有显示格式，因而这些模型也可直接应用于接口的使用。

再次，由于一个应用被分离为三层，因此有时改动其中的一层就能满足应用的改动。一个应用的业务流程或业务规则的改动只需改动MVC的模型层。

控制层的概念也非常有效，由于它把不同的模型和不同的视图组合在一起完成不同的请求，因此，控制层能说是包含了用户请求权限的概念。

最后，MVC更有利于软件工程化管理。由于不同的层各司其职，每一层不同的应用具有某些相同的特征，有利于通过工程化、工具化产生管理程式代码。

12.1.2 MVC的基本模式

MVC英文即Model-View-Controller，即把一个应用的输入、处理、输出流程按照Model、View、Controller的方式进行分离，这样一个应用被分成三个层，即模型层、视图层和控制层，其结构图如图12-1所示。

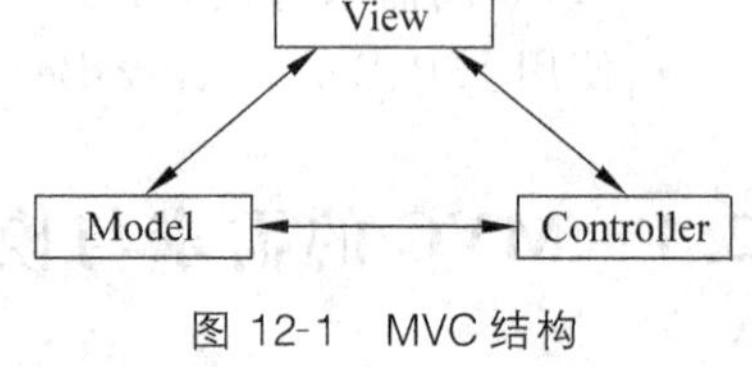

图12-1 MVC结构

视图(View)代表用户交互界面，对于Web应用来说，能概括为HTML界面，但有可能为XHTML、XML和Applet。随着应用的复杂性和规模性的增加，界面的处理也变得具有挑战性。一个应用可能有非常多不同的视图，MVC设计模式对于视图的处理仅限于视图上数据的采集和处理，及用户的请求，而不包括在视图上的业务流程的处理。业务流程的处理交予模型(Model)处理。比如一个订单的视图只接受来自模型的数据并显示给用户，及将用户界面的输入数据和请求传递给控制和模型。

模型(Model)就是业务流程/状态的处理及业务规则的制定。业务流程的处理过程对其他层来说是黑箱操作，模型接受视图请求的数据，并返回最终的处理结果。业务模型的设计可以说是MVC最主要的核心。目前流行的EJB模型就是个典型的应用例子，它从应用技术实现的角度对模型做了进一步的划分，以便充分利用现有的组件，但它不能作为应用设计模型的框架。它仅仅告诉你按这种模型设计就能利用某些技术组件，从而减少了技术上的困难。对一个研发者来说，就能专注于业务模型的设计。MVC设计模式告诉我们，把应用的模型按一定的规则抽取出来，抽取的层次非常重要，这也是判断研发人员是否优秀的依据。抽象和具体不能隔得太远，也不能太近。MVC 并没有提供模型的设计方法，而只告诉你应该组织管理这些模型，以便于模型的重构和提高重用性。可以用对象编程来作比喻，MVC 定义了一个顶级类，告诉它的子类你只能做这些，但没法限制你能做这些。这点对编程的研发人员非常重要。业务模型更有一个非常重要的模型那就是数据模型。数据模型主要指实体对象的数据保存(持续化)。比如将一张订单保存到数据库，从数据库获取订单。可以将这个模型独立列出，所有有关数据库的操作只限制在该模型中。

控制器(Controller)能理解为从用户接收请求，将模型和视图匹配在一起，一起完成用户的请求。划分控制层的作用也非常明显，它清晰地告诉你，它就是个分发器，选择什么样的模型，选择什么样的视图，能完成什么样的用户请求。控制层并不做所有的数据处理。例如，用户点击一个连接，控制层接受请求后，并不处理业务信息，它只把用户的信息传递给模型，告诉模型做什么，选择符合需求的视图返回给用户。因此，一个模型可能对应多个视图，一个视图可能对应多个模型。

12.1.3 使用 MVC 的优点

MVC 通过以下三种方式消除与用户接口和面向对象的设计有关的绝大部分困难：

(1) 控制器通过一个状态机跟踪和处理面向操作的用户事件。这允许控制器在必要时创建和破坏来自模型的对象，并且将面向操作的拓扑结构与面向对象的设计隔离开来。这个隔离有助于防止面向对象的设计走向歧途。

(2) MVC 将用户接口与面向对象的模型分开。这允许同样的模型不用修改就可使用许多不同的界面显示方式。除此之外，如果模型更新由控制器完成，那么界面就可以跨应用再使用。

(3) MVC 允许应用的用户接口进行大的变化而不影响模型。每个用户接口的变化将只需要对控制器进行修改，但是既然控制器包含很少的实际行为，它是很容易修改的。

面向对象的设计人员在将一个可视化接口添加到一个面向对象的设计中时必须非常小心，因为可视化接口的面向操作的拓扑结构可以大大增加设计的复杂性。

MVC 设计允许一个开发者将一个好的面向对象的设计与用户接口隔离开来，允许在同样的模型中容易地使用多个接口，并且允许在实现阶段对接口做大的修改而不需要对相应的模型进行修改。

12.2 使用 JSP、Servlet、JavaBean 实现 MVC

使用 MVC 模式实现简单的用户登录验证，其中包括模型 Customer、控制器 LoginServlet 和两个视图，即登录页面及注册页面。

12.2.1 定义 Bean 来表示数据

Customer 类用于表示顾客信息，其中属性的行为如下面代码所示。

```
package com.ascenttech.ebookstore.bean;
import java.sql.*;
```

```
import java.util.*;
import com.ascenttech.ebookstore.util.DataAccess;
public class Customer {
    //data
    private int custId;                    //only to get uid
    private String user;
    private String password;
    private String name;
    private String title;                  //values F: for female; M: for male.
    private String email;
    private boolean checkin=false;
    //method
    public Customer() {
    }
    //getXXX/setXXX(){}
    public int getCustid(){ return custId;}
    public String getUser() { return user;}
    public String getPassword(){return password;}
    public String getName() {return name;}
    public String getTitle(){return title;}
    public String getEmail() {return email;}
    public boolean getCheckin() {return this.checkin;}

    public void setCustid(int cid){this.custId=cid;}
    public void setUser(String user){this.user=user;}
    public void setPassword(String password){this.password=password;}
    public void setName(String name){this.name=name;}
    public void setTitle(String title){this.title=title;}
    public void setEmail(String email){this.email=email;}
    public void setCheckin(boolean checkin){this.checkin=checkin;}

    public void newCustomer(){}
    public boolean login(String user, String password) throws SQLException {
      boolean succ=false;
      Connection con=DataAccess.getConnection();
      String sql="select * from ebs_customer where user='"
                  +user+"' AND password='"
                  +password+"'";
      Statement stmt=con.createStatement();

      ResultSet rs=stmt.executeQuery(sql);
      while (rs.next()){
        succ=true;;
      }
      rs.close();
```

```
          stmt.close();
          con.close();
          return succ;

        }

        public void saveInfo() throws Exception {
            Connection con=DataAccess.getConnection();
            String sqlStr="insert into ebs_customer "
                           +"  values(" +this.getCustid()+","
                                      +"'"+this.getUser()+"',"
                                      +"'"+this.getPassword()+"',"
                                      +"'"+this.getName()+"',"
                                      +"'"+this.getTitle()+"',"
                                      +"'"+this.getEmail()+"'" +
                                      " )";
            Statement stmt=con.createStatement();
            stmt.executeUpdate(sqlStr);
            stmt.close();
            con.close();
    }
        public boolean logOut(){ return false;}
}
```

12.2.2 编写 Servlet 处理请求

LoginServlet 完成请求控制，代码如下所示。

```
package com.ascenttech.ebookstore.servlet;
import javax.servlet.*;
import javax.servlet.http.*;
import com.ascenttech.ebookstore.bean.*;
import com.ascenttech.ebookstore.shopcart.ShoppingCart;
import com.ascenttech.ebookstore.util.*;
import java.io.*;
import java.util.*;
import java.sql.*;

public class LoginServlet extends HttpServlet {
  private static final String CONTENT_TYPE="text/html; charset=GBK";
  private   ServletContext sc=null;
  //Initialize
  public void init() throws ServletException {
    super.init();
    sc=this.getServletContext();
  }
```

```
//Process the HTTP Get request
public void doGet (HttpServletRequest request, HttpServletResponse response)
throws ServletException, IOException{
  String varname=request.getParameter("usename");
  String varpassword=request.getParameter("password");
  String reg=request.getParameter("Submit2");
    if(reg !=null){
      response.sendRedirect("register.jsp");
      return;
    }
    String register=request.getParameter("register");
    if(register!=null){
      doRegister(request, response);
      return;
    }

    boolean succ=false;
    Customer cu=new Customer();
    try {
      succ=cu.login(varname,varpassword);
    }
    catch (SQLException ex) {
      ex.getErrorCode();
    }
    String username=varname;
    if(succ){
        this.doBrowse(request, response);
        HttpSession mysession=request.getSession(false);
        ShoppingCart mycart=new ShoppingCart();
        mysession.setAttribute(username,mycart);
        mysession.setAttribute("username",username);
    }
    else{
        this.doError(request, response);
    }
    return;
}

//Process the HTTP Post request
public void doPost (HttpServletRequest request, HttpServletResponse response)
throws ServletException, IOException{
  doGet(request, response);
}
```

```
  private  void  doBrowse  ( HttpServletRequest  request,  HttpServletResponse
  response) throws
    ServletException, IOException{
    RequestDispatcher rd=sc.getRequestDispatcher("/querybook.jsp");
    rd.forward(request,response);
  }

  private  void  doRegister  ( HttpServletRequest  request,  HttpServletResponse
  response) throws
    ServletException, IOException{
    Customer cust=new Customer();
    cust.setUser(request.getParameter("username"));
    cust.setPassword(request.getParameter("password"));
    cust.setName(request.getParameter("name"));
    cust.setTitle(request.getParameter("title"));
    cust.setEmail(request.getParameter("email"));
    try {
     cust.saveInfo();
    }
    catch (Exception ex) {
     ex.printStackTrace();
    }
    RequestDispatcher rd=sc.getRequestDispatcher("/login.jsp");
    rd.forward(request,response);
  }

  private  void  doBrowseErr  (HttpServletRequest  request,  HttpServletResponse
  response) throws
          ServletException, IOException{
        RequestDispatcher rd=sc.getRequestDispatcher("/login.jsp");
        rd.forward(request,response);
  }

  private void doError(HttpServletRequest request, HttpServletResponse response) throws
          ServletException, IOException{
         request.setAttribute("error","name or password error!");
         this.doBrowseErr(request, response);
  }
  //Clean up resources
  public void destroy() {
  }
}
```

12.2.3 编写视图

登录页面代码如下：

```
<%@page contentType="text/html; charset=GBK" %>
<html>
<head>
<title>
login
</title>
</head>
<body bgcolor="#ffffff">
<h1>
欢迎来到网上书店!
</h1>

<%String value=(String)request.getAttribute("error");
   if(value!=null){
    out.println("错误提示信息"+value);
      }
%>
<form action="login" method="post">
<br><br>
  用户名 <input type="text" name="usename"><br>
 密码 <input type="password"name="password"><br>
<input type="submit" name="Submit1" value="登录">
<input type="submit" name="Submit2" value="注册">
</form>
</body>
</html>
```

注册页面代码如下：

```
<%@page contentType="text/html; charset=GBK" %>
<html>
<head>
<title>
注册
</title>
<link href="css/mycss.css" rel="stylesheet" type="text/css" />
<SCRIPT>
function checkform() {
  if(document.myform.username.value=="") {
     alert("You need to specify an user name");
     return(false);
  }else
  if (document.myform.password.value=="") {
     alert("You need to specify a password");
     return(false);
  }else {
```

```
        return(true);
    }
}
</SCRIPT>
</head>
<body leftmargin=0 topmargin="0"  bottommargin="0" marginwidth="0" marginheight
="0">
<div class="top"></div>
<div class="main1"></div>
<div class="main2"><center>
<h1> </h1>
<span class="bodyh1">请注册:</span><br>
 <form name="myform" action="login" method="post" onSubmit="return checkform()">
  <input type="hidden" name="register" value="true"/>
  <span class="bodytxt">用 户 名:</span>
  <input type="text" name="username" />
  <br>
  <span class="bodytxt">密     码:</span>
  <input name="password" type="password" size="21" />
  <br>
  <span class="bodytxt">姓     名:</span>
  <input type="text" name="name" />
  <br>
  <span class="bodytxt">称     呼:</span>
  <input type="text" name="title" />
  <br>
  <span class="bodytxt">邮件地址:</span>
  <input type="text" name="email" />
  <br>
        
  <input type="submit" name="Submit" value="提交">
    
  <input type="reset" value="重置"></center>
 </form>
<div class="txt">版权所有:亚思晟科技(C)2005-2008</div>
</div>
<div class="main3"></div>
</body>
</html>
```

12.3 项目案例

12.3.1 学习目标

(1) 掌握 MVC 模式的分层设计。

(2) 掌握 JavaBean 数据封装。

(3) 掌握 Servlet 控制层具体实现。

(4) 掌握 JSP 展现层数据处理。

12.3.2 案例描述

本案例实现普通登录用户查看系统商品功能,该功能使用 MVC 模式进行实现。

12.3.3 案例要点

本案例使用 MVC 模式设计开发商品展现功能,Model(模型)层使用 JavaBean 完成,View(显示)层使用 JSP 完成,Control(控制)层使用 Servlet 完成,这使得项目代码结构更加清晰。

12.3.4 案例实施

1. 编写 Product.java 类

```
package com.ascent.bean;
/**
 * 描述产品信息的类
 * @author zy
 */
@SuppressWarnings("serial")
public class Product implements java.io.Serializable {
    //Fields
    private Integer id;                          //商品 ID
    private String productnumber;                //商品编号
    private String productname;                  //商品名称
    private String categoryno;                   //商品分类编号
    private String category;                     //商品分类名称
    private String imagepath;                    //商品图片名称
    private String isnewproduct;                 //是否新商品  1-true,0-false
    private float price1;                        //价格
    private float price2;                        //会员价格
    private String stock;                        //剩余量
    private String realstock;                    //库存量
    private String cas;                          //药品摘要
    private String mdlint;                       //mdl 编号
    private String formula;                      //化学方程式
    private String weight;                       //重量
    private String note;                         //备注
    private String delsoft;                      //软删除标志  1 为软删除,0 为正常
    //Constructors
    /**default constructor */
    public Product() {
    }
```

```
/**full constructor */
public Product(String productnumber, String productname, String categoryno,
String category, String imagepath, String isnewproduct,
        float price1, float price2, String stock, String realstock,
        String cas, String mdlint, String formula, String weight,
        String note, String delsoft) {
    super();
    this.productnumber=productnumber;
    this.productname=productname;
    this.categoryno=categoryno;
    this.category=category;
    this.imagepath=imagepath;
    this.isnewproduct=isnewproduct;
    this.price1=price1;
    this.price2=price2;
    this.stock=stock;
    this.realstock=realstock;
    this.cas=cas;
    this.mdlint=mdlint;
    this.formula=formula;
    this.weight=weight;
    this.note=note;
    this.delsoft=delsoft;
}

//Property accessors
public Integer getId() {
    return id;
}
public void setId(Integer id) {
    this.id=id;
}
public String getProductnumber() {
    return productnumber;
}
public void setProductnumber(String productnumber) {
    this.productnumber=productnumber;
}
public String getProductname() {
    return productname;
}
public void setProductname(String productname) {
    this.productname=productname;
}
public String getCategoryno() {
```

```
        return categoryno;
    }
    public void setCategoryno(String categoryno) {
        this.categoryno=categoryno;
    }
    public String getCategory() {
        return category;
    }
    public void setCategory(String category) {
        this.category=category;
    }
    public String getImagepath() {
        return imagepath;
    }
    public void setImagepath(String imagepath) {
        this.imagepath=imagepath;
    }
    public String getIsnewproduct() {
        return isnewproduct;
    }
    public void setIsnewproduct(String isnewproduct) {
        this.isnewproduct=isnewproduct;
    }
    public float getPrice1() {
        return price1;
    }
    public void setPrice1(float price1) {
        this.price1=price1;
    }
    public float getPrice2() {
        return price2;
    }
    public void setPrice2(float price2) {
        this.price2=price2;
    }
    public String getStock() {
        return stock;
    }
    public void setStock(String stock) {
        this.stock=stock;
    }
    public String getRealstock() {
        return realstock;
    }
    public void setRealstock(String realstock) {
```

```
        this.realstock=realstock;
    }
    public String getCas() {
        return cas;
    }
    public void setCas(String cas) {
        this.cas=cas;
    }
    public String getMdlint() {
        return mdlint;
    }
    public void setMdlint(String mdlint) {
        this.mdlint=mdlint;
    }
    public String getFormula() {
        return formula;
    }
    public void setFormula(String formula) {
        this.formula=formula;
    }
    public String getWeight() {
        return weight;
    }
    public void setWeight(String weight) {
        this.weight=weight;
    }
    public String getNote() {
        return note;
    }
    public void setNote(String note) {
        this.note=note;
    }
    public String getDelsoft() {
        return delsoft;
    }
    public void setDelsoft(String delsoft) {
        this.delsoft=delsoft;
    }
}
```

2. 编写 ProductDAO.java(关于 DataAccess.java 请参照前面章节)

```
package com.ascent.dao;

import java.sql.*;
import java.util.*;
```

```
import com.ascent.bean.Product;
import com.ascent.util.DataAccess;

/**
 * 对商品信息进行相关操作的类
 * @author zy
 */
public class ProductDAO {

    /**
     * 查询所有商品对象
     * @return
     */
    public List<Product>getAllProduct() {
        List<Product>list=new ArrayList<Product>();
        Connection con=DataAccess.getConnection();
        String sql="select * from product p where delsoft='0'order by p.id ";
        Statement stmt=null;
        ResultSet rs=null;
        try{
            stmt=con.createStatement();
            rs=stmt.executeQuery(sql);
            while(rs.next()) {
                Product pu=new Product();
                pu.setId(rs.getInt("id"));
                pu.setProductnumber(rs.getString("productnumber"));
                pu.setProductname(rs.getString("productname"));
                pu.setCategoryno(rs.getString("categoryno"));
                pu.setCategory(rs.getString("category"));
                pu.setImagepath(rs.getString("imagepath"));
                pu.setIsnewproduct(rs.getString("isnewproduct"));
                pu.setPrice1(rs.getFloat("price1"));
                pu.setPrice2(rs.getFloat("price2"));
                pu.setRealstock(rs.getString("realstock"));
                pu.setStock(rs.getString("stock"));
                pu.setCas(rs.getString("cas"));
                pu.setMdlint(rs.getString("mdlint"));
                pu.setFormula(rs.getString("formula"));
                pu.setWeight(rs.getString("weight"));
                pu.setDelsoft(rs.getString("delsoft"));
                pu.setNote(rs.getString("note"));
                list.add(pu);
            }
        } catch (SQLException e) {
            e.printStackTrace();
```

```
        } finally{
            try{
                if(rs!=null){
                    rs.close();
                }
                if(stmt!=null){
                    stmt.close();
                }
                if(con!=null){
                    con.close();
                }
            }catch(Exception e2) {
                e2.printStackTrace();
            }
        }
        return list;
    }
}
```

3. 编写 FindAllProductServlet. java

```
package com.ascent.servlet;
import java.io.IOException;
import java.util.List;
import javax.servlet.ServletException;
import javax.servlet.http.HttpServlet;
import javax.servlet.http.HttpServletRequest;
import javax.servlet.http.HttpServletResponse;
import com.ascent.bean.Product;
import com.ascent.dao.ProductDAO;

/**
 * 项目案例 查询所有商品控制器类
 * /
public class FindAllProductServlet extends HttpServlet {

    public void doGet(HttpServletRequest request, HttpServletResponse response)
            throws ServletException, IOException {
        this.doPost(request, response);
    }
    public void doPost(HttpServletRequest request, HttpServletResponse response)
            throws ServletException, IOException {
        //控制层实现步骤
        //1.调用业务方法查询所有商品
        List<Product>list=new ProductDAO().getAllProduct ();
        //2.商品集合保存到请求范围
```

```
            request.setAttribute("allProduct", list);
            //3.请求转发至显示层 jsp
            request.getRequestDispatcher("/showProduct.jsp").forward(request, response);
        }
    }
```

4. 编写 showProduct.jsp

```
<%@page language="java" import="java.util.*,com.ascent.bean.*" pageEncoding
="UTF-8"%>
<%
String path=request.getContextPath();
String basePath=request.getScheme()+
"://"+request.getServerName()+":"+request.getServerPort()+path+"/";
%>
<!DOCTYPE HTML PUBLIC "-//W3C//DTD HTML 4.01 Transitional//EN">
<html>
  <head>
    <base href="<%=basePath%>">
    <title>My JSP 'showProduct.jsp' starting page</title>
    <meta http-equiv="pragma" content="no-cache">
    <meta http-equiv="cache-control" content="no-cache">
    <meta http-equiv="expires" content="0">
    <meta http-equiv="keywords" content="keyword1,keyword2,keyword3">
    <meta http-equiv="description" content="This is my page">
    <!--
    <link rel="stylesheet" type="text/css" href="styles.css">
    -->
  </head>
  <body>
    <center>
        <h1>商品列表</h1>
        <table cellspacing="1" cellpadding="0" width="40%" border="0">
            <tbody>
              <tr bgcolor="#fba661" height="20">
                <td><div align="center">编号</div></td>
                <td><div align="center">名称</div></td>
                  <td><div align="center">药品分类</div></td>
                <td><div align="center">价格</div></td>
                <td><div align="center">图片</div></td>
                <td><div align="center">购买</div></td>
              </tr>

              <%
                 List<Product>list=(List<Product>)request.getAttribute
                 ("allProduct");
                 Iterator<Product>it=list.iterator();
```

```
            Product p=null;
            while(it.hasNext()){
                p=it.next();
        %>

        <tr bgcolor="#f3f3f3" height="25">
          <td width="10%">
            <div align="center"><%=p.getProductnumber() %></div>
        </td>
        <td width="13%">
          <div align="center"><%=p.getProductname() %></div>
        </td>
        <td width="12%">
          <div align="center"><%=p.getCategory () %></div>
        </td>
        <td width="10%">
          <div align="center"><%=p.getPrice1() %></div>
        </td>
        <td width="12%"><div align="center">
<img height="25" hspace="0" src="<%=path %>/images/<%=p.getImagepath() %>"
width="83" border="0" /></div></td>
        <td width="13%">
          <div align="center">
            <a href="cart? pid=<%=p.getId() %>">购买</a>
          </div>
        </td>
      </tr>
      <%}%>
      </tbody>
    </table>
  </center>
 </body>
</html>
```

5. 测试

访问 http://localhost:8080/AscentWeb/index.jsp，如图 12-2 所示。

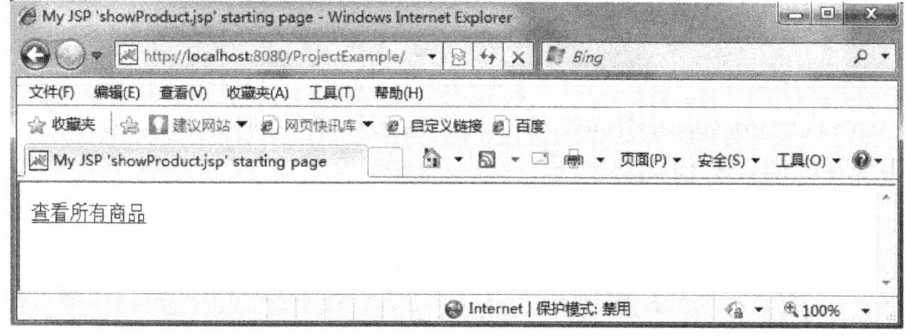

图 12-2 查看商品首页

单击“查询所有商品”超链接，展现所有商品，如图 12-3 所示。

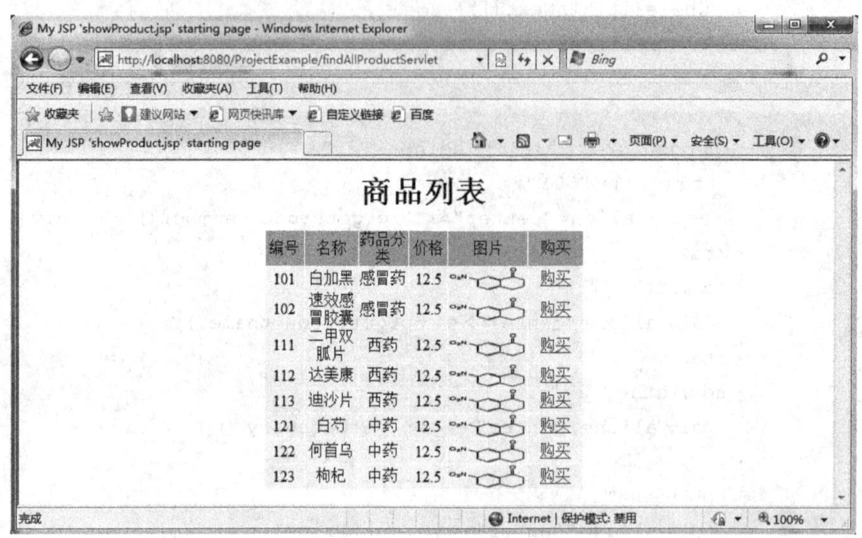

图 12-3 查询结果

12.3.5 特别提示

请注意 Servlet 映射配置，以及数据库数据中商品图片信息与物理图片存放位置相对应，否则无法显示图片。

12.3.6 拓展与提高

了解一下常用的 MVC 框架，例如 Struts。

12.4 本章总结

在最初的 JSP 网页中，像数据库查询语句这样的数据层代码和像 HTML 这样的表示层代码混在一起。经验比较丰富的开发者会将数据从表示层分离开来，但这通常不是很容易做到的，需要精心地计划和不断的尝试。MVC 从根本上强制性地将它们分开。尽管构造 MVC 应用程序需要一些额外的工作，但是它带来的好处是毋庸置疑的。

12.5 习题

(1) MVC 模式中，模型、视图和控制器三者间的关系如何？

(2) 使用 MVC 模式有何优势？

第13章 自定义标签

学习目的与要求

实际开发中需要继续改进JSP，应该尽量减少JSP中的Java代码(Scriptlet)，自定义标签(Custom Tag)就是这样一个解决方案。通过本章的学习，理解自定义标签的工作原理，掌握开发中JSTL的使用以及自定义标签的开发。

本章主要内容

- 自定义标签概述；
- 自定义标签种类；
- 自定义标签的开发；
- 表达式语言；
- JSTL。

13.1 自定义标签概述

自定义标签是用户定义的JSP语言元素。当包含自定义标签的JSP页面被转化为Servlet时，标签转化为对应标签处理器对象的操作。接着当Servlet执行时Web容器(container)调用那些操作。

自定义标签有着以下丰富的特点：

- 可以通过调用页面传递的属性进行自定义。
- 可以访问JSP页面上可能的所有对象。
- 可以修改由调用页面产生的响应。
- 可以相互间通信。可以创建并初始化一个JavaBean组件，创建一个变量引用标签中的bean，接着在其他的标签中引用该bean。

• 可以在一个标签中嵌套另一个,可以在 JSP 页面中进行复杂的交互。

在这里简单描述一下自定义标签的概念。

1. 声明和使用标签

可以通过在页面中使用下面的指令声明在 JSP 中使用标签库：

```
<%@taglib uri="WEB-INF/testtag.tld" prefix="tt" %>
```

其中,uri 属性引用了唯一识别的标签库描述符(TLD),该 URI 可以是直接的也可以是间接的。Prefix 属性定义了区分其他标签的方法。

之后可以使用标签库中的 hello 标签,例如：

```
…
<tt:hello />
…
```

2. 描述标签

在标签库描述文件中,我们可以描述每个具体的自定义标签。标签库描述文件必须以.tld 为后缀。TLD 文件保存在 WEB-INF 目录中,可以直接或间接地引用 TLD。

下面的标签库指令直接引用了 TLD 文件：

```
<%@taglib uri="/WEB-INF/testtag.tld" prefix="tt" %>
```

下面的标签库指令使用了短的逻辑名来间接引用 TLD：

```
<%@taglib uri="/testtag" prefix="tt" %>
```

如果想使用逻辑名,需要将逻辑名/testtag 映射到相对路径/WEB-INF/testtag.tld。

在 web.xml 中配置如下：

```
<taglib>
    <taglib-uri>/testtag</taglib-uri>
    <taglib-location>/WEB-INF/testtag.tld</taglib-location>
</taglib>
```

3. 开发和部署标签处理器

对于每个自定义标签,需要开发相应的标签处理器(tag handler),这是重点,在后面的章节里会展开。

部署标签处理器有以下两种方法：

• 将编译过的标签处理器类部署到项目的 WEB-INF/classes 目录下,这种方法应用在开发自己的标签或标签处理器类数目较少的情况。

• 将编译过的标签处理器类打包成 jar 文件,之后部署到项目的 WEB-INF/lib 目录下。这种方法应用在需要导入第三方开发的标签或标签处理器类数目较多的情况。

13.2 自定义标签种类

根据对体内容的不同行为，可以将自定义标记分为两种类型：

1. 处理体内容的标记

对体内容进行操作的标记，它必须继承接口 javax.Servlet.jsp.tagext.BodyTag。

自定义标签可以包含自定义的核心标签、脚本元素、HTML 文本，以及标签依赖的体内容。

对于体标记的具体处理过程如下：

(1) Web 容器设置标记处理器的 pageContext 属性来初始化标记处理器。标记处理器使用这个属性访问使用该标记的 JSP 页面信息。

(2) Web 容器设置标记处理器的 parent 属性(如果标记不被其他标记包含，则该属性为 null)。

(3) 设置标记开发定义的标记参数，它是一个从 XML 标记属性到相应标记处理器 bean 的属性的映射过程。如被调用的标记为<mytag:hello name="John">，则 Web 容器调用标记处理器的 setName()方法。

(4) Web 容器调用标记处理器的 doStartTag()方法。方法返回 SKIP_BODY，引导 Web 容器忽略体内容；返回 EVAL_BODY_INCLUDE，Web 容器分析体内容及其包含的子标记。

(5) 调用 SetBodyContent()方法。

(6) 调用 doInitBody()方法。方法返回 SKIP_BODY，引导 Web 容器忽略体内容；返回 EVAL_BODY_Tag，Web 容器分析体内容及其包含的子标记。

(7) 调用 doAfterBody()方法。方法返回 SKIP_BODY，引导 Web 容器忽略体内容；返回 EVAL_BODY_Tag，Web 容器分析体内容及其包含的子标记。

(8) Web 容器调用标记处理器的 doEndTag()方法。方法返回 SKIP_PAGE，引导 Web 容器忽略页面其他内容；返回 EVAL_PAGE，Web 容器分析页面其他内容。

(9) Web 容器调用标记处理器的 release()方法，释放标记处理执行期间使用的资源，重置标记处理器的属性状态等。

2. 简单标记

简单标记是不对体内容进行处理的标记。它必须继承接口 javax.Servlet.jsp.tagext.Tag。

1) 没有体及属性的标签

没有体及属性的标签如<tt:simple />。

2) 带有属性的标签

自定义标签可以含有属性。属性列于起端标签，有这样的语法：attr="value"。属性值用于自定义标签的行为，就像方法中定义的参数一样。

可以给属性设置一字符串常量或运行时表达式。这个转换过程介于常量与运行时表达式之间，且属性类型遵循为 JavaBean 组件属性描述的规则。

在下面的例子中，一个属性制订了一个请求参数 name：

```
<tt:greeting name="zjf">
```

对于简单标记的处理过程如下：

(1) Web 容器设置标记处理器的 pageContext 属性来初始化标记处理器。

(2) Web 容器设置标记处理器的 parent 属性(如果标记不被其他标记包含，则该属性为 null)。

(3) 设置标记开发定义的标记参数，它是一个从 XML 标记属性到相应标记处理器 bean 的属性的映射过程。如被调用的标记为<mytag:hello name="John">，则 Web 容器调用标记处理器的 setName()方法。

(4) Web 容器调用标记处理器的 doStartTag()方法。方法返回 SKIP_BODY，引导 Web 容器忽略体内容；返回 EVAL_BODY_INCLUDE，Web 容器分析体内容及其包含的子标记。

(5) Web 容器调用标记处理器的 doEndTag()方法。方法返回 SKIP_PAGE，引导 Web 容器忽略页面其他内容；返回 EVAL_PAGE，Web 容器分析页面其他内容。

(6) Web 容器调用标记处理器的 release()方法，释放标记处理执行期间使用的资源，重置标记处理器的属性状态等。

3) 定义脚本变量的标签

自定义标签可以定义在脚本中使用的变量。下面的例子展示了如何定义并使用包含从 JNDIlookup 返回的对象的脚本变量。这个例子包含企业 bean、事务处理、数据库、环境入口等。

```
<t:lookup id="tx" type="UserTransaction" name="java:comp/UserTransaction" />
<%tx.begin(); %>
```

13.3 自定义标签的开发

13.3.1 背景介绍

要定义一个标签，需要做以下准备工作：

- 为标签开发一个标签处理器。
- 在标签库中声明标签描述符。

1. 标签处理器

标签处理器是由 Web 容器调用的，用来处理运行的包含标签的 JSP 页面。标签处理器必须实现 Tag 或 BodyTag 接口。这些接口可以携带 Java 对象并产生一个标签处理器。对新创建的处理器，可以使用 TagSupport 及 BodyTagSupport 类作为基类，这些基类接口在 javax. servlet. jsp. tagext 包中。之后需要实现具体的方法，如表 13-1 所示。

表 13-1 自定义标签类型

标签类型	方法
简单类型	doStartTag,doEndTag,release
常属性标签	doStartTag,doEndTag,set/getAttribute1...N,release
不与体交互、计算体标签	doStartTag,doEndTag,release
重复计算体标签	doStartTag,doAfterBody,doEndTag,release
与体交互标签	doStartTag,doEndTag,release,doInitBody,doAfterBody,release

(1) 对于简单标签必须实现 doStartTag and doEndTag 方法,其中:

- doStartTag:必须返回 SKIP_BODY 这个常量,因为简单标签没有体。
- doEndTag:如果想要继续执行 JSP 页面的其他部分,则返回 EVAL_PAGE,否则返回 SKIP_PAGE。
- 对于标签的每个属性,必须定义属性名和实现对属性的 getter/setter 方法,注意这里要符合 JavaBean 的默认命名规范。

(2) 对于有体的标签必须实现 doStartTag 和 doEndTag 方法,可以实现 doAfterBody、doInitBody 和 setBodyContent 方法,其中:

- doStartTag 可能返回 SKIP_BODY 这个常量(如果没有体),或者 EVAL_BODY_INCLUDE、EVAL_BODY_BUFFERED(如果想使用体的内容)。
- doEndTag:如果想要继续执行 JSP 页面的其他部分,则返回 EVAL_PAGE,否则返回 SKIP_PAGE。
- doAfterBody 方法可以返回 EVAL_BODY_AGAIN(如果想多次使用体)或者 SKIP_BODY。

这些方法由 JSP 页面的 Servlet 在任何时候调用。当遇到标签的起始处时,JSP 页面的 Servlet 调用方法来初始化处理器,接着调用处理器的 doStartTag 方法;当遇到结束点时,处理器的方法 doEndTag 被调用。另外的一些方法在标签相互通信时使用。

标签处理器有 API 接口来与 JSP 页面通信。其 API 入口点是 page context(javax.servlet.jsp.PageContext)。通过 API,处理器可以返回其他隐含对象(request,session,application)。

2. 标签库描述符

标签库描述符是 XML 格式的文档。TLD 包含库的所有信息及库中的每个标签。Web 容器用 TLD 验证标签,JSP 页面开发工具也使用 TLD。

TLD 文件必须以扩展名.tld 为后缀。这类文件保存在 WEB-INF 目录中或它的子目录中,当使用部署工具将 TLD 加到 WAR 中时,它会自动地加入到 WEB-INF 中。

TLD 文件必须以下面的格式开头:

```
<?xml version="1.0" encoding="ISO-8859-1" ?>
<!DOCTYPE taglib PUBLIC "-//Sun Microsystems,Inc.//DTD JSP Tag Library 1.2//EN"
http://java.sun.com/dtd/web-jsptaglibrary_1_2.dtd>
```

J2EE SDK1.3 版可以识别 1.1,1.2 版的 DTD。然而由于这里使用的是 1.2 版,所以必须使用更新的标签库。Struts 库遵循 1.1 版的 DTD,其中有些元素的名称有些改变。

TLD 的根元素是 taglib,子元素列表如表 13-2 所示。

表 13-2 taglib 子元素

Element	描 述
Tlib-version	标签库的版本号
Jsp-version	支持标签库所需要的 JSP 版本号
Short-name	可选的被 JSP 页面开发工具使用的缩略名称
Uri	唯一标识标签库的 URI
Display-name	可选的被工具识别的显示名称
Small-icon	可由工具使用的可选的小图标
Large-icon	可由工具使用的可选的大图标
Description	可选的描述信息
Listener	见下面 listener 具体描述
Tag	见下面 Tag 具体描述

(1) 元素 listener:标签库可以指定一些类——事件监听类。(参照处理 Servlet 生命周期事件)。这些监听类都作为 listener 元素列于 TLD 中,网络容器将实例化监听类并通过与在 WAR 中定义的监听类类似的方法来注册。不像 WAR 级的监听类,标签库中注册的监听类没有定义顺序。Listener 元素的唯一子元素是 listener-class,它必须包含监听类名的全称。

(2) 元素 tag:库中的每个标签都由一个给定的名称、标签的处理器、标签创建的脚本变量信息和标签属性信息来描述。脚本变量信息可以直接在 TLD 中给出或通过标签的额外信息获取。每一属性都包含说明是否需要该属性,它的值是否可以通过请求时表达式来决定,及其属性类型的描述信息。

表 13-3 列出了标签的子元素信息。

表 13-3 tag 子元素

Element	描 述
Name	标签唯一名称
Tag-class	标签处理器类名
Tei-class	可选子类 javax. servlet. jsp. tagext. TagExtraInfo
Body-content	内容类型
Display-name	可选的用来显示的名字
Small-icon	可由工具使用的可选的 small-icon

续表

Element	描　　述
Large-icon	可由工具使用的可选的 large-icon
Description	可选的描述信息
Variable	可选的脚本变量信息
Attribute	标签属性信息

13.3.2 简单标签的开发

简单标签处理器必须实现 Tag 接口(或继承 TagSupport)的 doStartTag 及 doEndTag 两个方法。方法 doStartTag 在开始遇到时被调用,并返回 SKIP_BODY,因为简单标签没有体。方法 doEndTag 在标签结束时被调用,如果想要继续执行 JSP 页面的其他部分则返回 EVAL_PAGE,否则返回 SKIP_PAGE。

例如:

1) 最简单的标签

<tt:simple />将由下面的标签处理器来实现:

```
public SimpleTag extends TagSupport {
  public int doStartTag() throws JspException {
    try{
      pageContext.getOut().print("Hello World.");
    }catch(Exception e) {
      throw new JspTagException("SimpleTag:"+e.getMessage());}
    return SKIP_BODY;
  }
  public int doEndTag() {
    return EVAL_PAGE;
  }
}
```

TLD 元素 body-content: tld 中没有体的标签必须用 body-content 元素来声明体内容为空。

```
<body-content>empty</body-contnent>
```

2) 带属性的标签

除了上面最简单标签的开发内容以外,我们还需要在标签处理器中定义属性。对于每一个标签属性,必须在标签处理器中定义一个属性及 get/set 方法来遵循 JavaBean 的结构。例如,下面的处理器处理<tt:greeting name="Lixin">标签。

```
package sample;
import javax.servlet.jsp.tagext.*;
import javax.servlet.jsp.*;
public class GreetingTag extends TagSupport {
```

```
    private String name;
    public void setName(String name){ this.name=name; }
    public String getName() { return name; }
    public int doStartTag() throws JspException {
        return SKIP_BODY;
    }
    public int doEndTag() throws JspException{
         try{
             //get JspWriter, send content to client
             pageContext.getOut().print("Hello," +name);
         }catch(java.io.IOException e){e.printStackTrace();}
         return EVAL_PAGE;
    }
}
```

注意：如果属性命名为id，标签处理器继承了TagSupport类，则不需要定义该属性及set/get方法，因为已经由TagSupport定义了。

TLD元素attribute：对于每一个标签属性，必须指定该属性是否必须，该标签的值是否可以通过表达式确定，属性类型在元素attribute中。对于静态类型数值通常为java.lang.String。如果元素rtexprvalue是true或者是yes，则元素类型决定了返回值类型。

```
<attribute>
    <name>attr1</name>
    <required>true|false|yes|no</required>
    <rtexprvalue>true|false|yes|no</rtexprvalue>
    <type>fully_qualified_type</type>
<attribute>
```

如果属性不必须，标签处理器应该指定一个默认值。

标签元素tt:greeting声明了一个属性name不必须，且它的值可以有一个表达式来赋值。

```
<tag>
    …
    <body-content>JSP</body-content>
    …
    <attribute>
        <name>name</name>
        <required>false</required>
        <rtexprvalue>true</rtexprvalue>
    </attribute>
    …
</tag>
```

13.3.3 带体的标签开发

标签处理器在处理含标签体的标签时实现有所不同，主要取决于处理器是否需要与体交互。这里交互指的是标签处理器读取或修改体的内容。

1. 标签处理器不与体交互

如果处理器不与体交互,标签处理器需要实现 Tag 接口(或继承 TagSupport)。如果标签的体需要计算,方法 doStartTag 需要返回 EVAL_BODY_INCLUDE;否则,则返回 SKIP_BODY。

如果标签处理器需要重复计算体,则该标签需要实现接口 IterationTag 或者继承 TagSupport。如果标签决定体需要再计算一次则从 doStartTag 和 doAfterBody 返回 EVAL_BODY_AGAIN。

2. 标签处理器与体交互

如果标签处理器需要与体交互,标签处理器必须实现 BodyTag 接口(或继承 BodyTagSupport),这样的处理器实现了方法 doInitBody 和 doAfterBody。这些方法与传递到标签处理器的体内容交互。

- doInitBody 方法:该方法在体内容设置之前被调用。通常使用该方法初始化体内容。
- doAfterBody 方法:该方法在体内容求值之后被调用。像方法 doStartTag 一样,doAfterBody 方法必须返回指示是否继续计算体。这样,如果体需要再计算一次,就像实现了迭代标签一样,doAfterBody 方法应返回 EVAL_BODY_BUFFERED,否则返回 SKIP_BODY。

标签体支持一些方法来读写它的内容。标签处理器可以使用体内容的 getString/getReader 方法从体中获取信息,并通过 writeOut 方法来将体内容写到输出流。写提供 writeOut 方法,该方法可以通过使用标签处理器的方法 getPreviousOut 来获取。该方法确保标签处理器的结果对封闭的标签处理器可行。

下面的例子从体中读取内容并传递到一个执行查询的对象。由于体不需要重复计算,所以 doAfterBody 返回 SKIP_BODY。

```
public class QueryTag extend BodyTagSupport
{
  ...
  public int doAfterBody() throws JspTagException
  {
    BodyContent bc=getBodyContent();
    String query=bc.getString();
    bc.clearBody();
    try
    {
      Statement stm=connection.createStatement();
      result=stm.executeQuery(query);
    }catch(SQLException e){
      throw new JspTagException("QueryTag:"+e.getMessage());
    }
    return SKIP_BODY;
```

```
  }
 ...
}
```

TLD 元素 body-content：对于有体的标签，必须用下面的方法指定体内容的类型。

```
<body-content>JSP|tagdependent</body-content>
```

体内容包含自定义及核心标签、脚本元素、HTML 文本，统一标识为 JSP。

注意：body-content 元素的值不会影响体处理器的解释。

另外一个例子，需要对体重复计算，所以 doAfterBody 返回 EVAL_BODY_AGAIN。

```
package sample;
import javax.servlet.jsp.*;
import javax.servlet.jsp.tagext.*;
public class RepeatTag extends BodyTagSupport {
    private int count;
    private String name;
    public void setCount(int n){ count=n; }
    public int getCount() { return count; }
    public void setName(String name){
         this.name=name;
        System.out.println("setName:"+name);
    }
    public String getName() { return this.name; }
    public int doStartTag() throws JspException {
         System.out.println("name="+name);
         if (name!=null)
             pageContext.setAttribute("name", name);
         if (count>0)
             return EVAL_BODY_BUFFERED;
         else
            return SKIP_BODY;
    }

     public int doAfterBody() throws JspException{
         if(count>1){
              count--;
              return EVAL_BODY_AGAIN;
         }
         return SKIP_BODY;
    }
    public int doEndTag() throws JspException{
       BodyContent bc=getBodyContent();
       if (bc!=null){
         try{
```

```
            //write content of body to enclosing writer
            bc.writeOut( bc.getEnclosingWriter());
          }catch(java.io.IOException e){e.printStackTrace();}
        }
        return EVAL_PAGE;
    }
    public void setBodyContent(BodyContent bodycontent){
        this.bodyContent=bodycontent;
    }
}
```

13.3.4 定义脚本变量的标签

在自定义标记中引入脚本变量，需要以下几个步骤：

(1) 实现一个 TagExtraInfo 子类来定义变量。

```
import javax.servlet.jsp.tagext.*;
//TagExtraInfo 用于提供一些在标签翻译时相关的信息
public class IterateTEI extends TagExtraInfo{
  public IterateTEI(){
    super();
  }
public VariableInfo[]getVariableInfo(TagData data){
   return new VariableInfo[]{
      new VariableInfo(
           data.getAttributeString("name"),
        data.getAttributeString("type"),
        true,
         VariableInfo.NESTED);
    };
  }
}
```

其中，脚本变量通过构建函数 VariableInfo(String varName, String className, Boolean declare, int scope)来定义，构造函数各参数意义如下：

varName：变量名称，JSP 中用它来访问脚本变量。

className：类名称，用来定义变量类型。

declare：作为一个 boolean 参数，用来控制是否要创建一个新的变量。一般情况下默认值为 true。

Scope：定义标记中变量的范围。自定义标记中定义的变量有三种范围类型：NESTED、AT_begin 和 AT_end。如果定义的范围是 Nested，则 Web 容器只能在定义标记体中获取该变量；如果定义的范围是 AT_begin，则只有在标记打开之后，Web 容器才能获取该变量；如果定义的范围是 AT_end，则只有在标记关闭之后，Web 容器才能获取该变量。

(2) 在标记描述文件中引入 TagExtraInfo 子类。

(3) 编写代码在标记处理器本身的页面上下文中引入变量。

TLD 配置如下：

```
<?xml version="1.0" encoding="ISO-8859-1" ?>
<taglib xmlns="http://java.sun.com/xml/ns/j2ee"
   xmlns:xsi="http://www.w3.org/2001/XMLSchema-instance"
  xsi:schemaLocation="http://java.sun.com/xml/ns/j2ee web-jsptaglibrary_2_0.xsd"
   version="2.0">
   <description>A tag library exercising SimpleTag handlers.</description>
   <tlib-version>1.0</tlib-version>
   <short-name>examples</short-name>
   <uri>/demotag</uri>
   <description>A simple tab library for the examples  </description>
<tag>
  <name>iterate</name>
  <tag-class>com.tfsoftware.taglib.IterateTag</tag-class>
  <tei-class>com.tfsoftware.taglib.IterateTEI</tei-class>
  <body-content>jsp</body-content>
  <attribute>
        <name>collection</name>
       <required>true</required>
        <rtexprvalue>true</rtexprvalue>
    </attribute>
    <attribute>
        <name>name</name>
        <required>true</required>
        <rtexprvalue>true</rtexprvalue>
    </attribute>
    <attribute>
         <name>type</name>
        <required>true</required>
        <rtexprvalue>true</rtexprvalue>
    </attribute>
 </tag>
</taglib>
```

13.3.5 嵌套或协作标签

通过共享对象实现标签的协作，JSP 技术支持两种类型的对象共享。第一种类型需要共享对象命名、存储在 page context 中。为了让其他标签访问，标签处理器使用 pageContext.getAttribute(name,scope)方法。

第二种方法是由封闭的标签处理器创建的对象对内部的标签处理器是可访问的。这种形式的对象共享有个优点，它使用了对象私有的名字空间，这样减少了潜在的命名冲突。

为访问闭合标签创建的对象，标签处理器必须首先通过静态方法 TagSupport.

findAncestorWithClass(from,class)或 TagSupport. getParent 方法获得封闭标签。前一个方法应该在特定的嵌套的标签处理器不能保证时使用。一旦 ancestor 返回,标签处理器就能访问任何静态或动态创建的对象。静态创建的对象是父类的成员。私有对象也可以动态地创建。这样的对象可以通过方法 setValue 存储在标签处理器中,可以通过 getValue 方法返回。

下面一个例子是很常用的 switch/case 流程控制。

```
package sample;
import javax.servlet.jsp.*;
import javax.servlet.jsp.tagext.*;
import java.util.Hashtable;
import java.io.Writer;
import java.io.IOException;
public class SwitchTag extends TagSupport{
        String value;
        public SwitchTag(){
                super();
        }
        public void setValue(String value){
                this.value=value;
        }
        public String getValue(){
                return value;
        }
        public int doStartTag(){
                return EVAL_BODY_INCLUDE;
        }
}

package sample;
import javax.servlet.jsp.*;
import javax.servlet.jsp.tagext.*;
import java.util.Hashtable;
import java.io.Writer;
import java.io.IOException;
public class CaseTag extends TagSupport{
         String value;
         public int doStartTag() throws JspTagException{
           //SwitchTag
parent=(SwitchTag)findAncestorWithClass(this,SwitchTag.class);
           SwitchTag parent=(SwitchTag)this.getParent();
                try{
                        if(parent.getValue().equals(getValue())){
                                return EVAL_BODY_INCLUDE;
                        }else{
```

```
                    return SKIP_BODY;
                }
            }catch(NullPointerException e){
                return SKIP_BODY;
            }
        }
        public void setValue(String value){
            this.value=value;
        }
        public String getValue(){
            return value;
        }
    }
```

下面的 testTag.tld 文件包括了 switch/case 标签以及前面介绍的 greeting 标签和 repeat 标签。

```
<?xml version="1.0" encoding="UTF-8" ?>
<!DOCTYPE taglib
        PUBLIC "-//Sun Microsystems, Inc.//DTD JSP Tag Library 1.2//EN"
        "http://java.sun.com/dtd/web-jsptaglibrary_1_2.dtd">
<taglib>
    <tlib-version>1.0</tlib-version>
    <jsp-version>1.2</jsp-version>
    <short-name>tagSample</short-name>
    <uri>/tagSample</uri>
    <description>A blank tag library template.
    </description>
    <tag>
        <name>greeting</name>
        <tag-class>sample.GreetingTag</tag-class>
        <body-content>empty</body-content>
        <display-name>Greeting Tag</display-name>
        <small-icon></small-icon>
        <large-icon></large-icon>
        <description></description>
        <attribute>
            <name>name</name>
            <required>true</required>
            <rtexprvalue>true</rtexprvalue>
            <type>java.lang.String</type>
        </attribute>
        <example></example>
    </tag>
    <tag>
        <name>repeat</name>
```

```
        <tag-class>sample.RepeatTag</tag-class>
        <body-content>JSP</body-content>
        <display-name>Repeat Tag</display-name>
        <small-icon></small-icon>
        <large-icon></large-icon>
        <description></description>
        <attribute>
            <name>count</name>
            <required>true</required>
            <rtexprvalue>true</rtexprvalue>
            <type>int</type>
        </attribute>
        <attribute>
            <name>name</name>
            <required>false</required>
            <rtexprvalue>true</rtexprvalue>
            <type>java.lang.String</type>
        </attribute>
        <example></example>
    </tag>
    <tag>
        <name>switch</name>
        <tag-class>sample.SwitchTag</tag-class>
        <body-content>jsp</body-content>
        <attribute>
             <name>value</name>
             <required>true</required>
             <rtexprvalue>true</rtexprvalue>
          </attribute>
    </tag>
    <tag>
        <name>case</name>
        <tag-class>sample.CaseTag</tag-class>
        <body-content>jsp</body-content>
        <attribute>
             <name>value</name>
             <required>true</required>
             <rtexprvalue>true</rtexprvalue>
         </attribute>
</tag>
</taglib>
```

综合使用这几个标签的 JSP(tesTag.jsp)如下所示：

```
<%@page contentType="text/html; charset=GBK" %>
<%@taglib uri="/WEB-INF/test.tld" prefix="tt" %>
```

```
<html><head><title>Greeting Tag Test</title></head>
<body>
  <tt:switch value="dark">
        <tt:case value="light">
            <P>This is light.</P>
        </tt:case>
        <tt:case value="Dark">
            <P>This is Dark.</P>
        </tt:case>
        <tt:case value="dark">
            <P>This is dark.</P>
        </tt:case>
  </tt:switch>
</body>
</html>
```

13.4 表达式语言 EL 简介

EL(Expression Language,表达式语言)是为了便于存取数据而定义的一种语言,JSP 2.0 之后才成为一种标准。

形式：以"${"开头,以"}"结尾,通过 PAGE 指令来说明是否支持 EL 表达式,具体举例：

```
<%@page contentType="text/html; charset=GB2312" isELIgnored="false" %>
//声明可以使用 EL 表达式,如果为"ture",则表示忽略${,即不能使用 EL 表达式
<html>
<head>
<title>EL</title>
</head>
<%!
int count=0;
%>
<body bgcolor="#ffffff">
${count}//如何在这里用 EL 表达式输入上面定义的 count
</body>
</html>
```

1. 基本语法

1) 语法结构

```
${expression}
```

2) []与"."运算符

EL 提供"."和[]两种运算符来存取数据。

当要存取的属性名称中包含一些特殊字符,如"."或"?"等并非字母或数字的符号,就

一定要使用 []。例如：

```
${user.My-Name}应当改为${user["My-Name"]}
```

如果要动态取值时，就可以用[]来做，而“.”无法做到动态取值。例如，${sessionScope.user[data]}中 data 是一个变量。

3）变量

EL 存取变量数据的方法很简单，例如 ${username}。它的意思是取出某一范围中名称为 username 的变量。

因为并没有指定哪一个范围的 username，所以它会依序从 Page、Request、Session、Application 范围查找。

假如途中找到 username，就直接回传，不再继续找下去，但是假如全部的范围都没有找到时，就回传 null。

属性范围在 EL 中的名称：

```
Page            PageScope
Request         RequestScope
Session         SessionScope
Application     ApplicationScope
```

2. EL 隐含对象

1）与范围有关的隐含对象

与范围有关的 EL 隐含对象包括以下 4 个：pageScope、requestScope、sessionScope 和 applicationScope。它们基本上和 JSP 的 pageContext、request、session 和 application 一样。

在 EL 中，这 4 个隐含对象只能用来取得范围属性值，即 getAttribute(String name)，却不能取得其他相关信息。例如，要取得 session 中储存的一个属性 username 的值，可以利用下列方法：

```
session.getAttribute("username")
```

在 EL 中则使用下列方法：

```
${sessionScope.username}
```

2）与输入有关的隐含对象

与输入有关的隐含对象有两个：param 和 paramValues，它们是 EL 中比较特别的隐含对象。

例如要取得用户的请求参数时，可以利用下列方法：

```
request.getParameter(String name)
request.getParameterValues(String name)
```

在 EL 中则可以使用 param 和 paramValues 两者来取得数据：

```
${param.name}
${paramValues.name}
```

3）其他隐含对象

（1）Cookie：JSTL并没有提供设定Cookie的动作。

例如，要取得Cookie中一个设定名称为userCountry的值，可以使用${cookie.userCountry}来取得它。

（2）header和headerValues：header储存用户浏览器和服务端用来沟通的数据。

例如，要取得用户浏览器的版本，可以使用${header["User-Agent"]}。

另外在很少机会下，有可能同一标头名称拥有不同的值，此时必须改为使用headerValues来取得这些值。

（3）initParam：用于取得设定Web站点的环境参数(Context)。

例如，一般的方法String userid = (String)application.getInitParameter("userid")；可以使用${initParam.userid}来取得userid。

（4）pageContext：用于取得其他有关用户要求或页面的详细信息。

```
${pageContext.request.queryString}
    //取得请求的参数字符串
${pageContext.request.requestURL}
    //取得请求的URL,但不包括请求之参数字符串
${pageContext.request.contextPath}
    //服务的web application的名称
${pageContext.request.method}
    //取得HTTP的方法(GET、POST)
${pageContext.request.protocol}
    //取得使用的协议(HTTP/1.1、HTTP/1.0)
${pageContext.request.remoteUser}
    //取得用户名称
${pageContext.request.remoteAddr}
    //取得用户的IP地址
${pageContext.session.new}
    //判断session是否为新的
${pageContext.session.id}
    //取得session的ID
${pageContext.servletContext.serverInfo}
    //取得主机端的服务信息
```

3. EL运算符

算术运算符有5个：+、-、*或$、/或div、%或mod。

关系运算符有6个：==或eq、!=或ne、<或lt、>或gt、<=或le、>=或ge。

逻辑运算符有3个：&&或and、||或or、!或not。

其他运算符有3个：Empty运算符、条件运算符、()运算符。

例如：${empty param.name}、${A? B:C}、${A*(B+C)}。

4. EL函数(functions)

语法：

```
ns:function(arg1, arg2, arg3, …, argN)
```

其中 ns 为前置名称(prefix),它必须和 taglib 指令的前置名称一致。

补充:

```
<%@taglib prefix="c" uri="http://java.sun.com/jstl/core_rt" %>
FOREACH:
<c:forEach items="${messages}"
var="item"
begin="0"
end="9"
step="1"
varStatus="var">
…
</c:forEach>
OUT:
<c:out value="${logininfo.username}"/>
```

<c:out>将 value 中的内容输出到当前位置,这里也就是把 logininfo 对象的 username 属性值输出到页面当前位置。

${…}是 JSP2.0 中的 EL 的语法。它定义了一个表达式,其中的表达式可以是一个常量(如上),也可以是一个具体的表达语句(如 forEach 循环体中的情况)。典型案例如下:

```
${logininfo.username}
```

这表明引用 logininfo 对象的 username 属性。我们可以通过"."操作符引用对象的属性,也可以用"[]"引用对象属性,如${logininfo[username]}与${logininfo.username}达到了同样的效果。

"[]"引用方式的意义在于,如果属性名中出现了特殊字符,如"."或者"-",此时就必须使用"[]"获取属性值以避免语法上的冲突(系统开发时应尽量避免这一现象的出现)。

与之等同的 JSP Script 大致如下:

```
LoginInfo logininfo=(LoginInfo)session.getAttribute("logininfo");
String username=logininfo.getUsername();
```

可以看到,EL 大大节省了编码量。

这里引出的另外一个问题就是,EL 将从哪里找到 logininfo 对象,对于${logininfo.username}这样的表达式而言,首先会从当前页面中寻找之前是否定义了变量 logininfo,如果没有找到则依次到 Request、Session、Application 范围内寻找,直到找到为止。如果直到最后依然没有找到匹配的变量,则返回 null。

如果需要指定变量的寻找范围,可以在 EL 表达式中指定搜寻范围:

```
${pageScope.logininfo.username}
${requestScope.logininfo.username}
${sessionScope.logininfo.username}
```

```
${applicationScope.logininfo.username}
${1+2}
```

结果为表达式计算结果,即整数值 3。

```
${i>1}
```

如果变量值 i>1 的话,将返回 bool 类型的 true。与上例比较,可以发现 EL 会自动根据表达式计算结果返回不同的数据类型。

表达式的写法与 Java 代码中的表达式编写方式大致相同。

```
IF/CHOOSE:
<c:if test="${var.index %2==0}">
*
</c:if>
```

判定条件一般为一个 EL 表达式。

<c:if>并没有提供 else 子句,使用的时候可能有些不便,此时可以通过<c:choose> tag 来达到类似的目的:

```
<c:choose>
<c:when test="${var.index %2==0}">
*
</c:when>
<c:otherwise>
!
</c:otherwise>
</c:choose>
```

类似于 Java 中的 switch 语句,<c:choose>提供了复杂判定条件下的简化处理手法。其中<c:when>子句类似 case 子句,可以出现多次。上面的代码,在奇数行时输出"*"号,而偶数行时输出"!"。

补充说明:

(1) EL 表达式用 ${}表示,可用在所有的 HTML 和 JSP 标签中,作用是代替 JSP 页面中复杂的 Java 代码。

(2) EL 表达式可操作常量、变量和隐式对象。最常用的隐式对象有 ${param}和 ${paramValues}。${param}表示返回请求参数中单个字符串的值。${paramValues}表示返回请求参数的一组值。pageScope 表示页面范围的变量。requestScope 表示请求对象的变量。sessionScope 表示会话范围内的变量。applicationScope 表示应用范围的变量。

(3) <%@page isELIgnored="true"%> 表示是否禁用 EL 语言,true 表示禁止,false 表示不禁止。JSP2.0 中默认地启用 EL 语言。

(4) EL 语言可显示逻辑表达式,如:

```
${true and false}结果是 false
```

关系表达式如 ${5>6}的结果是 false。

算术表达式如 ${5+5}的结果是 10。

(5) EL 中的变量搜索范围是 page request session application。点运算符(.)和[]都表示获取变量的值。

13.5 JSTL

13.5.1 JSTL 1.1 简介

1. JSTL 简介

为实现复杂的动态页面,JSP 实现了脚本技术。通过脚本可以生成复杂的动态页面,但是将大量的 Java 代码嵌入到了 JSP 页面中,大大降低了 Web 应用的开发效率,更重要的是,这种开发模式将业务逻辑与表示逻辑混合在一起,严重违反了 Web 应用多层体系架构的基本思想。为了减少 JSP 中的脚本,Java EE 规范允许开发人员自定义标签。尽管 JSP 自定义标签大大减少了 JSP 页面的脚本数量,但是对于企业应用开发中的一些常见任务如逻辑控制、格式化显示等,由开发人员通过定制自定义标签各自实现无疑是一种浪费。由于缺乏统一的标准规范,这些自定标签库在功能范围、方法实现上存在很大差异,因此很难在不同的应用中移植。

为改变上述情况,SUN 公司在新的 Java EE 规范中提出了标准标签库。JSTL(JSP standard tag library)是一个实现 Web 应用程序中常用功能的定制标签库集,由 5 个不同的功能标签库组成:

- 核心标签库(Core);
- I18N 格式标签库(I18N-capable format tab library);
- SQL 标签库(SQL tag library);
- XML 标签库(XML tag library);
- 函数标签库(Functions tag library)。

2. 使用 JSTL 的好处

Web 程序员能供利用 JSTL 和 EL 来开发 Web 程序,取代传统直接的在页面上使用脚本的方式(scriplet),提高程序的可读性,易于开发和维护。使得在视图页面上基本不用使用脚本代码,从而页面设计人员和标签的功能开发人员分离,甚至页面设计人员不用学习 JSP 脚本语言,大大提高了 JSP 页面的开发效率。

3. 前提条件

JSTL1.1 必须在 Servlet2.4 和 JSP2.0 以上的容器才能正常工作。(下载 JSTL1.1 地址: http://tomcat.apache.org/taglibs/standard/)

MyEclipse5.1 以后的版本自带了 JSTL1.1。

JSTL 使用方法如下:

(1) 下载后把 jstl.jar,standard.jar 复制到你的 Web 工程/WEB-INF/lib/目录下。

(2) 在 JSP 页面中添加<%@taglib uri="uri" prefix="prefix"%>。

4. 核心标签库(CTL)

Core 标签库用来实现 Web 应用中的常用功能,在 JSTL 的 5 个标签库中,core 标签库是最基础的标签库，其他标签库都是在 core 标签库的协同下来实现自身功能的。在 core 标签库中，主要包含以下几类标签。

(1) 通用标签：实现信息显示、变量管理、意外处理等。

(2) 流程控制标签：实现分支处理、迭代等基本流程控制。

(3) URL 标签：实现 URL 重定位、格式化等。

下面来具体分析。

1) 通用标签

(1) <c:out>标签。

语法：

```
<c:out value="${value}"[escapeXml="true|
false"][default="defaultvalue"]/>
```

用途：用于在 JSP 中显示数据。

属性：

value：显示值，它是 object 类型，可以为 EL。

escapeXml：escapeXml 的作用是是否将代码交给 xml 解析器解释，true 为交给 xml 解析器解释，false 为交给浏览器解释。

default：设置默认值。

(2) <c:set>标签。

语法：

```
<c:set value="${value}" var="unable-EL" scope="unable-EL"
target="${target}"property="${property}" />
```

用途：用于为变量或 JavaBean 中的属性变量赋值。

属性：

value：设置变量的值。

var：设置变量的名称。

scope：设置变量的范围，可为 page、application、session、request，默认值为 page。

target：被赋值的 JavaBean 实例的名称，若存在该属性则必须存在 property 属性。

property：JavaBean 实例的变量属性名称。

(3) <c:remove>标签。

语法：

```
<c:remove var="variable" scope="page|application|session
|request"/>
```

用途：用于删除存在于 scope 中的变量。

属性：

scope：变量存储的范围。

var：为变量名称。

(4) <c:catch>标签。

语法：

```
<c:catch[var="variable"]/>
```

用途：捕捉异常。

属性：

var：用来存储错误信息的变量。

2）流程控制

（1）<c:if>标签。

语法：

```
<c:if test="${value1==value2}" var="save_test_result" scope="
application|request|…" />
```

用途：判断语句。

属性：

test：Boolean 类型，逻辑表达式结果。

var：String 类型，保存 test 的结果，为 true 或 false。

scope：String 类型的变量 var 的存储范围。

（2）<c:choose>和<c:when>、<c:others>一起实现互斥条件执行，类似于 Java 中的 if else。<c:choose>一般作为<c:when>、<c:otherwise>的父标签。

例如：

```
<c:choose>
   <c:when test="${row.v_money<10000}">
     初学下海
   </c:when>
   <c:when test="${row.v_money>=10000&&row.v_money<20000}">
     身手小试
   </c:when>
   <c:otherwise>
      商业能手
   </c:otherwise>
</c:choose>
```

（3）<c:when>标签。

此标签的用法和<c:if>差不多，但是它必须在< c:otherwise>之前（相当于 if 必须在 else 之前）。

属性：test 和 c:if test 属性一样。

（4）< c:otherwise>标签。

<c:otherwise>相当于 else 语句，当<c:when>的条件不成立时，运行其主题内容。

例如：

```
<c:when test="${user.role=="admin"}">
    <c:out value="你好管理员先生:${user.name}"/>
</c:when>
<c:otherwise>
```

```
  <c:out value="你好！"/>
</c:otherwise>
```

3）迭代操作

（1）<c:forEach>标签。

语法：

```
<c:forEach var="unable-el" item="Collection"[varStatus=
"unable-el"][begin="begin-index"][end="end-index"][step="step-
length"]>
```

用途：在 Collection 对象中迭代操作。

属性：

var：变量名称，String 类型，不能为 EL。

Item：Collection 对象，可以为 EL。

varStatus：变量的成员信息，String 类型，不能为 EL。

begin：迭代时候的变量开始位置，int 类型，默认值为 0。

end：迭代时候的变量结束位置，int 类型。

step：为步长，int 类型，默认值为 1。

（2）<c:forTokens>标签。

语法：

```
<c:forTokens item="StringTokens" delims="delimiters"[var=
"variableName"][varStatuts="uanble-el"][begin="begin-index"][end=
"end-index"][step="step-length"]>BodyContent</c:forTokens>
```

用途：对 StringToken 利用界定符号迭代。

属性：

var：变量名称，String 类型，不能为 EL。

Item：String 对象，多为正则表达式，可以为 EL。

varStatus：变量的成员信息，String 类型，不能为 EL。

begin：迭代时候的变量开始位置，int 类型，默认值为 0。

end：迭代时候的变量结束位置，int 类型。

step：为步长，int 类型，默认值为 1。

4）URL 操作

（1）<c:import>标签。

语法：

```
<c:import url="url"[context="context"][var="varName"][scope="{page|request|
session|application}"][charEncoding="charEncoding"]>
  内容
</c:import>
```

用途：用于把其他静态或动态的文件包含至本身的 JSP 页面。又区别于<jsp:include>，它不但能够包含自身 Web 应用程序的文件，还能够包含不同的 Web 应用程序的文件。

属性：

url：待导入资源的 URL，可以是相对路径和绝对路径，并且可以导入其他主机资源。

Context：当使用相对路径访问外部 context 资源时，context 指定了这个资源的名字。

var：变量名称，存储文件中的内容，String 类型，不能为 EL。

scope：var 参数的作用范围。

charEncoding：输入资源的字符编码。

(2) <c:param>标签。

语法：

```
<c:param name="${name}" value="${param.name}" />
```

用途：<c:param>在<c:import>、<c:redirect>、<c:url>中添加请求的属性。

属性：

name：参数名称，String 类型。

value：对应参数的值。

例如：

```
<c:import url="www.xxxx.com">
    <c:param name="name"value="yourname"/>
</c:import>
```

(3) <c:url>标签。

语法：

```
<c:url value="${value}"[context="${context}"][var="varName
"][scope="application|request"]/>
```

用途：用于构造 URL，主要的用途是 URL 的重写。

属性：

value：url 地址，String 类型。

context：在相同容器下，不同的 Web 站台必须以"/"开头，String 类型。

var：变量名称，存储文件中的内容，String 类型，不能为 EL。

scope：String 类型，变量 var 的存储范围，不能为 EL。

例如：

```
<img src="<c:url value='www.xxxx.com'><c:param name='picture'
value='picName'/></c:url>" />
<img src="www.xxxx.com/?pictue=picName" />
```

(4) <c:redirect>标签。

语法：

```
<c:redirect url="${url}"[context="${context}"]/>
```

用途：重定向到 url。

属性：

url：文件包含的地址，String类型。

context：在相同容器下，不同的Web站台必须以“/”开头，String类型。

例如：

```
<c:redirect url="<c:url value='www.xxxx.com'><c:param name='
paramName' value='paramName'/></c:url>" context="/contextName"/>
```

等同于

```
<c:redirect url="<c:url value='www.xxxx.com' /></c:url>"
context="/contextName"><c:param name="paramName" value='paramValue'
/></c:redirect>
```

13.5.2 安装使用JSTL 1.1

安装JSTL 1.1过程如下：

(1) 下载jakarta-taglibs-standard-1.1.2.zip，网址为http://tomcat.apache.org/taglibs/standard/。

(2) 解压后，将standard.jar和jstl.jar文件复制到\WEB-INF\lib\下。

(3) 将jakarta-taglibs-standard-1.1.2\tld\下的tld类型文件复制到\WEB-INF\tlds下(1.1是15个)。

(4) 在\WEB-INF\下建立web.xml文件并添加如下语句：

```
<jsp-config>
 <taglib>
 <taglib-uri>http://java.sun.com/jsp/core</taglib-uri>
   <taglib-location>/WEB-INF/tlds/c.tld</taglib-location>
 </taglib>
</jsp-config>
```

(5) 在JSP的前面加入如下语句：

```
<%@taglib prefix="c" uri="http://java.sun.com/jsp/jstl/core" %>
```

I18N格式标签、SQL标签库、XML标签库、函数标签库的具体内容请参见：

```
http://download.oracle.com/javaee/5/jstl/1.1/docs/tlddocs/
```

13.6 项目案例

13.6.1 学习目标

(1) 掌握表达式语言EL的使用。

(2) 掌握JSTL标签库使用。

13.6.2 案例描述

本案例是对第12章节实现普通登录用户查看系统商品功能的改进，商品的展现使用

EL 和 JSTL 来实现。

13.6.3 案例要点

本案例是使用 EL 和 JSTL 来实现商品展现功能的，EL 语言的基本语法和使用规范必须准确，JSTL 标签库的使用必须要求工程正确安装配置 JSTL 库文件及页面正确导入标签库。

13.6.4 案例实施

1. 项目装配 JSTL 库文件

在项目的 WebRoot\WEB-INF\lib 下添加 jstl-1.2.jar，如果该项目已经引入则不需要此步骤。

2. 修改第 12 章节的 showProduct.jsp

(1) JSP 使用 taglib 指令引入标签库。

```
<%@taglib uri="http://java.sun.com/jsp/jstl/core"  prefix="c" %>
```

(2) 商品集合展现使用 JSTL 和 EL 完成，代码如下：

```
<%@page language="java" import="java.util.*,com.ascent.bean.*" pageEncoding
="UTF-8"%>
<%@taglib uri="http://java.sun.com/jsp/jstl/core"  prefix="c" %>
<%
String path=request.getContextPath();
String basePath=request.getScheme()+
"://"+request.getServerName()+":"+request.getServerPort()+path+"/";
%>
<!DOCTYPE HTML PUBLIC "-//W3C//DTD HTML 4.01 Transitional//EN">
<html>
  <head>
    <base href="<%=basePath%>">
    <title>My JSP 'showProduct.jsp' starting page</title>
    <meta http-equiv="pragma" content="no-cache">
    <meta http-equiv="cache-control" content="no-cache">
    <meta http-equiv="expires" content="0">
    <meta http-equiv="keywords" content="keyword1,keyword2,keyword3">
    <meta http-equiv="description" content="This is my page">
    <!--
    <link rel="stylesheet" type="text/css" href="styles.css">
    -->
  </head>
  <body>
    <center>
        <h1>商品列表</h1>
        <table cellspacing="1" cellpadding="0" width="40%" border="0">
            <tbody>
```

```
                <tr bgcolor="#fba661" height="20">
                  <td><div align="center">编号</div></td>
                  <td><div align="center">名称</div></td>
                    <td><div align="center">药品分类</div></td>
                  <td><div align="center">价格</div></td>
                  <td><div align="center">图片</div></td>
                  <td><div align="center">购买</div></td>
                </tr>
                <c:forEach var="p" items="${allProduct}">
                <tr bgcolor="#f3f3f3" height="25">
                  <td width="10%"><div align="center">${p.productnumber}</div></td>
                  <td width="13%"><div align="center">${p.productname}</div></td>
                  <td width="12%"><div align="center">${p.category}</div></td>
                  <td width="10%"><div align="center">${p.price1}</div></td>
                  <td width="12%"><div align="center"><img height="25" hspace="0"
                  src="<%=path %>/images/${p.imagepath}" width="83" border="0"
                  /></div></td>
                  <td width="13%">
<div align="center">
<a  href="cart?pid=${p.id}">购买</a>
</div>
</td>
                </tr>
               </c:forEach>
                </tbody>
            </table>
      </center>
  </body>
</html>
```

3. 测试

测试过程和第 12 章相同。

13.6.5 特别提示

使用标签可以使页面更加整洁，使页面利于维护，推荐使用标签开发表现层。

13.6.6 拓展与提高

熟悉一下常用的第三方自定义标签库 dispayTag。

13.7 本章总结

标准 JSP 标签用来调用 JavaBean 组件的操作，处理定向请求以简化 JSP 页面开发与维护。JSP 技术提供了一种封装其他动态类型的机制——自定义标签，它扩展了 JSP 语言。自定义标签通常发布在标签库中，该库定义了一个自定义标签集并包含实现标签的对象。一些功能可以通过自定义标签来实现，包括对隐含对象的操作、处理表单、访问数据库及其他企业级服务，如 E-mail、目录服务、处理流控制。JSP 标签库由熟悉 Java 语言的开发者及精通访问数据及其他服务的专家来创建，由网络应用设计者来使用，以集中精力来解决表现而不是如何访问企业服务，也就是鼓励标签库的开发者与使用者相分离，自定义标签通过封装实现了效率的提高。

13.8 习题

(1) 为何要使用自定义标签？

(2) 简单标签和带体内容的标签有什么区别？

(3) 编写简单标签将阿拉伯数字转化为银行数字表示。

第六部分

AJAX

第14章 AJAX技术

学习目的与要求

基于 XML 的异步 JavaScript，简称 AJAX，是当前 Web 创新（称为 Web2.0）中的一个王冠。AJAX 理念的出现，揭开了无刷新更新页面时代的序幕，并有代替传统 Web 开发中采用 form（表单）提交方式更新 Web 页面的趋势，可以算是一个里程碑。本章将深入学习 AJAX 技术，通过本章的学习应掌握 AJAX 的概念、工作原理以及熟悉 AJAX 的核心技术。

本章主要内容

- AJAX 基本概念；
- XMLHttpRequest 及使用；
- AJAX 交互实例。

14.1 AJAX 基本概念

AJAX 可以创建丰富的基于浏览器的应用。AJAX 本身不只是一个特定的技术，而应该算是一种应用技巧。其主要组件就是大家所熟悉的 JavaScript。所以，坦率地讲，AJAX 并不是什么新东西。实际上，与这个词相关的"最新"术语就是 XMLHttpRequest 对象，它早在 IE5 中就以 ActiveX 控件的形式出现了。起初，XMLHttpRequest 对象只在 IE 中得到支持，而现在，AJAX 在大多数浏览器中都能使用，而且不需要任何专门的软件或硬件。这种方法的一大优势就是开发人员不需要学习一种新的语言，也不必完全丢掉他们原先掌握的服务器端技术。AJAX 是一种客户端方法，可以与 J2EE、.NET、PHP、Ruby 和 CGI 脚本交互，它并不关心服务器是什么。

在现今的网络中，Google 是最早采用 AJAX 的公司之一，而且已经用在很多技术上。例如 Google Maps、Google Suggest 和 Gmail 等。Yahoo! 也开始引入 AJAX 控件，另外 Amazon 提供了一个简洁的搜索工具，其中大量使用了 AJAX 技术。

Netflix 是一家很有名的 DVD 租借公司，它也使用了 AJAX。当用户浏览影片时，可以得到更详细的信息。当顾客把鼠标放在一个影片的图片上时，这个影片的 ID 就会发送到中心服务器，然后会出现一个"气泡"，提供这个影片的更多细节。页面并不会刷新，每个影片的信息也不放在隐藏的表单域中。利用这种方法，Netflix 可以提供影片的更多信息，而不会把页面弄乱。顾客浏览起来也更容易，他们不必点击影片，看完影片详细信息后再点击回到影片列表页面；他们只需要把鼠标停在影片上即可。

要找到 AJAX 的源头，可能要引起一系列的争论。不过有一点是明确的，在 2005 年 2 月，Adaptive Path 的 Jesse James Garrett 最早创造了这个词。在他的文章《Ajax：A New Approach to Web Applications》中，Garrett 讨论了如何消除桌面应用与 Web 应用之间的界限。

14.2 XMLHttpRequest 及使用

在 14.1 节中提到，作为 AJAX 技术的核心部分，XMLHttpRequest 最早在 IE5 中以 ActiveX 控件的形式出现，现在已被大多数浏览器支持。在本节中，我们将对 XMLHttpRequest 进行详细介绍。

14.2.1 XMLHttpRequest 对象描述

在使用 XMLHttpRequest 对象发送和处理响应之前，必须先用 JavaScript 创建一个 XMLHttpRequest 对象。由于 XMLHttpRequest 不是一个 W3C 标准，所以可以采用多种方法使用 JavaScript 来创建 XMLHttpRequest 实例。IE 把 XMLHttpRequest 实现为一个 ActiveX 对象，其他浏览器（如 Firefox，Opera 等）把它实现为一个本地 JavaScript 对象。由于存在这些差别，JavaScript 代码中必须包含相关的逻辑，从而使用 ActiveX 技术或者使用本地 JavaScript 对象技术 XMLHttpRequest 的一个实例。由于不同浏览器所支持的技术不同，在具体操作中，首先需要检测浏览器是否提供对 ActiveX 对象的支持。如果浏览器支持 ActiveX 对象，就可以使用 ActiveX 来创建 XMLHttpRequest 对象。否则，就要使用本地 JavaScript 对象技术来创建。下面的例子展示了编写跨浏览器的 JavaScript 代码来创建 XMLHttpRequest 对象。

```
var xmlHttp;
function createXMLHttpRequest() {
    if (window.ActiveXObject) {
        xmlHttp=new ActiveXObject("Microsoft.XMLHttpRequest");
    }
    else if (window.XMLHttpRequest) {
        xmlHttp=new XMLHttpRequest();
    }
}
```

可以看到，创建 XMLHttpRequest 对象相当容易。首先，要创建一个全局作用域变量 xmlHttp 来保存这个对象的引用。createXMLHttpRequest 方法完成创建 XMLHttpRequests 实例的具体工作。这个方法中只用简单的分支逻辑（选择逻辑）来确定如何创建对象。对 window. ActiveXObject 的调用会返回一个对象，也可能返回 null，if 语句会把调用返回的结果看做是 true 或 false（如果返回对象则为 true，返回 null 则为 false），以此指示浏览器是否支持 ActiveX 控件。

由于 JavaScript 具有动态类型特性，而且 XMLHttpRequest 在不同浏览器上的实现是兼容的，所以可以用相同的方法访问 XMLHttpRequest 实例的属性和方法，而不论这个示例是使用什么方法创建的。这大大简化了开发过程，而且在 JavaScript 中也不必编写特定于浏览器的逻辑。

14.2.2 XMLHttpRequest 对象的方法和属性

表 14-1 列出了 XMLHttpRequest 对象的一些典型方法。

表 14-1 标准的 XMLHttpRequest 操作

方　法	描　述
abort()	停止当前请求
getAllResponseHeaders()	把 HTTP 请求的所有响应首部作为键/值对返回
getResponseHeader("header")	返回指定首部的串值
open("method","url")	建立对服务器的调用。method 参数可以是 GET、POST 或 PUT。url 参数可以是相对 URL 或绝对 URL。这个方法还包括三个可选参数
send(content)	向服务器发送请求
setRequestHeader("header","value")	把指定首部设置为所提供的值。在设置任何首部之前必须先调用 open()

下面来更详细地讨论这些方法。

- void open(string method, string url, boolean asynch, string username, string password)：这个方法会建立对服务器的调用。这是初始化一个请求的纯脚本方法。它有两个必要的参数，还有两个可选参数。要提供调用的特定方法（GET，POST 或 PUT），还要提供所调用资源的 URL。另外还可以传递一个 Boolean 值，指示这个调用是异步的还是同步的。默认值是 true，表示请求本质上是异步的。如果这个参数为 false，处理就会等待，直到从服务器返回响应为止。由于异步调用是使用 Ajax 的主要优势之一，所以倘若将这个参数设置为 false，从某种程度上讲与使用 XMLHttpRequest 对象的初衷不太相符。不过，前面已经说过，在某种情况下这个参数设置为 false 也是有用的，比如在持久存储页面之前可以先验证用户的输入。最后两个参数不说自明，允许指定一个特定的用户和密码。
- void send(content)：这个方法具体向服务器发出请求。如果请求声明为异步的，这个方法就会立即返回，否则它就会等待直到收到响应为止。可选参数可以是 DOM 对象的实例、输入流或者串。传入这个方法的内容会作为请求体的一部分发送。

- void setRequestHeader(string header, string value)：这个方法为 HTTP 请求中一个给定的首部设置值。它有两个参数，第一个串表示要设置的首部，第二个串表示要在首部中放置的值。需要说明，这个方法必须在调用 open()之后才能调用。

在所有这些方法中，最有可能用到的就是 open()和 send()。

- void abort()：顾名思义，这个方法就是要停止请求。
- string getAllResponseHeaders()：这个方法的核心功能对 Web 应用开发人员应该很熟悉了，它返回一个串，其中包含 HTTP 请求的所有响应首部，首部包括 Content-Length、Date 和 URI。
- string getRequestHeader(string header)：这个方法与 getAllResponseHeaders()是对应的，不过它有一个参数表示希望得到的首部，并把这个值作为串返回。

除了这些标准方法，XMLHttpRequest 对象还有许多属性，在设计 Ajax 交互时这些属性非常有用，其属性描述如表 14-2 所示。

表 14-2 标准 XMLHttpRequest 属性

属　性	描　述
onreadystatechange	每个状态改变时都会触发这个事件处理器，通常会调用一个 JavaScript 函数
readyState	请求的状态。有 5 个可取值：0=未初始化，1=正在加载，2=已加载，3=交互中，4=完成
responseText	服务器的响应，表示为一个串
responseXML	服务器的响应，表示为 XML。这个对象可以解析为一个 DOM 对象
status	服务器的 HTTP 状态码(200 对应 OK，404 对应 Not Found 等)
statueText	HTTP 状态码的相应文本

14.2.3 交互实例

不同于标准 Web 客户中所用的标准请求/响应方法，AJAX 应用的做法稍有差别。AJAX 进行交互的基本步骤如下：

(1) 一个客户端事件触发一个 AJAX 事件。

(2) 创建 XMLHttpRequest 对象的一个实例。

(3) 向服务器做出请求。可能调用任何服务器端技术。

(4) 服务器响应请求并进行相应处理，包括访问数据库，甚至访问另一系统。

(5) 请求返回到浏览器。Content-Type 设置为 text/xml——XMLHttpRequest 对象只能处理 text/html 类型的结果。在另外一些更复杂的示例中，响应可能涉及更广，还包括 JavaScript、DOM 管理以及其他相关的技术。

(6) 调用 XMLHttpRequest 对象配置的 callback()函数，这个函数会检查 XMLHttpRequest 对象的 readyState 属性，然后查看服务器返回的状态码。如果一切正常，callback()函数就会在客户端上做些有意思的工作。

接下来将演示一个用户注册验证的例子。当用户输入 lixin 时，显示“该用户名已存在”;输入其他内容时,显示“该用户名可以注册”。

(1) index.jsp 代码清单如下:

```
<%@page language="java"pageEncoding="utf-8"%>
<script type="text/javascript" language="javascript">
    //根据不同的浏览器创建不同的 XMLHttpRequest 对象

  function createXmlHttpRequest()
   {
   var xmlreq=false;
   if (window.XMLHttpRequest){
    xmlreq=new XMLHttpRequest();
   } else if (window.ActiveXObject) {
     try {                                                    //创建较新版本的对象
       xmlreq=new ActiveXObject("Msxml2.XMLHTTP");
     } catch (e1) {
       try {
         xmlreq=new ActiveXObject("Microsoft.XMLHTTP");
       } catch (e2) {
       }
     }
   }
   return xmlreq;
   }



   function userNameCheck()
  {
     var username=document.all.username.value;          //获得 text 的值
     var request=createXmlHttpRequest();                 //创建 request 对象
     request.open("post","ValidationServlet?username="+username);
                                                         //建立到服务器的新请求
     request.send();                                     //向服务器发送请求
     request.onreadystatechange=function()
                                  //指定当 readyState 属性改变时的事件处理句柄
     {
         if (request.readyState==4)
           //提取当前 HTTP 的就绪状态,状态 4 表示响应已完成,可以访问服务器响应并使用它
             if (request.status==200) //HTTP 状态,期望的状态码是 200,它表示一切顺利
             //如果就绪状态是 4 而且状态码是 200,就可以处理服务器的数据了,而且这些数据
               应该就是要求的数据
               {
                   var value=request.responseText;      //服务器返回响应文本

                   if (value=="true")
```

```
                {
                    document.all.unc.innerHTML="该用户名已存在";
                }
                else
                {
                    document.all.unc.innerHTML="该用户名可以注册";
                }
            }
        }

    }
</script>
<html>
  <head>
      <title>AjaxTest</title>
  </head>

  <body>
   用户姓名：<input type="text" name="username" onblur="userNameCheck()"/><font
   color="red" size="-1" id="unc"></font>
  </body>
</html>
```

(2) ValidationServlet.java 代码清单如下：

```
package sample;
import java.io.*;
import java.text.*;

import javax.servlet.*;
import javax.servlet.http.*;

public class ValidationServlet extends HttpServlet {

    protected void doGet(HttpServletRequest request, HttpServletResponse response)
    throws IOException {
        this.doPost(request, response);
    }
    protected void doPost(HttpServletRequest request, HttpServletResponse response)
    throws IOException {
        String username=request.getParameter("username");
        if(username.equals("lixin"))
         response.getWriter().print("true");
     else
      response.getWriter().print("false");
    }
}
```

(3) web.xml 文件如下：

```
<?xml version="1.0" encoding="UTF-8"?>
<web-app version="2.4"
    xmlns="http://java.sun.com/xml/ns/j2ee"
    xmlns:xsi="http://www.w3.org/2001/XMLSchema-instance"
    xsi:schemaLocation="http://java.sun.com/xml/ns/j2ee
    http://java.sun.com/xml/ns/j2ee/web-app_2_4.xsd">
  <servlet>
    <description>This is the description of my J2EE component</description>
    <display-name>This is the display name of my J2EE component</display-name>
    <servlet-name>ValidationServlet</servlet-name>
    <servlet-class>sample.ValidationServlet</servlet-class>
  </servlet>

  <servlet-mapping>
    <servlet-name>ValidationServlet</servlet-name>
    <url-pattern>/ValidationServlet</url-pattern>
  </servlet-mapping>
  <welcome-file-list>
    <welcome-file>index.jsp</welcome-file>
  </welcome-file-list>
</web-app>
```

14.3 项目案例

14.3.1 学习目标

(1) 掌握 AJAX 的工作原理。
(2) 掌握 XMLHttpRequest 对象的使用。

14.3.2 案例描述

通过 AJAX 的异步请求方式完成购买商品功能。

14.3.3 案例要点

XMLHttpRequest 对象在不同的浏览器中创建方式不同;对于异步的响应处理结果也不不同,本案例的响应结果消息是以字符串形式返回的。对于购物车的实现过程以及 HttpSession 对象要重点掌握。

14.3.4 案例实施

1. 查询所有商品功能实现

参考第 12 章项目案例。

2．编写 CartItem.java 类

```
/**
 * 用来封装购物车里的一项商品
 */
package com.ascent.util;

import com.ascent.bean.Product;

public class CartItem {

    private Product product;
    private int quantity;

    /**
     * @param product
     */
    public CartItem(Product product) {
        quantity=1;
        this.product=product;
    }

    public double getCartItemPrice() {
        return product.getPrice1() * quantity;
    }

    //表示所购买商品数量加一
    public void incre() {
        quantity++;
    }

    /**
     * @return the product
     */
    public Product getProduct() {
        return product;
    }

    /**
     * @param product
     *            the product to set
     */
    public void setProduct(Product product) {
        this.product=product;
    }
```

```
    /**
     * @return the quantity
     */
    public int getQuantity() {
        return quantity;
    }

    /**
     * @param quantity
     *            the quantity to set
     */
    public void setQuantity(int quantity) {
        this.quantity=quantity;
    }
}
```

3. 编写 ShopCart.java 类

```
package com.ascent.util;

import java.util.HashMap;
import com.ascent.bean.Product;

/**
 * 完成购物功能的类
 * @author zy
 */
public class ShopCart {

    private HashMap<String, CartItem>hashmap;

    public ShopCart() {
        hashmap=new HashMap<String,CartItem>();
                                        //key为商品id,value为商品信息及购买数量
    }

    /**
     * 检查hashmap中是否有了该pid对应的对象方法
     * @param pid 商品id
     * @return true:有 false:无
     */
    public boolean checkHashMapid(String pid) {
        boolean b=false;
        if(hashmap.containsKey(pid)) {
            b=true;
```

```
    }
    return b;
}

/**
 * 添加商品对象
 * @param pid 商品 id
 * @param product 商品对象
 */
public void addProduct(String pid, Product product) {
    if(pid!=null){
        if(hashmap.containsKey(pid)){
            CartItem item= (CartItem)hashmap.get(pid);
            item.incre();
        }else{
            CartItem item=new CartItem(product);
            hashmap.put(pid, item);
        }
    }
}

/**
 * 根据 id 删除 hashmap 中的 product
 * @param pid
 */
public void removeHashMap(String pid) {
    hashmap.remove(pid);
}

/**
 * 修改 hashmap 中 pid 对应 product 的数量
 * @param pid 商品 id
 * @param quantity 修改数量
 */
public void updateProductNumber(String pid, int quantity) {
    hashmap.get(pid).setQuantity(quantity);
}

/**
 * 清除购物车
 */
public void emptyCart() {
    hashmap.clear();
}
```

```
    public HashMap<String, CartItem>getHashmap() {
        return hashmap;
    }

    public void setHashmap(HashMap<String, CartItem>hashmap) {
        this.hashmap=hashmap;
    }
}
```

4. 编写 ShopCartServlet.java 类

```
package com.ascent.servlet;

import java.io.IOException;
import javax.servlet.ServletContext;
import javax.servlet.ServletException;
import javax.servlet.http.HttpServlet;
import javax.servlet.http.HttpServletRequest;
import javax.servlet.http.HttpServletResponse;
import javax.servlet.http.HttpSession;

import com.ascent.bean.Product;
import com.ascent.dao.ProductDAO;
import com.ascent.util.ShopCart;

@SuppressWarnings("serial")
public class ShopCartServlet extends HttpServlet {
    private ServletContext sc=null;

    public void init() throws ServletException {
        super.init();
        sc=this.getServletContext();
    }

    //Process the HTTP Post request
    public void doPost(HttpServletRequest request, HttpServletResponse response)
    throws ServletException, IOException {
        doGet(request, response);
    }

    public void doGet(HttpServletRequest request, HttpServletResponse response)
    throws ServletException, IOException {
        //获取登录状态(登录或退出系统);
        String state=request.getParameter("a");
        if(state.equals("add")){                    //向购物车添加产品动作
            this.addtoShopCart(request, response);
```

```
        }
    }

    //Clean up resources
    public void destroy() {
    }

    /**
     * 购买商品,添加购物车
     * @param request
     * @param response
     * @throws ServletException
     * @throws IOException
     */
    private void addtoShopCart (HttpServletRequest request, HttpServletResponse
    response)throws ServletException, IOException {
        HttpSession session=request.getSession(false);
        ShopCart cart=(ShopCart) session.getAttribute("shopcart");
        if(cart==null){
            cart=new ShopCart();
            session.setAttribute("shopcart", cart);
        }
        String pid=request.getParameter("pid");
        int ppid=Integer.parseInt(pid);
        boolean bl=cart.checkHashMapid(pid);      //判断购物车是否已经添加
        if(bl){                                    //该产品已经添加
            //AJAX 返回该商品已经添加过的提示
            String dthtml="该产品已经保存在购物车里!";
            response.setContentType("text/html; charset=gb2312");
            response.getWriter().print(dthtml);  //返回页面
        } else{                                    //没有添加
            ProductDAO pd=new ProductDAO();
            Product product=pd.getProductByPid(ppid);
            cart.addProduct(pid, product);
            String dthtml="添加成功!";              //"该商品已经添加过";
            response.setContentType("text/html; charset=gb2312");
            response.getWriter().print(dthtml);  //返回页面
        }
        response.getWriter().flush();
        response.getWriter().close();
    }
}
```

5. 在 web.xml 文件中添加配置

```
<servlet>
```

```
    <servlet-name>shopservlet</servlet-name>
<servlet-class>com.ascent.servlet.ShopCartServlet</servlet-class>
</servlet>
<servlet-mapping>
    <servlet-name>shopservlet</servlet-name>
    <url-pattern>/cart</url-pattern>
</servlet-mapping>
```

6. 修改 showProduct.jsp

```
<%@page language="java" import="java.util.*,com.ascent.bean.*" pageEncoding
="UTF-8"%>
<%@taglib uri="http://java.sun.com/jsp/jstl/core"prefix="c" %>
<%
String path=request.getContextPath();
String basePath = request.getScheme()+"://"+request.getServerName()+":"+
request.getServerPort()+path+"/";
%>
<!DOCTYPE HTML PUBLIC "-//W3C//DTD HTML 4.01 Transitional//EN">
<html>
  <head>
    <base href="<%=basePath%>">
    <title>My JSP 'showProduct.jsp' starting page</title>
    <meta http-equiv="pragma" content="no-cache">
    <meta http-equiv="cache-control" content="no-cache">
    <meta http-equiv="expires" content="0">
    <meta http-equiv="keywords" content="keyword1,keyword2,keyword3">
    <meta http-equiv="description" content="This is my page">
    <!--
    <link rel="stylesheet" type="text/css" href="styles.css">
    -->
<script language="javascript">
function addshop(str) {
    var pid=str;
    send_request('./cart?a=add&pid=' +pid);
}

var http_request=false;
function send_request(url) {                    //初始化、指定处理函数、发送请求的函数
    http_request=false;
    //开始初始化 XMLHttpRequest 对象
    if(window.XMLHttpRequest) {                 //Mozilla 浏览器
        http_request=new XMLHttpRequest();
        if(http_request.overrideMimeType) {  //设置 MiME 类别
            http_request.overrideMimeType('text/xml');
        }
```

```
    }else if(window.ActiveXObject) {            //IE 浏览器
        try{
            http_request=new ActiveXObject("Msxml2.XMLHTTP");
        }catch(e) {
            try{
                http_request=new ActiveXObject("Microsoft.XMLHTTP");
            } catch (e) {
            }
        }
    }
    if(!http_request) {                         //异常,创建对象实例失败
        window.alert("不能创建 XMLHttpRequest 对象实例.");
        return false;
    }
    http_request.onreadystatechange=processRequest;
    //确定发送请求的方式和 URL 以及是否同步执行下段代码
    http_request.open("POST", url, true);
    http_request.send(null);
}
//处理返回信息的函数
function processRequest() {
    if(http_request.readyState==4) {            //判断对象状态
        if(http_request.status==200) {          //信息已经成功返回,开始处理信息
            var divhtml=http_request.responseText;     //以字符串形式加以处理
            alert(divhtml);
        }
    }

}
</script>

  </head>
  <body>
    <center>
        <h1>商品列表</h1>
        <table cellspacing="1" cellpadding="0" width="90%" border="0">
            <tbody>
              <tr bgcolor="#fba661" height="20">
                <td><div align="center">编号</div></td>
                <td><div align="center">名称</div></td>
                  <td><div align="center">药品分类</div></td>
                <td><div align="center">价格</div></td>
                <td><div align="center">图片</div></td>
                <td><div align="center">购买</div></td>
              </tr>
```

```
<c:forEach var="p" items="${allProduct}">
<tr bgcolor="#f3f3f3" height="25">
  <td width="10%"><div align="center">${p.productnumber}</div></
  td>
  <td width="13%"><div align="center">${p.productname}</div></td>
  <td width="12%"><div align="center">${p.category}</div></td>
  <td width="10%"><div align="center">${p.price1}</div></td>
  <td width="12%"><div align="center"><img height="25" hspace="0"
  src="<%=path %>/images/${p.imagepath}" width="83" border="0" /
  ></div></td>
  <td width="13%">
<div align="center">
<button onclick="addshop(${p.id})">购买</button>
</div>
</td>
            </tr>
          </c:forEach>
            </tbody>
        </table>
    </center>
  </body>
</html>
```

14.3.5 特别提示

AJAX 是一种在 2005 年由 Google 推广开来的编程模式。AJAX 不是一种新的编程语言,而是一种使用现有标准的新方法。通过 AJAX,可以创建更好、更快以及更友好的 Web 应用程序。

14.3.6 拓展与提高

本案例采用最基本的 AJAX 开发方式,比较烦琐,可以通过开发好的开发框架如 Prototype、JQuery、ExtJS 等更好地完成 Web 应用开发。

参 考 文 献

1. 郝玉龙. JavaEE 编程技术. 北京：清华大学出版社，2008.
2. http://java.sun.com/javaee/5/docs/api
3. http://www.w3school.com.cn

致　谢

本系列规划教材的编写得到了北京亚思晟科技有限公司(以下简称亚思晟公司)的大力协助。亚思晟公司的资深专家梁立新老师协同系统设计师、高级培训经理和软件工程师针对软件行业各个职业岗位所需关键技术、能力、职业素质、可持续发展能力进行深入的调查研究,并在此基础上构建了软件工程专业学生的知识、技能和素质体系结构,为本系列规划教材设计了“项目驱动式”教学法和提供了真实项目案例。

亚思晟公司作为教育部首家“软件工程专业大学生实习实训基地”和跨国企业高端IT人才实训基地,力主为大学生建立起从学校到跨国企业的桥梁,解决高校学子就业难的社会化问题。通过亚思晟公司人才培养方略以及IT高端人才订单培养方案,以“项目驱动”作为基本实训方式,为IT行业培养优秀IT人才。

亚思晟公司自主研发并持续更新着国际化软件教育产品和实训体系,公开出版的系列教材得到学校、企业和社会的一致认可。公司团队以雄厚的海外人才为核心,平均拥有10年以上管理和技术经验,多数具有海外著名大学管理或技术背景。亚思晟公司还研发和打造了远程教育平台,将高端精品课程体系网络化,采用线上学习和线下实训相结合的模式,保证可扩展性和持续性发展。另外,亚思晟公司一直开展软件项目的研发和外包服务,具有针对金融、企业信息化、政府信息化、电信等多个行业的国内外项目经验和真实项目案例。